高职高专路桥类专业规划教材

GAOZHI GAOZHUAN LUQIAOLEI ZHUANYE GUIHUA JIAOCAI

土力学地基与基础

主　编　胡雪梅　吕玉梅
副主编　任俐璇
参　编　杨　蘅　徐静涛
主　审　杨　平

中国电力出版社
www.cepp.com.cn

本教材编写过程中兼顾了高职高专学生能力培养的需要，以必需、够用为度。内容包括土力学和地基基础两部分。土力学部分包括土的物理性质及工程分类、土中水的运动规律、土中应力计算、基础沉降计算、地基土抗剪强度、土压力计算与土坡稳定分析。地基基础部分着重学习运用土力学理论解决工程设计中的地基基础问题，内容包括天然地基上刚性浅基础、桩基础及其他深基础、地基处理等内容。土工试验是本课程的重要教学环节，为了加深对土质性能的了解，教材安排了土工试验指导，规范地描述了相关土工试验的知识。

本教材适用于路桥专业的高职高专学生及相关技术应用人员。

图书在版编目（CIP）数据

土力学地基与基础/胡雪梅，吕玉梅主编. —北京：中国电力出版社，2009.5（2014.6重印）
高职高专路桥类专业规划教材
ISBN 978-7-5083-8364-4

Ⅰ. 土… Ⅱ. ①胡…②吕… Ⅲ. ①土力学-高等学校：技术学校-教材②地基-高等学校：技术学校-教材③基础工程-高等学校：技术学校-教材 Ⅳ. TU4

中国版本图书馆 CIP 数据核字（2009）第 005229 号

中国电力出版社出版发行
北京市东城区北京站西街 19 号 100005 http://www.cepp.com.cn
责任编辑：王晓蕾 责任印制：郭华清 责任校对：李 楠
北京九天众诚印刷有限公司印刷 · 各地新华书店经售
2009 年 5 月第 1 版 · 2014 年 6 月第 3 次印刷
787mm × 1092mm 1/16 · 13.25 印张 · 331 千字
定价：28.00 元

前　言

《土力学地基与基础》是道路桥梁工程技术及相关专业的一门技术基础课，课程具有较强的实践性。本教材着重论述土力学和地基基础的基本概念、基本原理和分析计算方法，同时力求突出训练学生的实践技能，加强对学生的基础知识和基本能力的培养，提高学生的综合素质。

教材包括土力学和地基基础两部分内容，土力学部分内容包括土的物理性质及工程分类、土中水的运动规律、土中应力计算、基础沉降计算、地基土抗剪强度、土压力计算与土坡稳定分析；地基基础部分着重学习运用土力学理论解决工程设计中的地基基础问题，内容包括天然地基上刚性浅基础、桩基础及其他深基础、地基处理等内容。土工试验是本课程的重要教学环节，为了加深对土质性能的了解教材安排了土工试验指导，规范地描述了相关土工试验的知识。

本教材针对路桥专业的高职高专学生及相关技术应用人员而编写。编写过程中兼顾了高职高专学生能力培养的需要，根据路桥专业的职业岗位需求从内容的广度和深度进行把握，以必需、够用为度；同时考虑到教材内容的稳定性与超前性，以“土体、地基与基础一体化”的宏观思维为指导，介绍成熟稳定的技术和理论知识，全面反映了公路行业已颁布实施的最新规范标准，如《公路桥涵地基与基础设计规范》（JTG D63—2007）、《公路土工试验规程》（JTG E40—2007）等。教材的编写体现了实用、新颖、鲜活、可读的特点，内容上以问题、任务为切入点，在具体土工问题的分析解决策略中展开基本知识和原理。在每一章的开头，提出本章知识要点和学习要求，单元结束后提供本章小结、思考题和习题，便于学生自学与练习。教材在最后一章安排了公路土工试验检测内容，强调了理论与实训教学的一体化和对学生试验技能的培养。

本书第 2 章、第 9 章和第 11 章由南京交通职业技术学院胡雪梅编写，第 1 章、第 3 章和第 7 章由山东交通职业学院任俐璇编写，第 4 章和第 10 章由石家庄铁路职业技术学院吕玉梅编写，第 5 章和第 6 章由南京交通职业技术学院杨蘅编写，第 8 章由吉林交通职业技术学院徐静涛编写。全书由胡雪梅统稿，南京林业大学土木工程学院杨平教授主审。

由于作者水平有限，书中错误与不妥之处在所难免，敬请读者提出宝贵意见，以便改正。

编　者

目　录

第1章　绪　　论

1.1　土力学与地基基础的概念

土是一种天然的地质材料，它是由地壳表层的岩石经过风化、搬运和沉积过程后形成的。由于其形成年代、生成环境及物质成分不同，工程特性也复杂多变。例如我国沿海及内陆地区的软土，西北、华北等地区的黄土，高寒地区的永冻土以及分布广泛的红黏土、膨胀土和杂填土等，其性质各不相同。因此，在建筑物设计前，必须充分了解、研究建筑场地相应土层的成因、构造、地下水情况、土的工程性质、是否存在不良地质现象等，对场地的工程地质条件作出正确的评价。

土力学是利用力学的基本原理和土工测试技术，研究土的物理性质以及受外力后发生变化时土的应力、变形、强度和渗透特性的一门学科，即是研究土的工程性质和在力系作用下土体性状的学科。一般认为，土力学是力学的一个分支，但由于土具有复杂的物理成因和工程特性，因此目前在解决土工问题时，尚不能像其他力学学科一样具备系统的理论和严密的数学公式，而必须借助经验、现场试验以及室内试验以进行理论计算。所以，土力学是一门强烈依赖于实践的学科。

所有的建筑物都建造在一定的地层（土层或岩层）上。通常把直接承受建筑物荷载影响的那一部分地层称为地基。未经过人工处理就可以满足设计要求的地基称为天然地基。如果地基软弱，其承载力不能满足设计要求时，则需对地基进行加固处理，例如采用换土垫层、深层密实、排水固结、化学加固、加筋土技术等方法进行处理，称为人工地基。

基础是将各种荷载传递给地基的建筑物的下部结构（图1－1），一般应埋入地下一定的深度，进入较好的地层。根据基础的埋置深度不同可分为浅基础和深基础。通常把埋置深度不大（3～5m），只需经过挖槽、排水等普通施工程序就可以建造起来的基础称为浅基础；反之，若浅层土质不良，必须把基础埋置于深处的好地层时，就得借助于特殊的施工方法，建造各种类型的深基础（如桩基、墩基、沉井和地下连续墙等）。

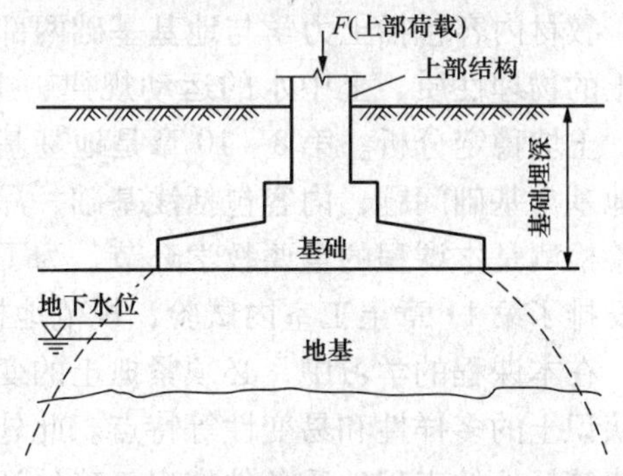

图1－1　地基及基础示意图

地基与基础受到各种荷载作用后，将产生一定的应力和变形，为保证结构物的正常使用和安全，地基与基础必须具有足够的强度和稳定性，变形也应该在容许的范围内。根据地基土的具体情况、上部结构的要求和荷载特点，选用合适的基础类型，并合理地进行基础设计与施工，是我们应该重点解决的问题。

地基与基础是建筑物的根本，统称为基础工程，其勘察、设计和施工质量的好坏将直接影响到建筑物的安危、经济和正常使用。由于基础工程是在地下或水下进行，因此施工难度大。在桥梁工程中，基础工程造价占总造价的比重大。当采用深基础或人工地基时，其造价和工期所占的比例更大。此外，基础工程为建筑的隐蔽工程，一旦失事，不仅损失巨大，且补救十分困难，因此地基与基础的设计与施工十分重要。

在道路与桥梁的工程实践中存在着大量的与土有关的工程技术问题。道路工程中，土是修筑路堤的基本材料，同时它又是支承路堤的地基。路堤的临界高度和边坡坡度与土体的抗剪强度和土坡稳定性有关。为了获得具有一定强度和良好水稳定性的路堤，需要采用压实的施工方法，其施工质量控制依赖于土的击实特性；挡土墙设计中需要进行土压力的计算。随着高速公路建设的突飞猛进，对路基的沉降控制提出了很高的技术要求，研究土的压缩性与沉降和时间的关系是解决问题的关键。土基的冻胀和翻浆在我国的北方地区是非常突出的问题，防治冻害需要研究土中水的运动规律。土质改良后的稳定土是目前广泛运用的基层材料，还有各种软土地基的处理都是建立在土力学基础之上的。

在桥梁工程中，基础工程造价高，经济、合理的桥梁基础设计需要依靠于土力学基本理论的支持；对于超静定结构的大跨度桥跨结构，基础的沉降、倾斜或水平位移是引起结构过大次应力的重要因素；软土地区高速公路建设中的“桥头跳车”是影响工程正常使用的技术难题，这些问题均涉及基础的沉降、填土的压实控制和软基的加固处理等知识。

1.2 本课程的任务与学习要求

“土力学地基与基础”是道路与桥梁专业的主干课程之一，课程内容涉及工程地质学、结构设计和施工等多个学科领域，内容广泛，综合性、实践性较强。课程的任务是通过学习土的应力、变形、强度和地基基础设计计算，掌握土力学基本原理与土工测试技术，学习本课程不仅为学习其他专业课打下基础，更是为今后从事路桥专业技术工作，解决有关地基与基础工程技术问题奠定良好的基础。

教材内容包括土力学与地基基础两部分。第 2 ~ 7 章是土力学的基本理论部分，内容包括土的物理性质、土中水的运动规律、土中的应力、变形性质、地基土的抗剪强度和土压力、土坡稳定分析。第 8 ~ 10 章是地基基础内容，主要学习运用土力学理论解决工程设计中的地基与基础问题，内容包括浅基础、深基础、软弱地基及特殊土地基的处理方法等内容。试验检测是本课程的重要教学环节，为了加深了解土质的性能和掌握土工试验检测方法，教材安排了第 11 章土工室内试验，规范地描述了相关土工试验的知识。

在本课程的学习中，必须紧抓土的变形、强度和稳定性问题这一重要的线索，并特别注意认识土的多样性和易变性等特点。此外，尚应掌握有关的土工试验技术及地基勘察技能，对建筑场地的工程地质条件作出正确的评价，才能运用土力学的基本知识去正确解决地基基础中的疑难问题。因此，在学习时需要注意理论联系实际，提高自己分析问题和解决问题的能力。

1.3 本学科的发展简介

由于生产的发展和生活上的需要，人类很早就已创造了自己的地基基础工艺。我国的都江堰水利工程、举世闻名的万里长城、隋朝南北大运河、黄河大堤、赵州石拱桥以及遍布全国各地的宏伟壮丽的宫殿和寺院等，都是由于奠基牢固，即使经历了无数次的强烈地震、强风都安然无恙。由于当时生产力发展水平的限制，“土力学”还未能成为系统的科学理论，直到18世纪中叶，人们对土在工程建设方面的特性，尚停留在感性认识阶段。18世纪工业革命以后，大规模的城市建设和水利、铁路的兴建，大大促进了土力学理论的产生和发展。1773年，法国库伦根据试验，创立了著名的土的抗剪强度公式和土压力理论；1857年，英国朗金通过不同的假设，提出了另一种土压力理论；1885年，法国布辛尼斯克求得了半无限弹性体在垂直集中力作用下，应力和变形的理论解答；1922年，瑞典费伦纽斯为解决铁路塌方，研究出土坡稳定分析法。这些理论和方法，至今仍在广泛的使用。1925年，美国科学家泰沙基发表土力学专著，至此土力学成为一门独立的学科。1936年以来，已召开了十多届国际土力学和基础工程会议，涌现了大量论文、研究报告和技术资料，很多国家定期出版土工杂志。世界各地也都召开了类似的专业会议，总结和交流本学科的研究成果。

近60年来，随着我国社会的大发展，土力学地基基础学科经历了迅速的发展。全国各地有关生产、科研单位和高等院校总结实践经验，开展现场测试、室内试验和理论研究，在解决工程实践问题的同时也为土力学的理论研究作出了突出贡献。近年来，世界各地高土坝（坝高大于200m）、高层建筑与核电站等巨型工程的兴建和强烈地震的发生，促使土力学进一步发展。有关单位积极研究土的本构关系、土的弹塑性与黏弹性理论和土的动力特性。同时，各单位研制成功了各种各样的勘察、试验与地基处理的设备，如自动记录的静力触探仪、现场孔隙水压力仪、大型三轴仪、振动三轴仪、真三轴仪、流变三轴仪、深层搅拌器、塑料排水插板机等，为土力学研究和地基加固提供了良好的条件。随着我国基础建设的向前发展，对地基基础要求日益提高，我国土力学地基与基础学科也必将得到更新、更大的发展。

第2章 土的物理性质及工程分类

本章的知识要点

1. 了解土的三相组成，掌握土的粒组和颗粒特征，明确粒组划分和判断土级配好坏的标准。

2. 定义土的物理性质指标，学会物理性质指标的换算；描述土的物理状态指标，学会用指标来判断土的物理状态。

3. 描述土的击实性，定义压实度指标，说明土击实性的影响因素。

4. 描述《公路土工试验规程》（JTG E40—2007）和《公路桥涵地基与基础设计规范》（JTG D63—2007）对土的工程分类。

2.1 土的三相组成和土的结构

地球表层的整体岩石，在大气中经受长期的风化作用后形成形状不同、大小不一的颗粒，这些颗粒在不同的自然条件下堆积或经过搬运沉积，即形成通常所说的土。因此，可以说土是由各种岩屑、矿物颗粒（称为土粒）组成的松散堆积物，它是由各种大小不同的土粒混杂组成的集合体。同时，它又是一种分散体，是由土的固体颗粒（固相）、存在于土粒间孔隙中的水（液相）和空气（气相）构成的三相体系。由于三相性质的差异，三相物质的相对比例不同及三相间相互作用，共同反映了土的物理性质和物理状态的不同。而描述土的物理性质及状态的指标，是进行各种土的分类和确定土的工程性质的重要依据。

2.1.1 土的三相组成

土由固相、液相和气相三部分组成。固相部分即为土粒，由矿物颗粒或有机质组成，构成土的骨架；液相部分为水及其溶解物；气相部分为空气和其他气体，如土中孔隙全部被水充满时，称为饱和土；孔隙中仅含空气时，称为干土。饱和土和干土都是两相体系。一般在地下水位以上和地面以下一定深度内的土的孔隙中兼含空气和水，此时的土体属三相体系，称湿土。

1. 土的矿物成分和有机质

（1）土的矿物成分。土粒是组成土的最主要部分。土粒的矿物成分是影响土的性质的重要因素。矿物成分按成因可分为两大类：

1）原生矿物。是岩石经过物理风化作用形成的碎屑物，如石英、长石、云母等。

2）次生矿物。岩石经化学风化作用而形成的新矿物成分，其中数量最多是黏土矿物。常见的黏土矿物有高岭石、蒙脱石、伊利石。石英、长石是砂、砾石等无黏性土的主要矿物成分，呈粒状。黏土矿物是组成黏性土的主要成分，颗粒极细，呈片状或针状，具有高度的分散性和胶体性质，其与水相互作用形成黏性土的一系列特性，如可塑性、膨胀性、收缩性等。

(2) 土中的有机质。在岩石风化以及风化产物搬运、沉积过程中，常有动物、植物的残骸及其分解物质参与沉积，成为土中的有机质。有机质易于分解变质，故土中有机质含量过多时，将导致地基或土坝坝体发生集中渗流或不均匀沉降。因此，在工程中常对土料的有机质含量提出一定的限制，筑坝土料一般不宜超过5%，灌浆土料小于2%。

2. 土中的水

土孔隙中的液态水，根据它与土粒表面的相互作用情况，主要分为两种类型：结合水和自由水。

(1) 结合水。结合水是指附着于土粒表面成薄膜状的水。一般情况下，土粒表面大多带有负电荷，并在周围形成静电引力场，吸引着周围极性水分子（因水分子为极性结构，故称极性水分子）和水化阳离子，如图2-1所示。紧靠土粒表面，吸附力高达几千千帕的结合水称强结合水，其性质接近于固体，密度很大，不能传递静水压力。在强结合水外围，吸附力稍低的一层结合水称弱结合水。它的水膜厚度稍大，故占结合水的绝大部分。但它仍不能传递静水压力，只能以水膜形式由厚处向薄处缓慢移动。弱结合水对黏性土的影响最大。

由于结合水的存在，细颗粒，特别是黏粒之间将形成公共水膜（图2-2），从而使土粒间产生一定的联结，这种联结随土的湿度而变化。当土的湿度减小，水膜变薄，相邻土粒彼此吸引力加强；反之，当湿度提高，水膜增厚时，颗粒将被挤开，以致不存在公共水膜而失去联结。这种水膜联结，一般认为是黏性土具有黏性、可塑性和强度的主要原因。

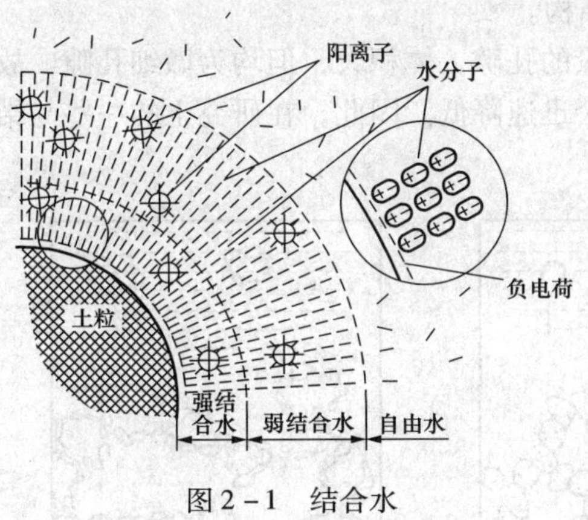

图2-1 结合水

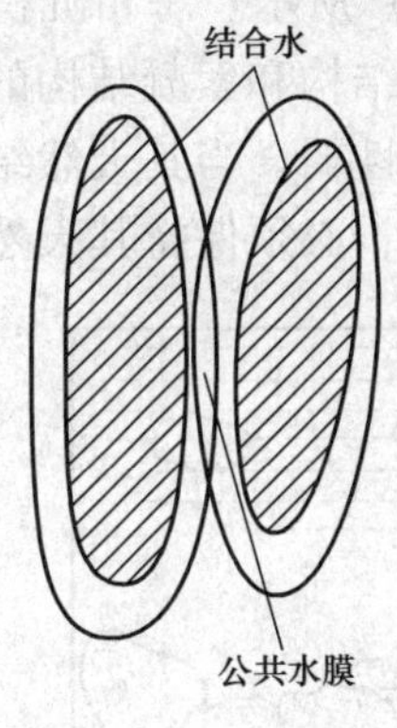

图2-2 公共水膜

(2) 自由水。土孔隙中除了结合水以外的水都是自由水，它包括毛细水和重力水。

1) 毛细水。受土粒的分子引力以及水与空气界面的表面张力而存在，并运动于毛细孔隙中的水。一般存在于地下水位以上，由于表面张力作用，地下水沿着土的毛细通道逐渐上升，形成毛细水上升带。毛细水上升高度和速度决定于土的孔隙大小和形状、粒径和水的表面张力等。一般来说，卵石上升高度接近于零，砂土数十厘米，黏性土可达数百厘米。

2) 重力水。受重力作用而运动的水，它对土产生浮力，使土的重度减少；渗透水流能使土产生渗透力，使土引起渗透变形；还能溶解土中的水溶盐，使土的强度降低，压缩性增大。

3. 土中气体

土中的气体存在于土孔隙中未被水所占据的部分，包括封闭气体与大气相连通的气体。与大气连通的气体受外力作用时，易被挤出，对土的工程性质影响不大。封闭气体多存在于黏性土中，不易逸出，使土的渗透性降低、弹性与压缩性增大，所以封闭气体对土的性质有较大的影响。

2.1.2 土的结构与构造

1. 土的结构

很多试验资料表明，同一种土，原状土和重塑土样的力学性质有很大差别。这就是说，土的结构和构造对土的性质有很大的影响。土的结构是指土中颗粒排列的状况，与土的矿物成分、颗粒形状和沉积条件有关，主要有以下三种基本类型：

（1）单粒结构。在沉积过程中，较粗的土粒互相支承并达到稳定，形成单粒结构如图2－3（a）所示。单粒结构为碎石土和砂类土的结构特征。单粒结构可以是疏松的，也可以是紧密的。就一般而言，此种结构的土的孔隙都比较大、透水性强、压缩性低、强度较高。

（2）蜂窝结构。蜂窝结构主要是由粉粒或细砂粒组成的。据研究，粉粒在水中沉积时，基本上是以单个土粒下沉，当碰到已沉积的土粒时，由于土粒之间的分子引力大于其重力，因此土粒就停留在最初的接触点上不再下沉，逐渐形成链环状团粒，构成较疏松的蜂窝结构，如图2－3（b）所示。

（3）絮凝结构。微小的黏粒大都呈针片状或片状在水中长期悬浮，并在水中运动时，形成小链环状团粒而下沉，这种小链环碰到另一小链环被吸引，形成大链环状的絮凝结构，如图2－3（c）所示。海相沉积的黏土常具有此结构。

具有蜂窝结构和絮凝结构的土，土粒间有大量的孔隙，体积大，但均为微细孔隙，故压缩性高、透水性弱。当其天然结构破坏时，强度会迅速降低。因此，在研究土的一些与结构有关的性质时，必须保持其天然结构不受破坏。

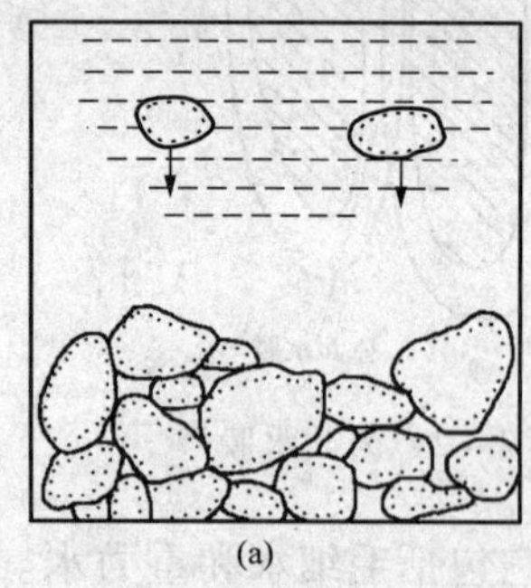
(a)

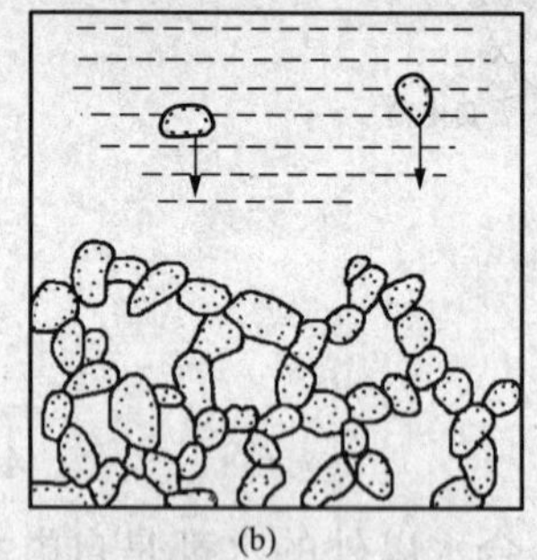
(b)

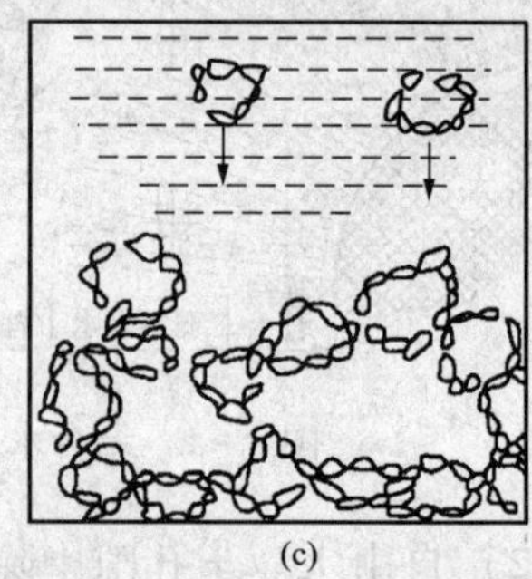
(c)

图2－3 土的结构
（a）单粒结构；（b）蜂窝结构；（c）絮凝结构

2. 土的构造

土的构造是指同一土层中，土粒或土粒集合体之间相互关系的特征，如土的层理、裂隙及大孔隙等宏观特征，也称为宏观结构。土的构造的最主要特征就是成层性，即层理构造。它是在土的生成过程中，由于不同阶段沉积的物质成分、颗粒大小或颜色不同，而沿竖向呈现的成层特征，常见的有水平层理与交错层理。

2.2　土的粒组和颗粒级配

2.2.1　土的粒组

土是岩石风化的产物，是由无数大小不同的土粒组成，其大小相差极为悬殊，性质也不相同。为了便于研究，工程上通常把工程性质相近的一定尺寸范围的土粒划分为一组，称为粒组。粒组与粒组之间的分界尺寸称界限粒径。工程上广泛采用的粒组有漂石粒、卵石粒、砾粒、砂粒、粉粒和黏粒。

对粒组的划分，各个国家甚至一个国家的各个部门都有不同的规定。图 2－4 为《公路土工试验规程》（JTG E40—2007）中规定的粒组划分。

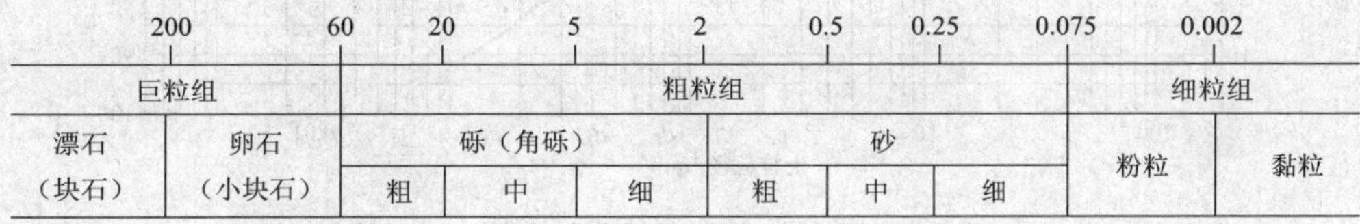

图 2－4　粒组划分图

2.2.2　土的颗粒级配

自然界的土常包含几种粒组。土中各粒组的相对含量（用粒组质量占干土总质量的百分数表示），称土的颗粒级配。土的颗粒级配可以通过颗粒分析试验确定。

1. 颗粒分析试验

测定土中各粒组颗粒质量占该土总质量的百分数，确定粒径分布范围的试验称为土的颗粒大小分析试验，简称“颗分”试验。常用试验方法有筛分法和密度计法两种。

（1）筛分法。筛分法适用于粒径大于 0.075mm 的土粒。即用一套孔径大小不同的标准筛，从上到下按粗孔到细孔的顺序叠好，将已知重量的风干、分散的土样过筛，把各粒组分离出来，并求出含量百分数。

（2）密度计法。密度计法适用于分析粒径小于 0.075mm 的土粒。它主要利用土粒在静水中下沉速度不同（粗粒下沉快，而细粒下沉慢）的原理，可把不同粒径的土粒区别开来。其步骤是先分散团粒、制备悬液，然后用密度计测定悬液的密度，再根据司笃克斯（Atokes）定律建立粒径与沉速的关系式，算出各粒组含量的百分率。

如果土中同时含有粒径大于和小于 0.075m 的土粒时，则需联合使用上述两种方法。试验方法可参阅《公路土工试验规程》（JTG E40—2007）。

2. 土的级配曲线

颗粒分析试验的成果，常用颗粒级配累计曲线表示，如图 2－5 所示。图中横坐标表示粒径（用对数尺度），纵坐标表示小于某粒径的土粒质量占总质量的百分率。

颗粒级配累计曲线既可看出粒组的范围，又可得到各粒组的质量分数。

3. 颗粒级配指标

常用的判别土颗粒级配良好与否的指标有两个，即不均匀系数 C_u 和曲率系数 C_c。见式

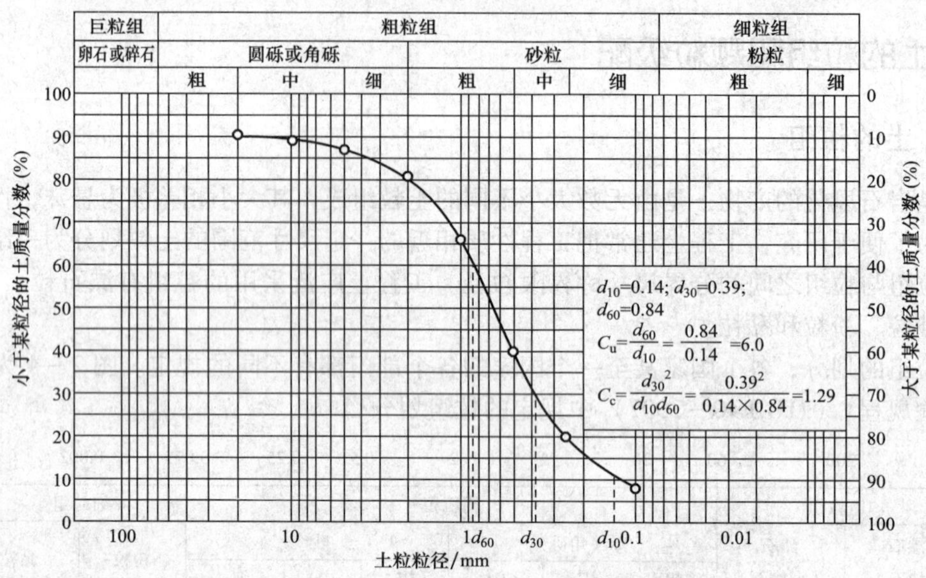

图2-5 颗粒级配累计曲线

(2-1) 和式 (2-2)。

$$C_u=\frac{d_{60}}{d_{10}} \tag{2-1}$$

$$C_c=\frac{d_{30}^2}{d_{60}d_{10}} \tag{2-2}$$

式中 d_{10}，d_{30}，d_{60}——级配曲线纵坐标上小于某粒径质量分数为10%、30%、60%所对应的粒径值；

d_{10}——有效粒径；

d_{60}——控制粒径。

不均匀系数 C_u 反映曲线的坡度，表明土粒大小的不均匀程度，其值越大，曲线越平缓，说明土粒越不均匀，即级配良好；其值越小，曲线越陡，说明土粒越均匀，即级配不良。一般认为不均匀系数 $C_u \geqslant 5$ 为良好级配，$C_u < 5$ 为不良级配。

曲率系数 C_c 反映的是颗粒级配曲线分布的整体形态，表示粒组是否缺失的情况。当 $1 < C_c < 3$ 时，表明土粒大小的连续性较好；也即 $C_c < 1$ 或 $C_c > 3$ 时的土，颗粒级配不连续，缺乏中间粒径。

因此，在土的工程分类中，用不均匀系数 C_u 及曲率系数 C_c 两个指标判别颗粒级配的优劣。《公路土工试验规程》（JTG E40—2007）中规定：级配良好的土必须同时满足两个条件，即 $C_u \geqslant 5$ 且 $1 < C_c < 3$。如不能同时满足这两个条件，则为级配不良的土。

级配良好的土，粗、细颗粒搭配较好，粗颗粒间的孔隙被细颗粒填充，易被压实到较高的密实度，因而，该土的透水性小、强度高、压缩性低。反之，级配不良的土，其压实密度小、强度低、透水性强而渗透稳定性差。

土粒组成和级配相近的土，往往具有某些共同的性质，所以，土粒组成和级配可作为土的工程分类和筑坝土料选择的依据。

2.3　土的物理性质指标

上述土中三相的特性及其相互作用，对土的工程性质有重要的影响，但多是定性分析。而土中三相之间的比例关系，能定量说明土的物理性质。因此，称为土的基本物理性质指标，包括土粒的相对密度，土的含水率、密度、孔隙比、孔隙率和饱和度等。

为便于研究这些指标，通常把本来互相分散的三相分别集中起来，绘出土的三相图（图 2-6）。

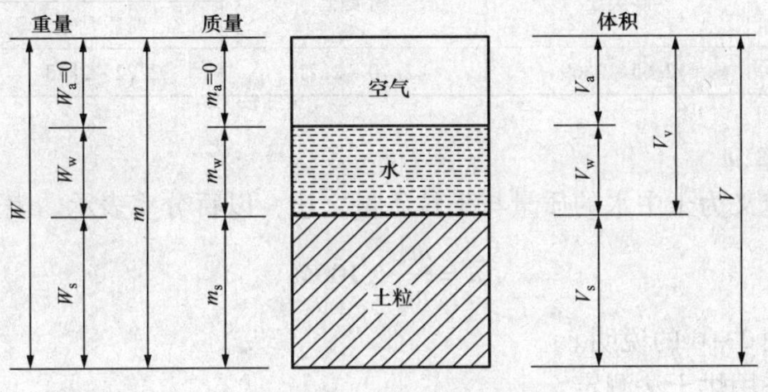

图 2-6　土的三相草图

图 2-6 中各符号的意义如下：W 表示重量，m 表示质量，V 表示体积，下标 a 表示气体，下标 s 表示土粒，下标 w 表示水，下标 v 表示孔隙。如 W_s、m_s、V_s 分别表示土粒重量、土粒质量和土粒体积。

2.3.1　三项基本物理性质指标

三项基本物理性质指标是指土粒相对密度 C_s、土的含水率 w 和密度 ρ，一般由实验室直接测定其数值。

1. 土的密度 ρ 与重度 γ

土的密度定义为单位体积土的质量，用 ρ 表示，其单位为 g/cm³。表达式如下：

$$\rho = \frac{m}{V} \tag{2-3}$$

式中参数见图 2-6 的说明。

天然状态下土的密度变化范围较大。一般黏性土 $\rho = 1.8 \sim 2.0\text{g/cm}^3$；砂土 $\rho = 1.6 \sim 2.0\text{g/cm}^3$。土的密度常用环刀法测定。

土的重度也称为容重，定义为单位体积土的重量，用 γ 表示，单位为 kN/m³。表达式如下：

$$\gamma = \frac{W}{V} = \frac{mg}{V} = \rho g \tag{2-4}$$

式中　g——重力加速度，9.807m/s²。

2. 土粒相对密度

土粒相对密度为土粒的质量与同体积 4℃时纯水的质量之比。表达式如下：

$$G_s = \frac{m_s}{V_s \rho_w} \tag{2-5}$$

式中 ρ_w——4℃时纯水的密度，取 $\rho_w = 1.0\text{g/cm}^3$。

土粒相对密度是个无量纲指标，其值取决于土粒的矿物成分和有机质含量，变化范围不大，在2.60~2.75之间。土中含有机质较多时，土粒相对密度将显著减小。一般土粒相对密度参考值见表2-1。土粒相对密度可用比重瓶法测定。

表2-1　　土粒相对密度参考值

土的名称	砂类土	粉质土	黏性土	
			粉质黏土	黏土
土粒相对密度	2.65~2.69	2.70~2.71	2.72~2.73	2.74~2.76

3. 土的含水率 w

土中含水率定义为土中水的质量与土粒质量之比，以百分率表示。表达式如下：

$$w = \frac{m_w}{m_s} \times 100\% \tag{2-6}$$

式中参数见图2-6的说明。

含水率一般采用烘干法测定。

含水率反映土的干湿程度，变化范围很大，从干砂接近于零，一直到饱和黏土的百分之几百。一般说来，同一类土（尤其是细粒土），当其含水率增大时，其强度就下降。

上述三个指标可用试验方法直接测定，具体试验方法参阅教材第11章。其他指标可由上述换算，称换算指标。

2.3.2 换算指标

1. 土的饱和重度 γ_{sat}

土孔隙中充满水时的单位体积重量，称为土的饱和重度（kN/m^3），表达式如下：

$$\gamma_{sat} = \frac{W_s + V_v \gamma_w}{V} = \rho_{sat} g \tag{2-7}$$

式中 $V_v \gamma_w$——充满土中全部孔隙的水重；

γ_w——4℃时纯水的重度，取 $\gamma_w = 9.8\text{kN/m}^3$。

2. 土的浮重度 γ'

土在地下水位以下，受到水的浮力作用时单位体积的重量，称为土的浮重度，也称有效重度（kN/m^3），表达式如下：

$$\gamma' = \frac{W_s + V_v \gamma_w - V \gamma_w}{V} = \gamma_{sat} - \gamma_w = \rho' g \tag{2-8}$$

式中 ρ'——土的浮密度，也称有效密度或水下密度，单位为 g/cm^3。

3. 土的干重度 γ_d

土在完全干燥状态下时的单位体积的重量，称为土的干重度（kN/m^3），表达式如下：

$$\gamma_d = \frac{W_s}{V} = \rho_d g \tag{2-9}$$

式中　ρ_d——土的干密度，单位为 g/cm^3。

干重度能反映土的紧密程度。因此，工程上常用它作为控制填土施工质量的指标。

同一种土的各种重度在数值上有以下关系：

$$\gamma_{sat} > \gamma > \gamma_d > \gamma' \text{或} \rho_{sat} > \rho > \rho_d > \rho'$$

将上述重量改为质量则为密度指标，它们分别为饱和密度、密度、干密度与浮密度。

4. 孔隙比 *e*

土的孔隙比是土中孔隙体积与土粒体积之比，即

$$e = \frac{V_v}{V_s} \tag{2-10}$$

式中参数见图2－6说明。

孔隙比用小数表示。它是一个重要的物理性质指标，可以用来评价天然土层的密实程度。一般 $e<0.6$ 的土是密实的低压缩性土，$e>1.0$ 的土是疏松的高压缩性土。

5. 孔隙率

土的孔隙率是土中孔隙体积与土的总体积之比，以百分数表示，即

$$n = \frac{V_v}{V} \times 100\% \tag{2-11}$$

式中参数见图2－6说明。

6. 饱和度

饱和度是土中水的体积与孔隙体积之比，以百分数表示，即

$$S_r = \frac{V_w}{V_v} \times 100\% \tag{2-12}$$

式中参数见图2－6说明。

土的饱和度 S_r 与含水率均为描述土中含水程度的三相比例指标，根据饱和度 S_r（%），砂土的湿度可分为三种状态：稍湿 $S_r \leqslant 50\%$；很湿 $50\% < S_r \leqslant 80\%$；饱和 $S_r > 80\%$。

2.3.3　物理性质指标间的换算

土的天然重度（或密度）γ、土粒相对密度 G_s 和含水率 w 通过试验测定后，其他指标由它们的定义，并用土中三相的关系通过换算关系式求得。常用三相图进行各指标间的推导：令 $V_s=1$，则 $V=1+e$；$W_s=V_sG_s\gamma_w=G_s\gamma_w$，$W_w=wW_s=wG_s\gamma_w$，$W=G_s\gamma_w(1+w)$，将以上数值填入三相图中，则有

$$\gamma = \frac{W}{V} = \frac{G_s(1+w)\gamma_w}{1+e}$$

$$\gamma_d = \frac{W_s}{V} = \frac{G_s\gamma_w}{1+e} = \frac{\gamma}{1+w}$$

$$n = \frac{V_v}{V} = \frac{e}{1+e}$$

$$S_r = \frac{V_w}{V_v} = \frac{wG_s}{e}$$

常见土的三相比例换算公式见表2－2。

表 2-2 土的三相比例换算公式

指标名称	符号	表达式	单位	换算公式	备注
重度	γ	$\gamma=\frac{W}{V}$	kN/m^3	$\gamma=\frac{G_s+S_re}{1+e}\gamma_w$ $\gamma=\frac{G_s(1+w)}{1+e}\gamma_w$	试验直接测定
相对密度	G_s	$G_s=\frac{W_s}{V_s\gamma_w}$		$G_s=\frac{S_re}{w}$	试验直接测定
含水率	w	$w=\frac{m_w}{m_s}\times 100\%$		$w=\frac{S_re}{G_s}\times 100\%$ $w=\left(\frac{\gamma}{\gamma_d}-1\right)\times 100\%$	试验直接测定
孔隙比	e	$e=\frac{V_v}{V_s}$		$e=\frac{G_s\gamma_w(1+w)}{\gamma}-1$ $e=\frac{G_s\gamma_w}{\gamma_d}-1$	
孔隙率	n	$n=\frac{V_v}{V}\times 100\%$		$n=\frac{e}{1+e}\times 100\%$ $n=\left(1-\frac{\gamma_d}{G_s\gamma_w}\right)\times 100\%$	
饱和度	S_r	$S_r=\frac{V_w}{V_v}\times 100\%$		$S_r=\frac{wG_s}{e}$ $S_r=\frac{w\gamma_d}{n\gamma_w}$	
干重度	γ_d	$\gamma_d=\frac{W_s}{V}$		$\gamma_d=\frac{\gamma}{1+w}$	
饱和重度	γ_{sat}	$\gamma_{sat}=\frac{W_s+V_v\gamma_w}{V}$	kN/m^3	$\gamma_{sat}=\frac{G_s+e}{1+e}\gamma_w$	
浮重度	γ'	$\gamma'=\gamma_{sat}-\gamma_w$		$\gamma'=\gamma_{sat}-\gamma_w$ $\gamma'=\frac{(G_s-1)\gamma_w}{1+e}$	

【例题 2-1】 用体积 $V=60cm^3$ 的环刀切取原状土样，称得其质量为 108g，将其烘干后称得质量为 96.43g，测得土粒相对密度 $G_s=2.70$，试求试样的湿密度（天然密度）与天然重度、干重度、饱和重度、含水率、孔隙比、孔隙率和饱和度。

解：湿密度：$\rho=\frac{m}{V}=\frac{108}{60}=1.80g/cm^3$

天然重度：$\gamma=\rho g=1.80\times 9.8=17.64kN/m^3$

含水率：$w=\frac{m_w}{m_s}\times 100\%=\frac{108-96.43}{96.43}\times 100\%=12.0\%$

干重度：$\gamma_d=\frac{\gamma}{1+w}=\frac{17.64}{1+0.12}=15.75kN/m^3$

孔隙比：$e=\frac{G_s(1+w)\gamma_w}{\gamma}-1=\frac{2.70\times(1+0.12)\times9.8}{17.64}-1=0.68$

孔隙率：$n=\frac{e}{1+e}\times100\%=\frac{0.68}{1+0.68}\times100\%=40.5\%$

饱和度：$S_r=\frac{wG_s}{e}=\frac{0.12\times2.70}{0.68}=47.6\%$

饱和重度：$\gamma_{sat}=\frac{G_s+e}{1+e}\gamma_w=\frac{2.70+0.68}{1+0.68}\times9.8=19.72\mathrm{kN/m^3}$

【例题 2-2】某饱和黏性土的含水率 w 为 38%，土粒相对密度 $G_s=2.71$，求土的孔隙比 e 和干重度 γ_d。

解：根据题意该土为饱和土，因此饱和度 S_r 为 100%。由 $S_r=\frac{wG_s}{e}$ 得孔隙比：$e=wG_s=0.38\times2.71=1.03$

干重度：$\gamma_d=\frac{G_s}{1+e}\gamma_w=\frac{2.71}{1+1.03}\times9.8=13.08\mathrm{kN/m^3}$

2.4　土的物理状态指标

土的物理状态指标主要用于反映土的松密和软硬程度，如砂、砾石等无黏性土，其主要的物理状态指标是密实度；黏性土的主要状态指标是稠度（软硬程度）。

2.4.1　砂土的密实状态

砂土的密实状态对其工程性质影响很大，密实的砂土，其结构稳定、强度较高、压缩性较小，是良好的天然地基；疏松的砂土，特别是饱和的松散粉细砂，结构常处于不稳定状态，容易产生流砂，在振动荷载作用下，可能会发生液化，对工程建筑不利。

判别砂土的密实度可以采用以下三种方法：

1. 孔隙比判别

判别砂土密实度最简便的方法是用孔隙比，见表 2-3。

表 2-3　砂土密实度划分标准

土的名称 \ 密实度	密　实	中　密	稍　密	松　散
砾砂、粗砂、中砂	$e<0.60$	$0.60\leqslant e\leqslant0.75$	$0.75<e\leqslant0.85$	$e>0.85$
细砂、粉砂	$e<0.70$	$0.70\leqslant e\leqslant0.85$	$0.85<e\leqslant0.95$	$e>0.95$

2. 相对密实度判别

用孔隙比判别砂土的密实度虽然简便，但它未考虑级配这一因素。例如均匀密实砂的孔隙比 e 可能较大，而不均匀松砂的孔隙比 e 反而小。为了更好地反映砂土的密实度，工程上用相对密度 D_r 判别砂土的密实度。相对密度 D_r 是将天然孔隙比 e 与最疏松状态的孔隙比 e_{max} 及最密实状态的孔隙比 e_{min} 进行对比，作为衡量砂土密实度的指标，其表达式为

$$D_r = \frac{e_{max} - e}{e_{max} - e_{min}} \tag{2-13}$$

由式（2－13）可知，若砂土的 $e = e_{max}$，则 $D_r = 0$，砂土处于最疏松状态；若 $e = e_{min}$，则 $D_r = 1$，砂土处于最密实状态。因此，工程上常按以下标准评价砂土的松密程度：$D_r \geq 0.67$ 时，为密实状态；$0.33 < D_r < 0.67$ 时，为中密状态；$D_r \leq 0.33$ 时，为松散状态。

采用相对密度 D_r 来评价砂土的松密程度在理论上是合理的。但在实际上，测定最大孔隙比 e_{max} 和最小孔隙 e_{min} 比没有统一的标准，而且测定砂土的天然孔隙比 e 也有很大的困难。由于这些原因，砂土的相对密度 D_r 的测定误差是很大的。因此在实际工作中，应用较多的是现场标准贯入试验来评价砂土的松密程度。

3. 标准贯入试验判别

标准贯入试验是在现场进行的原位试验。该方法是用质量为63.5kg的穿心锤，以76cm的落距将贯入器打入土中30cm时所需要的锤击数作为判别指标，称为标准贯入锤击数 N。显然，锤击数 N 越大，表明土层越密实；锤击数 N 越小，土层越疏松。《公路桥涵地基与基础设计规范》（JTG D63—2007）中按标准贯入锤击数 N 划分砂土密实度的标准，见表2－4。

表2－4　按标准贯入锤击数 N 值确定砂土密实度

密实度	松散	稍密	中密	密实
标准贯入锤击数 N	$N \leq 10$	$10 < N \leq 15$	$15 < N \leq 30$	$N > 30$

2.4.2 黏性土的稠度

1. 稠度状态

黏性土随着含水率的变化，可具有不同的状态。当含水率很高时，土可成为液体状态的泥浆；随着含水率的减少，土的流动性逐渐消失，进入可塑状态，在外力作用下，土可以塑成任何形状而不产生裂缝，解除外力后仍保持其所塑形状；当含水率继续减小，土失去了可塑性，变成半固态；直至达到固态，体积不再收缩（图2－7）。这几种状态反映了黏性土的软硬程度或抵抗外力的能力，称为稠度。所以稠度是指黏性土在某一含水率下抵抗外力作用而变形或破坏的能力，是黏性土最主要的物理状态指标。

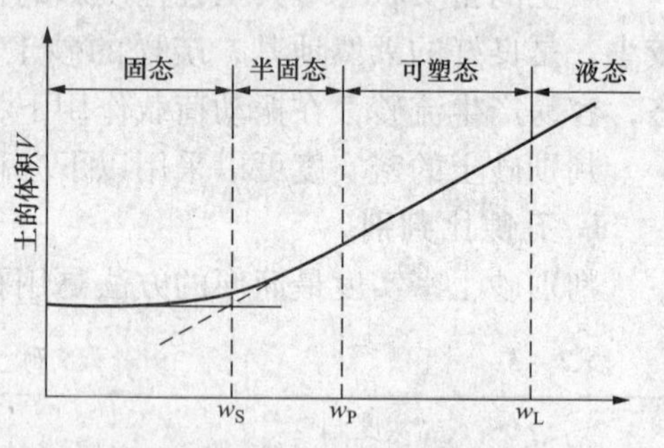

图2－7　黏性土的界限含水率

2. 界限含水率

黏性土由一种状态转变为另一种状态的分界含水率称为界限含水率，也称稠度界限。它对黏性土的分类及工程性质的评价有重要意义。

（1）液限 w_L。黏性土可塑状态与液态的界限含水率，称为液限。

（2）塑限 w_P。黏性土半固态与可塑态的界限含水率，称为塑限。

液限和塑限目前采用联合测定法来获得。具体见教材第11章有关内容。

（3）缩限 w_S。黏性土固态与半固态的界限含水率，即黏性土随着含水率的减小而体积不再变时的含水率，称为缩限。土的缩限用收缩皿法测定。

3. 塑性指数与液限指数

（1）塑性指数 I_P。液限和塑限之差的百分数值（去掉百分号）称塑性指数，用 I_P 表示，取整数，即

$$I_P = w_L - w_P \tag{2-14}$$

塑性指数表示处在可塑状态时土的含水率变化范围。其值越大，土的塑性也越高。黏性土的塑性高低，与黏粒含量有关，一般粘粒含量越多，矿物的亲水性越强，结合水的含量越大，因而土的塑性也就越大。所以塑性指数是一个全面反映土的组成情况的指标，可作为黏性土的工程分类依据。《公路桥涵地基与基础设计规范》（JTG D63—2007）中规定黏性土根据塑性指数分为粉质黏土和黏土（表 2-9）。

（2）液性指数 I_L。含水率对黏性土的状态有很大的影响。但对于不同的土，即使具有相同的含水率，也未必处于同样的状态。黏性土的状态可用液性指数来判别，其定义为

$$I_L = \frac{w - w_P}{w_L - w_P} = \frac{w - w_P}{I_P} \tag{2-15}$$

式中　I_L——液性指数，以小数表示；

w——土的天然含水率。

其余符号意义同前。

由上式可知：当 $w \leqslant w_P$ 时，$I_L \leqslant 0$，土处于坚硬状态；

当 $w > w_L$ 时，$I_L > 1$，土处于流动状态；

当 $w_P < w \leqslant w_L$ 时，即 I_L 在 0～1 之间时为可塑状态。

《公路桥涵地基基础设计规范》（JTG D63—2007）按 I_L 将黏性土的稠度状态划分见表 2-5。

表 2-5　　黏性土的状态

状　态	坚　硬	硬　塑	可　塑	软　塑	流　塑
液限指数 I_L	$I_L \leqslant 0$	$0 < I_L \leqslant 0.25$	$0.25 < I_L \leqslant 0.75$	$0.75 < I_L \leqslant 1$	$I_L > 1$

值得注意的是：液限和塑限都是用重塑土测定的。用 I_L 判别黏性土的状态时，没有考虑土的结构影响，所以按上述标准判别天然土是保守的。

2.5　土的击实性

在工程建设中，需要用填土修筑路基、土坝，有时还要用填土作为建筑物的地基。为了提高填土的强度，增加土的密实度，减少其压缩性和渗透性，一般都要经过击实，以改善它的工程性质，满足工程要求。

土的击实性是指采用人工或机械对土施以夯实、振动作用，使土在短时间内压实变密，获得最佳结构，以改善和提高土的力学性能，又称为土的压实性。通常在室内进行击实试验测定扰动土的击实性指标，土的压实度；在现场通过打夯、碾压或振动达到工程填土所要求的压实度。影响填土击实效果的主要因素有土的性质、击实功能和土的含水率。因此，对同一种土来说，在特定击实功能下的最大干密度与相应的最佳含水率，可以用来作为填土的击

实性指标。

2.5.1 击实试验和击实曲线

在实验室内进行击实试验，是研究土击实性的基本方法，击实试验分轻型和重型两种。轻型击实试验适用于粒径不大于20mm的黏性土，而重型击实试验适用于粒径不大于40mm的土。击实试验所用的主要设备是击实仪，包括击实筒、击锤及导杆等。图2－8所示轻型和重型两种击实仪，击实筒容积分别为997cm^3 和2177cm^3；击锤质量分别为2.5kg和4.5kg；落高分别为30cm和45cm。试验时，将含水率 w 为一定值的扰动土样分层装入击实筒中，每铺一层（共3～5层）后均用击锤按规定的落距和击数锤击土样，最后被击实的土样充满击实筒。由击实筒的体积和筒内被击实土的总重计算出湿密度 ρ，并可算出干密度 ρ_d。由一组几个（不少于5个）不同含水率的同一种土样分别按上述方法进行试验，绘制一条击实曲线，如图2－9所示。击实曲线反映土的击实特性如下：

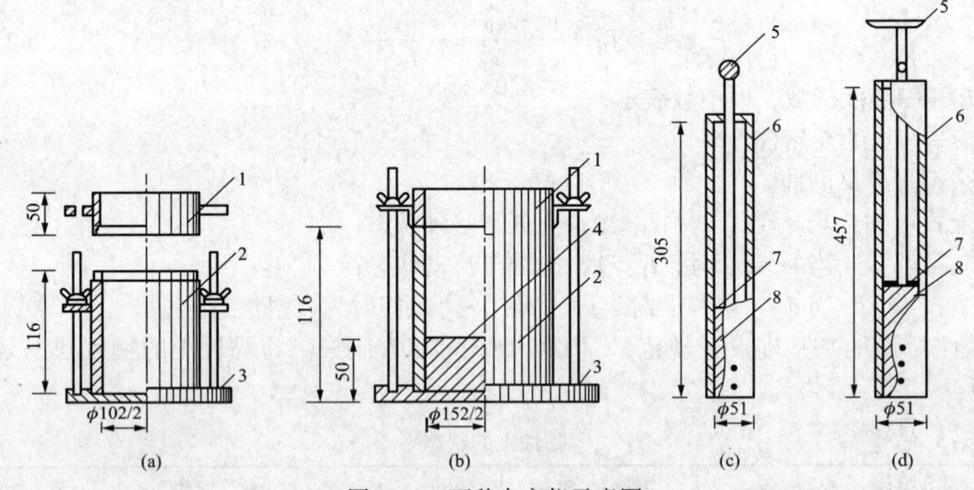

图2－8 两种击实仪示意图

（a）轻型击实仪；（b）重型击实仪；（c）2.5kg击锤；（d）4.5kg击锤

1—套筒；2—击实筒；3—底板；4—垫块；5—提手；6—导筒；7—硬橡胶垫；8—击锤

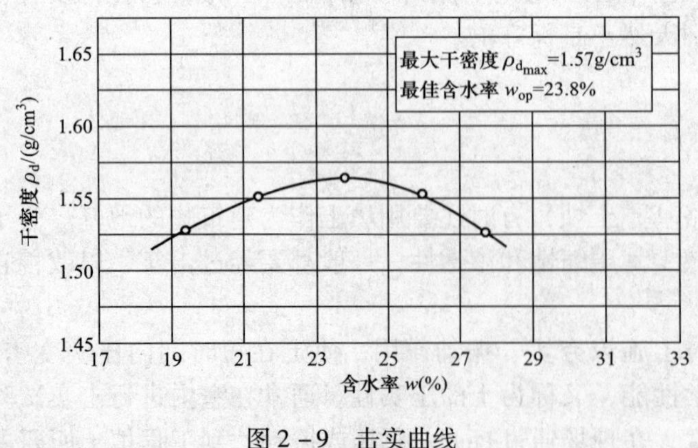

图2－9 击实曲线

（1）对于某一土样，在一定的击实功能作用下，只有当土的含水率为某一适宜值时，土样才能达到最密实，因此在击实曲线上就反映出有一峰值，峰点所对应的纵坐标值为最大干密度 $\rho_{d_{max}}$，对应的横坐标值为最佳含水率 w_{op}。

（2）土在击实过程中，通过土粒的相互位移，很容易将土中气体挤出，但要挤出土中水分来达到击实的效果，对于黏性土，不是短时间的加载所能办到的。因此，人工击实不是通过挤出土中水分而是挤出土中气体来达到击实目的的。同时，当土的含水率接近或大于最佳含水率时，土孔隙中的气体越来越处于与大气不连通的状态，击实作用已不能将其排出土体之外。一般击实最好的土，气体体积分数也还有 3% ~5%（以总计）留在土中，亦即击实土不可能被击实到完全饱和状态，击实曲线必然位于饱和曲线的左侧而不可能与饱和曲线有交点，如图 2－10 所示。按下式计算土的饱和含水率

$$w_{sat} = \left(\frac{\rho_w}{\rho_d} - \frac{1}{G_s}\right) \times 100 \qquad (2-16)$$

式中　w_{sat}——饱和含水率，单位为%；

ρ_w——水的密度，单位为 g/cm^3；

G_s——土粒相对密度；

ρ_d——干密度，单位为 g/cm^3。

（3）当含水率低于最佳含水率时，干密度受含水率变化的影响较大，即含水率变化对干密度的影响在偏干时比偏湿时更加明显。因此，击实曲线的左段比右段的坡度陡。

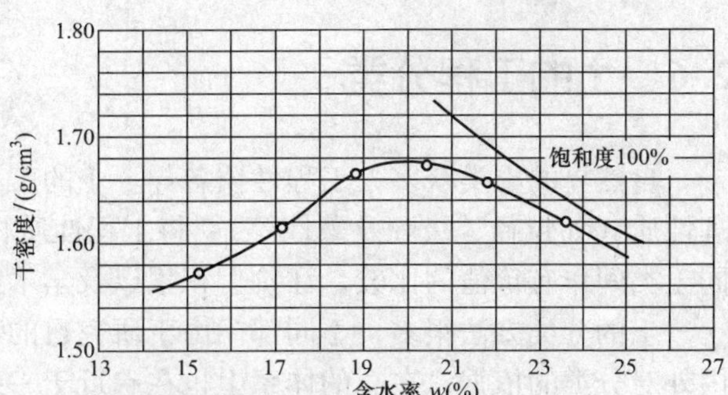

图 2－10　击实曲线与饱和曲线关系

2.5.2　土的压实度和影响土压实的因素

1. 土的压实度

土的压实度 K，定义为工地压实填土达到的干密度 ρ_d 与室内击实试验所得到的最大干密度 $\rho_{d_{max}}$ 之比值，可由下式表示

$$K = \frac{\rho_d}{\rho_{d_{max}}} \qquad (2-17)$$

在工程中，填土的质量标准常以压实度来控制。要求压实度越接近于 1，表明对压实质量的要求越高。根据工程性质及填土的受力状况，所要求的击实度是不一样的。必须指出，现场施工的填土击实，无论是在击实功能、击实方法还是在土的变形条件方面，与室内击实试验都存在着一定的差异。因此，室内击实试验用来模拟工地压实仅是一种半经验的方法，要使填土压实的现场施工确保质量，达到要求的压实度，还应该进行现场检验。

在工地上对压实度的检验，一般可用环刀法、灌砂法、湿度密度仪法或核子密度仪法等来测定土的干密度和含水率，具体选用哪种方法，可根据工地的实际情况决定。

2. 影响土压实的因素

（1）含水率对整个压实过程的影响。由击实曲线可知，严格控制最佳含水率是关键，但是，不同的土类其最佳含水率和最大干密度也是不同的。一般粉粒和黏粒含量越多，土的塑性指数越大，土的最佳含水率也越大，同时其最大干密度越小。因此，一般砂性土的最佳含水率小于黏性土，而砂性土的最大干密度也大于黏性土。

（2）击实功能对最佳含水率和最大干密度的影响。对同一种土用不同的击实功进行击实试验后表明：击实功越大，土的最大干密度也越大，而土的最佳含水率则越小。但是这种增大击实功是有一定限度的，超过这一限度，即使增加击实功，土的干密度的增加也不明显。

（3）不同压实机械对压实的影响。如光面压路机、羊足碾和振动压路机等，它们的压实效果各不相同，对作用于不同土类时，其效果也不同。

（4）土粒级配的影响。路基、路面基层材料等的施工表明，粒料的级配对所能达到的密实度有明显的影响。均匀颗粒的砂、单一尺寸的砾石和碎石，都很难碾压密实。只有在良好级配条件下才能达到要求的密实度，也才能满足强度和稳定性的要求。

2.6 土的工程分类

自然界的土类众多，工程性质各异。土的工程分类就是根据实践经验，依照土的基本物理性质（如粒径、级配及塑性等），将工程性质相近的土划分类别，并予以定名，以便在不同土类间作有价值的比较、评价、积累以及学术与经验交流，并使之直接应用于工程建设。

土的分类方法很多，不同部门由于研究目的不同，所以分类方法各异。但总体看来，国内外对分类的依据，在总的体系上也在趋近于一致，各分类法的标准也都大同小异。一般原则是：① 粗粒土按粒度成分及级配特征；② 细粒土按塑性指数和液限，即塑性图法；③ 有机土和特殊土则分别单独各列为一类；④ 对定出的土名给以明确含义的文字符号，既可一目了然，还可为运用电子计算机检索土质试验资料提供条件。

因此，在介绍土的工程分类方法之前，应先认识和熟悉一下国内外已基本通用的、表示土类名称的文字代号，具体内容见表2－6。

表2－6 土的基本代号

土的成分代号			土的级配代号	土液限高低代号	特殊土代号
漂石：B 小块石：Cb_a 砂：S 细粒土（C和M合称）：F （混合）土（粗、细粒土合称）：Sl	块石：B_a 砾：G 粉土：M	卵石：C_b 角砾：G_a 黏土：C 有机质土：O	级配良好：W 级配不良：P	高液限：H 低液限：L	黄土：Y 红黏土：R 膨胀土：E 盐渍土：S_t

土类名称可用一个基本代号表示。

当由两个基本代号构成时，第一个代号表示土的主成分，第二个代号表示副成分（土的液限或土的级配）。例如GM为粉土质砾，GP为不良级配砾石，ML为低液限粉土。

当由三个基本代号构成时，第一个代号表示土的主成分，第二个代号表示液限的高低或级配的好坏，第三个代号表示土中所含次要成分。例如GHC为高液限含黏土砾，CLM为粉质低液限黏土。

2.6.1 《公路桥涵地基与基础设计规范》（JTG D63—2007）中土的分类

公路桥涵地基的岩土可分为岩石、碎石土、砂土、粉土、黏性土和特殊性岩土。

1. 岩石

岩石为颗粒间连接牢固，呈整体或具有节理裂隙的地质体。作为公路桥涵地基，除应确定岩石的地质名称外，尚应根据岩石的坚硬程度、完整程度、节理发育程度、软化程度和特殊性岩石进行划分。

2. 碎石土

碎石土为粒径大于 2mm 的颗粒含量超过总质量 50% 的土。碎石土可按表 2－7 分为漂石、块石、卵石、碎石、圆砾和角砾 6 类。

表 2－7　碎石土的分类

土的名称	颗粒形状	粒组含量
漂石	圆形及亚圆形为主	粒径大于 200mm 的颗粒含量超过总质量的 50%
块石	棱角形为主	
卵石	圆形及亚圆形为主	粒径大于 20mm 的颗粒含量超过总质量的 50%
碎石	棱角形为主	
圆砾	圆形及亚圆形为主	粒径大于 2mm 的颗粒含量超过总质量的 50%
角砾	棱角形为主	

注：碎石土分类时应根据粒组含量从大到小以最先符合者确定。

3. 砂土

砂土为粒径大于 2mm 的颗粒含量不超过总质量的 50%、粒径大于 0.075mm 的颗粒超过总质量 50% 的土。砂土可按表 2－8 分为砾砂、粗砂、中砂、细砂和粉砂五类。

表 2－8　砂土分类

土的名称	粒组含量
砾砂	粒径大于 2mm 的颗粒含量占总质量的 25%～50%
粗砂	粒径大于 0.5mm 的颗粒含量超过总质量的 50%
中砂	粒径大于 0.25mm 的颗粒含量超过总质量的 50%
细砂	粒径大于 0.075mm 的颗粒含量超过总质量的 85%
粉砂	粒径大于 0.075mm 的颗粒含量超过总质量的 50%

砂土的密实度可根据标准贯入锤击数按表 2－4 分为松散、稍密、中密、密实 4 级。

4. 粉土

粉土为塑性指数 $I_P \leqslant 10$ 且粒径大于 0.075mm 的颗粒含量不超过总质量 50% 的土。粉土的密实度应根据孔隙比 e 划分为密实、中密和稍密；其湿度应根据天然含水率 w（%）划分为稍湿、湿、很湿。

5. 黏性土

黏性土为塑性指数 $I_P > 10$ 且粒径大于 0.075mm 的颗粒含量不超过总质量 50% 的土。黏性土根据塑性指数按表 2－9 分为黏土和粉质黏土。

表 2－9　黏性土的分类

塑性指数 I_P	土的名称
$I_P > 17$	黏土
$10 < I_P \leqslant 17$	粉质黏土

黏性土可根据沉积年代按表 2－10 分为老黏性土、一般黏性土和新近沉积黏性土。

黏性土的软硬状态可根据液性指数 I_L 按表 2-5 分为坚硬、硬塑、可塑、软塑、流塑 5 种状态。

表 2-10 黏性土的沉积年代分类

沉积年代	土的分类
第四纪晚更新世（Q_3）及以前	老黏性土
第四纪全新世（Q_4）	一般黏性土
第四纪全新世（Q_4）以后	新近沉积黏性土

6. 特殊岩土

特殊性岩土是具有一些特殊成分、结构和性质的区域性地基土，包括软土、膨胀土、湿陷性土、红黏土、冻土、盐渍土和填土等。

（1）软土。软土为滨海、湖沼、谷地、河滩等处天然含水量高、天然孔隙比大、抗剪强度低的细粒土，其鉴别指标应符合表 2-11 的规定，包括淤泥、淤泥质土、泥炭、泥炭质土等。

表 2-11 软土地基鉴别指标

指标名称	天然含水量 w（%）	天然孔隙比 e	直剪内摩擦角 φ/(°)	十字板剪切强度 C_u/kPa	压缩系数 α_{1-2}/MPa^{-1}
指标值	≥35 或液限	≥1.0	宜小于 5	<35kPa	宜大于 0.5

淤泥为在静水或缓慢的流水环境中沉积，并经生物化学作用形成。其天然含水量大于液限、天然孔隙比大于或等于 1.5 的黏性土。天然含水量大于液限而天然孔隙比小于 1.5 但大于或等于 1.0 的黏性土或粉土为淤泥质土。

（2）膨胀土。膨胀土为土中黏粒成分主要由亲水性矿物组成，同时具有显著的吸水膨胀和失水收缩特性，其自由膨胀率大于或等于 40% 的黏性土。

（3）湿陷性土。湿陷性土为浸水后产生附加沉降，其湿陷系数大于或等于 0.015 的土。

（4）红黏土。红黏土为碳酸盐岩系的岩石经红土化作用形成的高塑性黏土，其液限一般大于 50。红黏土经再搬运后仍保留其基本特征且其液限大于 45 的土为次生红黏土。

（5）盐渍土。盐渍土为土中易溶盐质量分数大于 0.3%，并具有溶陷、盐胀、腐蚀等工程特性的土。

（6）填土。填土根据其组成和成因，可分为素填土、压实填土、杂填土、冲填土。素填土为由碎石土、砂土、粉土、黏性土等组成的填土。经过压实或夯实的素填土为压实填土。杂填土为含有建筑垃圾、工业废料、生活垃圾等杂物的填土。冲填土为由水力冲填泥砂形成的填土。

2.6.2 《公路土工试验规程》（JTG E40—2007）中土的分类

《公路土工试验规程》（JTG E40—2007）根据土分类的一般原则，吸收国内外分类体系的优点，结合本系统在工程实践中所取得的试验研究成果，提出了土质统一分类的体系，如图 2-11 所示。该分类适用于公路工程用土的鉴别、定名和描述，以便对土的性能作定性评价。

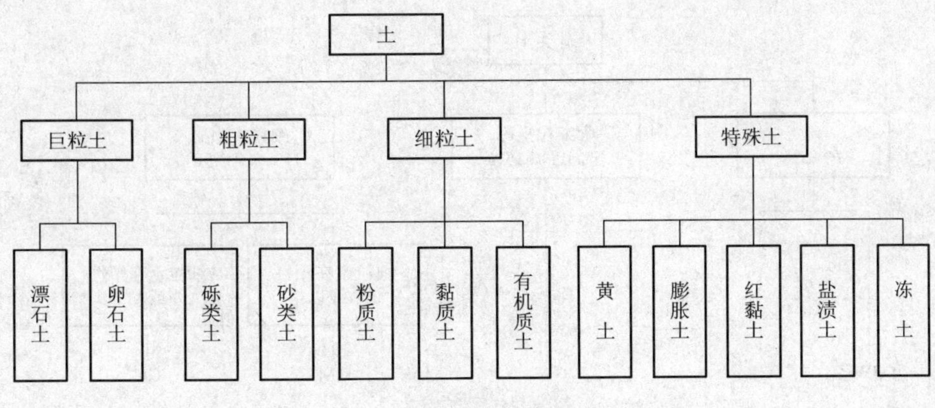

图 2－11　土分类总体系

1. 巨粒土分类

巨粒土应按图 2－12 定名分类。

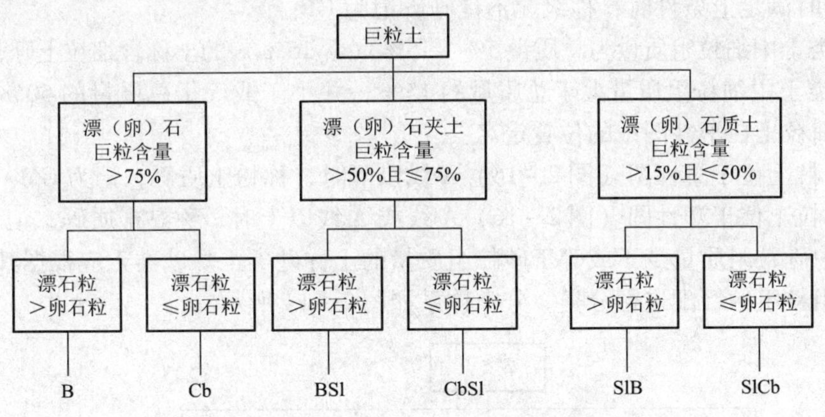

图 2－12　巨粒土分类体系

注：1. 巨粒土分类体系中的漂石换成块石，B 换成 Ba，即构成相应的块石分类体系。

2. 巨粒土分类体系中的卵石换成小块石，Cb 换成 Cba，即构成相应的小块石分类体系。

3. 含量指质量分数。

（1）巨粒组质量多于总质量 75% 的土称漂（卵）石。

（2）巨粒组质量为总质量 50% ~75%（含 75%）的土称漂（卵）石夹土。

（3）巨粒组质量为总质量 15% ~50%（含 50%）的土称漂（卵）石质土。

（4）巨粒组质量少于或等于总质量 15% 的土，可扣除巨粒，按粗粒土或细粒土的相应规定分类定名。

2. 粗粒土分类

试样中巨粒组土粒质量少于或等于总质量 15%，且巨粒组土粒与粗粒组土粒质量之和多于总土质量 50% 的土称粗粒土。粗粒土分为砾类土和砂类土。粗粒土中砾粒组质量多于砂粒组质量的土称砾类土。砾类土应根据其中细粒含量和类别，以及粗粒组的级配进行分类。砾类土分类体系如图 2－13 所示。

（1）砾类土中细粒组质量少于或等于总质量 5% 的土称砾，按下列级配指标定名：

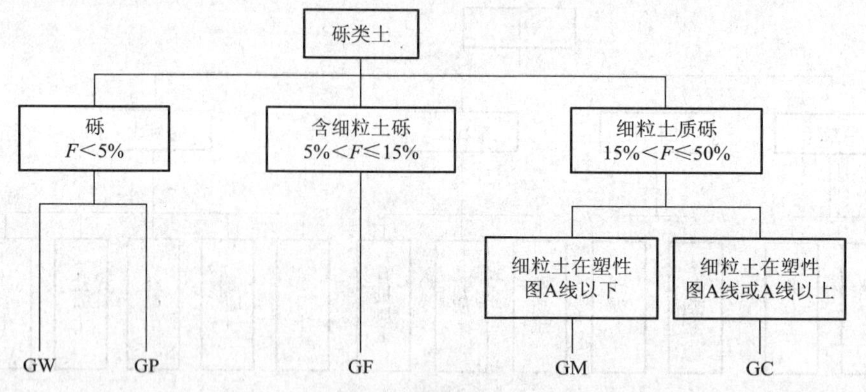

图 2 - 13 砾类土分类体系

注：砾类土分类体系中的砾石换成角砾，G 换成 Ga，即构成相应的角砾土分类体系。

1）当 $C_u \geqslant 5$，且 $C_c = 1 \sim 3$ 时，称级配良好砾，记为 GW。

2）不同时满足上条件时，称级配不良砾，记为 GP。

（2）砾类土中细粒组质量为总质量 5% ~15%（含 15%）的土称含细粒土砾，记为 GF。

（3）砾类土中细粒组质量大于总质量的 15%，并小于或等于总质量的 50% 的土称细粒土质砾，按细粒土在塑性图中的位置定名：

1）当细粒土位于塑性图（图 2 - 16）A 线以下时，称粉土质砾，记为 GM。

2）当细粒土位于塑性图（图 2 - 16）A 线或 A 线以上时，称黏土质砾；记为 GC。

粗粒土中砾粒组质量少于或等于砂粒组质量的土称砂类土。砂类土应根据其中细粒含量和类别以及粗粒组的级配进行分类。分类体系如图 2 - 14 所示。

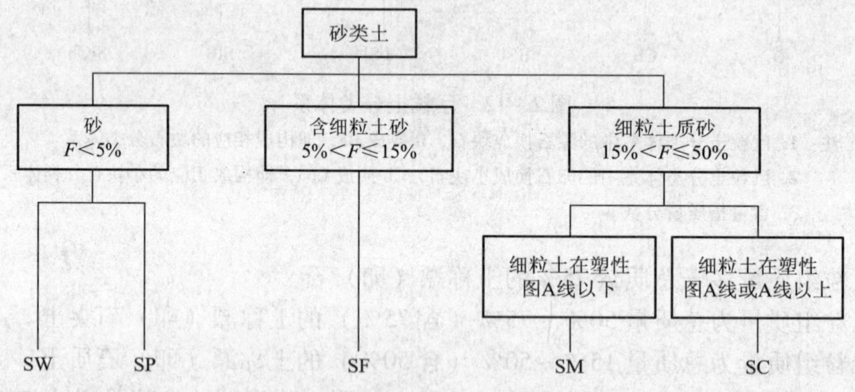

图 2 - 14 砂类土分类体系

注：需要时，砂可进一步细分为粗砂、中砂和细砂。其中，粗砂为粒径大于 0.5mm 的颗粒大于总质量 50%，中砂为粒径大于 0.25mm 的颗粒大于总质量 50%，细砂为粒径大于 0.075mm 的颗粒大于总质量 75%。

根据粒径分组由大到小，以首先符合者命名。

（1）砂类土中细粒组质量少于或等于总质量 5% 的土称砂，按下列级配指标定名：

① 当 $C_u \geqslant 5$，且 $C_u = 1 \sim 3$ 时，称级配良好砂，记为 SW。

② 不同时满足本方法上条件时，称级配不良砂，记为 SP。

（2）砂类土中细粒组质量为总质量 5% ~15%（含 15%）的土称含细粒土砂，记为 SF。

（3）砂类土中细粒组质量大于总质量的 15%，并小于或等于总质量的 50% 的土称细粒土质砂，按细粒土在塑性图中的位置定名：

① 当细粒土位于塑性图 A 线以下时，称粉土质砂，记为 SM。

② 当细粒土位于塑性图 A 线或 A 线以上时，称黏土质砂，记为 SC。

3. 细粒土分类

试样中细粒组土粒质量多于或等于总质量 50% 的土称细粒土。分类体系如图 2－15 所示。

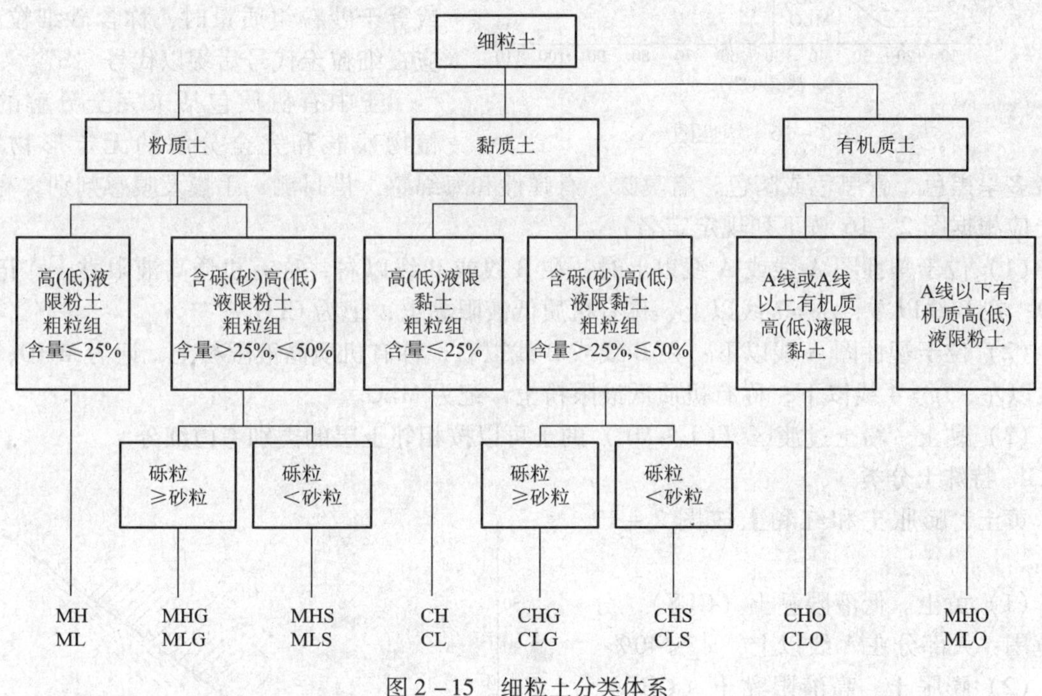

图 2－15　细粒土分类体系

注：含量指质量分数。

细粒土应按下列规定划分：

（1）细粒土中粗粒组质量少于或等于总质量 25% 的土称粉质土或黏质土。

（2）细粒土中粗粒组质量为总质量 25%～50%（含 50%）的土称含粗粒的粉质土或含粗粒的黏质土。

（3）试样中有机质含量多于或等于总质量的 5%，且少于总质量的 10% 的土称有机质土。试样中有机质含量多于或等于 10% 的土称为有机土。

细粒土应按塑性图分类。塑性图（如图 2－16 所示）采用下列液限分区：低液限 $w_L<50\%$、高液限 $w_L \geq 50\%$。细粒土应按其在图 2－16 中的位置确定名称：

（1）当细粒土位于塑性图 A 线或 A 线以上时，在 B 线或 B 线以右，称高液限黏土，记为 CH；在 B 线以左，$I_P=7$ 线以上，称低液限黏土，记为 CL。

（2）当细粒土位于 A 线以下时，在 B 线或 B 线以右，称高液限粉土，记为 MH；在 B 线以左，$I_P=4$ 线以下，称低液限粉土，记为 ML。

（3）黏土～粉土过渡区（CL～ML）的土可以按相邻土层的类别考虑细分。

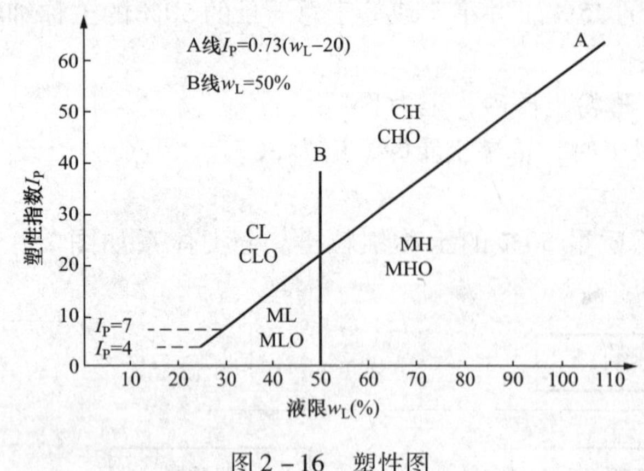

图 2－16 塑性图

含粗粒的细粒土应先按塑性图确定细粒土部分的名称，再按以下规定最终定名：

（1）当粗粒组中砾粒组质量多于砂粒组质量时，称含砾细粒土，应在细粒土代号后缀以代号“G”。

（2）当粗粒组中砂粒组质量多于或等于砂粒组质量时，称含砂细粒土，应在细粒土代号后缀以代号“S”。

土中有机质包括未完全分解的动植物残骸和完全分解的无定形物质。后者多呈黑色、青黑色或暗色，有臭味，有弹性和海绵感。借目测、手摸及嗅感判别。有机质土应根据图 2－16 按下列规定定名：

（1）位于塑性图 A 线或 A 线以上时：在 B 线或 B 线以右，称有机质高液限黏土，记为 CH0；在 B 线以左，$I_P=7$ 线以上，称有机质低液限黏土，记为 CLO。

（2）位于塑性图 A 线以下：在 B 线或 B 线以右，称有机质高液限粉土，记为 MHO；在 B 线以左，$I_P=4$ 线以下，称有机质低液限粉土，记为 MLO。

（3）黏土～粉土过渡区（CL～ML）的土可以按相邻土层的类别考虑细分。

4. 特殊土分类

黄土、膨胀土和红黏土按图 2－17 定名。

（1）黄土。低液限黏土（CLY），分布范围：大部分在 A 线以上，$w_L<40\%$。

（2）膨胀土。高液限黏土（CHE），分布范围：大部分在 A 线以上，$w_L>50\%$。

（3）红黏土。高液限粉土（MHR），分布范围：大部分在 A 线以下，$w_L>55\%$。

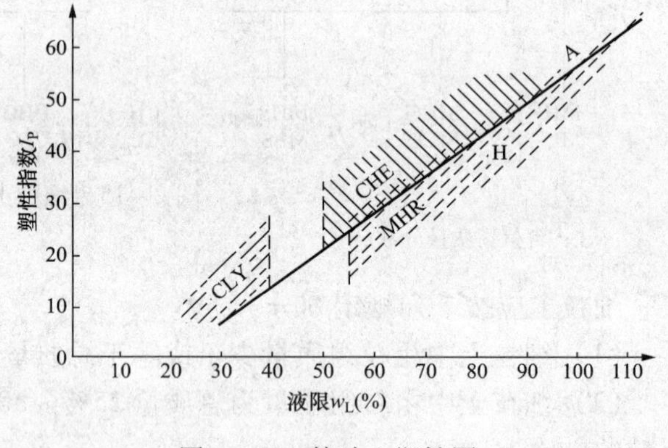

图 2－17 特殊土塑性图

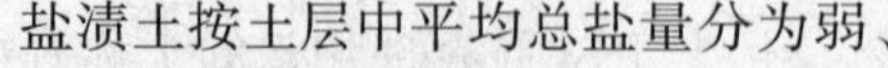

盐渍土按土层中平均总盐量分为弱、中、强、过四类盐渍土。根据冻土冻结状态持续时间的长短，我国冻土可分为多年冻土、隔年冻土和季节冻土三种类型。

本章小结

1. 土的组成和结构

土是由各种大小不同的土粒混杂组成的三相分散体系。两相邻分界粒径之间性质相近的土粒并成为粒组。土中各粒组的相对含量称为土的颗粒级配。不均匀系数和曲率系数是判别土级配好坏的指标，当同时满足 $C_u\geq5$ 且 $C_c=1\sim3$ 时，则为级配良好的土。土的级配良好，则土颗粒间粗细搭配充填好，易被压实，因而土体获得的密度大，强度高，渗透性和压缩性就小。

2. 土的物理性质指标与物理状态指标

由于土三相性质的差异，三相物质的相对比例不同反映出土的物理性质和物理状态的不同。土的密度随土的矿物成分、密实程度和孔隙水含量而变化。土的含水率是反映土干湿程度的指标。各物理性质指标之间可从定义出发进行换算。土的物理状态是指砂性土的密实程度和黏性土的稠度，通常用相对密度来评价砂土的密实程度，用液性指数来反映黏性土的稠度状态。

3. 黏性土的击实性

黏性土在一定击实功作用下，随含水率的变化而得到不同的击实干密度，击实曲线顶点对应最大干密度和最佳含水率，最大干密度是确定填土设计指标的依据，最优含水率是填土施工控制的指标之一。影响击实性的因素包括土的含水率、击实能量及土的种类和级配。

4. 土的工程分类

土的分类目前还没有完全统一，不同部门有不同的分类方法和标准，但分类原则是一致的，粗粒土安按颗粒级配进行分类，细粒土按塑性图和塑性指数进行分类。

复习思考题

1. 什么是土？土是怎样形成的？土中封闭的气体对工程有何影响？
2. 何谓土的级配？土的级配曲线是怎样绘制的？为什么级配曲线用对数坐标？
3. 何谓土的结构？土的结构有哪几种类型？它们各有何特征？
4. 不均匀系数和曲率系数表示什么？如何判定土的级配好坏？
5. 土的各项物理性质指标是如何定义的？其中有哪些是实测指标？
6. 砂土的密实度如何来评价？比较各评价方法的优劣。
7. 何谓黏性土的稠度？试述塑性指数和液性指数的定义和用途。
8. 何谓土的击实性，它与哪些因素有关？最大干密度和最佳含水率的工程意义是什么？
9. 土的工程分类的一般原则是什么？什么是细粒土？如何划分？

习　题

1. 试证明以下各式。

（1）$e=\dfrac{G_s(1+w)}{\rho}-1$

（2）$\rho_d=\dfrac{\rho}{1+w}$

（3）$G_s=\dfrac{S_r e}{w}$

（4）$G_s=\dfrac{\rho_d S_r}{S_r\rho_w-\rho_d w}$

2. 用体积为60cm^3 环刀切取土样，测得其质量为110g，烘干后质量为93g，土样相对密度为2.70，求该土样的含水率、湿重度、饱和重度、干重度。

3. 有土样 1000g，它的含水率为 6.0%，若使它的含水率增加到 16.0%，问要加多少水？

4. 某原状土样，测得该土的γ为17.8kN/m^3，w为25%，G_s为2.65，试计算该土的干重度、孔隙比、饱和重度、浮重度和饱和度。

5. 有一砂土层，测得其天然密度为1.77g/cm^3，天然含水率为9.8%，土粒相对密度为2.70，烘干后测得最小孔隙比为0.46，最大孔隙比为0.94，试求天然孔隙比和相对密度，并判别土层处于何种密实状态。

6. 从甲、乙两地黏性土中各取走土样进行稠度试验。两土样的液限、塑限都相同，w_L为40%，w_P为25%。但甲地的天然含水率w为45%，而乙地的w为20%。问两地的液性指数I_L各为多少？属何种状态？按I_P分类时，该土的定名是什么？哪一地区的土较适宜于做天然地基？

7. 某料场的天然含水率为22%，土粒相对密度2.70，土的压实标准ρ_d为1.70g/cm^3，为避免过度碾压而产生剪切破坏，压密土的饱和度不宜超过0.85，问这料场的土料是否适合填筑？如果不适合，建议采取什么措施？

第3章　土中水的运动规律

本章的知识要点

1. 明确毛细水产生的原因和对工程的影响。
2. 理解土的渗透性，掌握达西定律的应用。
3. 理解渗流力的概念，认识流砂、管涌现象产生原因以及对工程带来的危害和防治措施。
4. 认识冻土的冻胀机理和冻土现象对工程的各种危害。

3.1　土的毛细性

土是固体颗粒的集合体，是一种碎散的多孔介质。土中的孔隙很复杂，形成了无数的毛细管。因为水的表面张力作用，水可以上升到某一高度，这种现象称为毛细管作用，也称作土的毛细现象。这种细微孔隙中的水被称为毛细水。土的毛细现象在以下几方面对工程有影响：

（1）毛细水的上升是引起路基冻害的因素之一。

（2）对于房屋建筑，毛细水的上升会引起地下室过分潮湿。

（3）毛细水的上升可能引起土的沼泽化和盐渍化，对建筑工程及农业经济都有很大的影响。

为了认识土的毛细性，下面分别讨论土层中的毛细水带、毛细水上升高度和上升速度，以及毛细压力。

3.1.1　土层中的毛细水带

土层中由于毛细现象所湿润的范围称为毛细水带。根据毛细水带的形成条件和分布状况，可分为三种，即正常毛细水带、毛细网状水带和毛细悬挂水带，如图3－1所示。

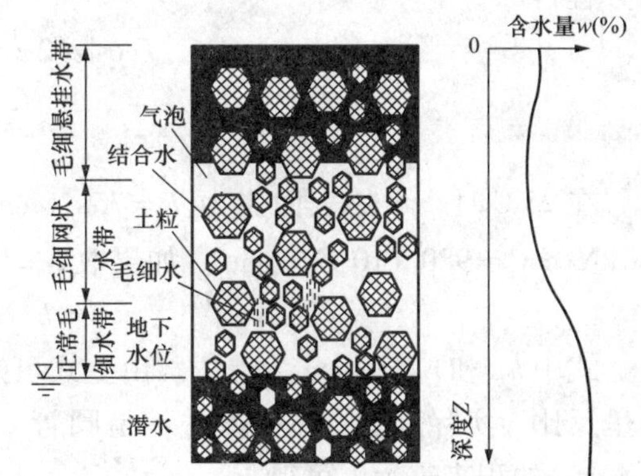

图3－1　土层中的毛细水带

1. 正常毛细水带（又称毛细饱和带）

它位于毛细水带的下部，由地下潜水面直接上升而形成的，毛细水几乎充满了全部孔隙。正常毛细水带随着地下水位的升降而作相应的移动。

2. 毛细网状水带

它位于毛细水带中部。当地下水位急剧下降时，它也随之急速下降。这时在较细的毛细孔隙中有一部分毛细水来不及移动，仍残留在孔隙中，而在较粗的孔隙中因毛细水下降，孔隙中留下空气泡，这样使毛细水呈网状分布。毛细网状水带中的水，可以在表面张力的作用下移动。

3. 毛细悬挂水带

它位于毛细带的上部。这一带的毛细水是由地表水渗入而成的。水悬挂在土颗粒之间，它不与中部或下部的毛细水相连，当地表有大气降水补给时，毛细悬挂水在重力作用下向下移动。

上述三个毛细水带不一定同时存在，这取决于当地的水文地质条件。如地下水位很高时，可以就只有正常毛细水带，而没有毛细悬挂水带和毛细网状水带；反之，当地下水位较低时，则可能同时出现三个毛细水带。

在毛细水带内，土的含水量是随着深度而变化的，自地下水位向上含水量逐渐减少，但到毛细悬挂水带后，含水量可能有所增加，如图 3－1 的右侧。

3.1.2 毛细水的上升高度及上升速度

水与空气的分界面上存在表面张力，而液体总是力图缩小自己的表面积，以使表面自由能变得最小，这也就是一滴水珠总是成为球状的原因。毛细水管壁的分子和水分子之间有引力作用，这个引力使与管壁接触部分的水面呈向上的弯曲状，这种现象一般称为湿润现象。当毛细管的直径较细时，毛细管内水面的弯曲面互相连接，形成内凹的弯液面，如图 3－2 所示。这种内凹的弯液面表明管壁与水分子之间的引力很大，促使管内的水柱升高，从而改变弯液面的形状时，管壁与水之间的湿润现象又会使水柱面恢复为内凹的弯液面状。这样周而复始，使毛细管内的水柱上升，直到升高的水柱重力和管壁与水分子间的引力所产生的上举力平衡为止。

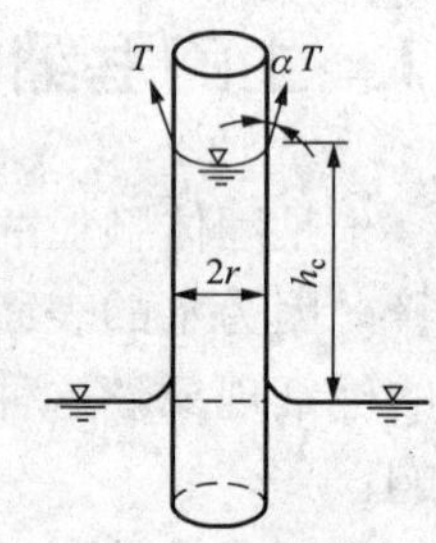

图 3－2 圆管内的毛细水上升

如图 3－2 所示，表面张力 T 的垂直方向的分力与被吸引上来的水的重量平衡，列平衡方程得

$$T\cos\alpha(2\pi r)=\gamma_w h_c(\pi r^2)$$

$$h_c=\frac{2T\cos\alpha}{\gamma_w r} \tag{3-1}$$

在 25℃时，水的表面张力 $T=75\text{kN/cm}\approx 75\times 10^{-5}\text{N/cm}$。在 25℃时，水的重度 $r_w=980\text{kN/cm}^3\approx 980\times 10^{-5}\text{N/cm}^3$。如果取 $\alpha=0$，得水面上升高度 h_c 为：

$$h_c=0.15/r \tag{3-2}$$

式中 h_c 和 r 都以 cm 为单位。由上式可知，圆管半径 r 越小，水的上升高度 h_c 越大，两者呈反比。实际上土中的孔隙并不是圆管，如果用圆管半径 r 等价的孔隙比 e 和有效粒径 d_{10}(cm)的积来表示，可得

$$h_c=c/(ed_{10}) \tag{3-3}$$

式中，c 是由土颗粒的粒径和表面粗糙程度等因素决定的系数，在 0.1～0.5cm² 的范围内变化。

根据式（3－3）可以推出土中毛细管上升高度 h_c 的大致值。

在黏土颗粒周围吸附着一层结合水膜，这一水膜将影响毛细水弯液面的形成。此外，结合水膜将减小土中孔隙的有效直径，使得毛细水在上升时受到很大的阻力，上升速度很慢，上升的高度也受到影响。土粒间的孔隙被结合水完全充满时，毛细水的上升也就停止了。

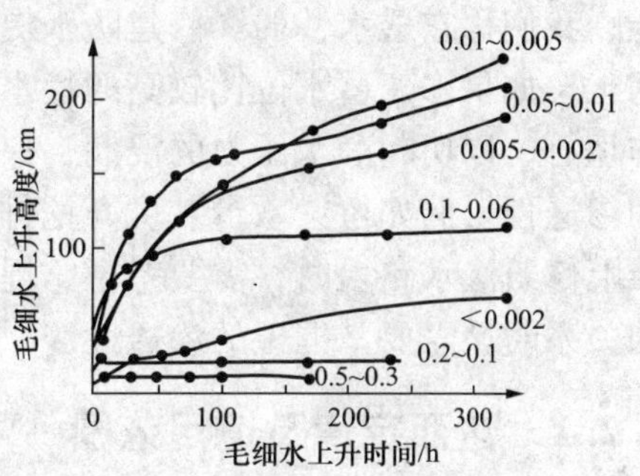

图 3－3　在不同粒径的土中毛细水上升速度关系曲线

在图 3－3 中给出了用人工制备的石英砂在试验室测定的毛细水上升高度、上升速度与土颗粒大小之间的关系。从图中可以看到，在粗颗粒土中，毛细水上升一开始进行得很快，以后逐渐缓慢，而且较粗颗粒的曲线为较细颗粒的曲线所穿过，这说明细颗粒毛细水上升高度较大，但上升速度较慢。

3.1.3　毛细压力

干燥的砂土是松散的，颗粒间没有粘结力，水下的饱和砂土也是这样。但当有一定含水量时的湿砂，却表现出颗粒间有一些粘结力，如湿砂可捏成团。在湿砂中有时可挖成直立的坑壁，短期内不会现塌。这说明湿砂的土粒间有一些粘结力是由于土粒间接触面上一些水的毛细压力所形成的。

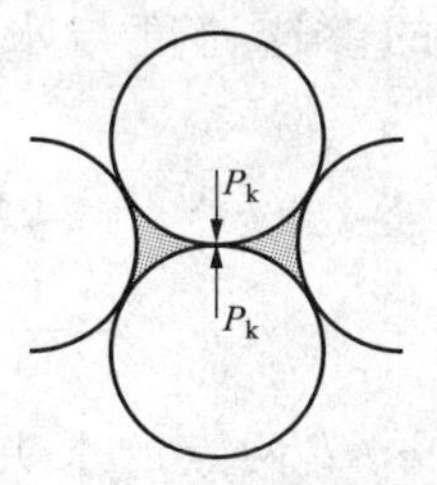

图 3－4　毛细压力的示意图

毛细压力可以用图 3－4 来说明。图中两个土粒（假想是球体）的接触面间有一些毛细水，由于土粒表面的湿润作用，使毛细水形成弯液面。在水和空气的分界面上产生的表面张力是沿着弯液面切线方向作用的，它促使两个土粒互相靠拢，在土粒的接触面上就产生一个压力，称为毛细压力 P_k。由毛细压力所产生的土粒间的粘结力称为假内聚力。当砂土完全干燥时或砂土浸没在水中时，孔隙中完全充满水，颗粒间没有孔隙水或孔隙水不存在弯液面，这时毛细压力也就消失了。

3.2　土的渗透性

土是固体颗粒的集合体，是一种碎散的多孔介质，其孔隙中的自由水在重力作用下发生运动的现象，称为土的渗透性。水在土中流动时，通常都沿着一定的孔道，若土中孔隙大并相互连通，土的渗透就通畅，这样的土我们就说它的透水性强；反之，若土中孔隙很小，许多孔隙又被更小的土粒堵塞，致使水的流动受到阻碍，或者土中保存有许多被封闭的气泡，使土中孔隙彼此不相连通，孔隙一部分或大部分被阻断，这样的土我们就说它透水性差。从土的组织结构看，凡是土粒粗、分选性好、颗粒形状浑圆的土（如卵、砾石或砂），它们的透水性都较强；凡是土粒带棱角或呈片状、分选性差和细粒含量多的土（如细砂、粉土和黏土），它们的透水性就较弱或很弱。因此土的组织结构对它的透水性有十分重要的影响。当土中含有一定数量的胶体物质或有机物的腐殖质时，土的透水性就大为减小。如果土中孔隙全部被胶体物质和气泡充满，使孔隙与孔隙互不连通，即使在一定静水压力下，也很难打破颗粒周围结合水膜的有力封锁，使带有一定压力的重力水不能轻易的通过，对于这样的土，我们称它透水性弱。修建防水堤或小型水库的土坝，就得采用这种不透水或透水性很弱的土。如果修建蓄水位比较高的拦水土坝，为防止细微渗透形成管涌，要选用不透水的黏土作坝心，以切断静水压力的浸润，保证坝身不致漏水。在道路及桥梁工程中也常需要了解土的渗透性。例如桥梁墩台基坑开挖排水时，需要了解土的渗透性，以便配置排水设备；在河滩上修筑渗水路堤时，需要考虑路堤填料的渗透性；在计算饱和黏土上建筑物的沉降和时间的关系时，需要掌握土的渗透性。

3.2.1 达西定律及适用范围

若土中孔隙水在压力梯度下发生渗流，如图 3-5 所示。插图对于土中 a、b 两点，已测得点 a 的水头为 h_1，b 点的水头为 h_2，水自高水头的 a 点流向低水头的 b 点，水流流经长度为 l，由于土的孔隙较小，在大多数情况下水在孔隙中的流速较小，可以认为是属于层流（即水流流线是互相平行流动）。那么土中的渗流规律可以认为符合层流渗透规律。这个定律是法国学者达西根据砂土的实验结果而得到的，也称达西定律。它是指水在土中的渗透速度与水头梯度成正比，即

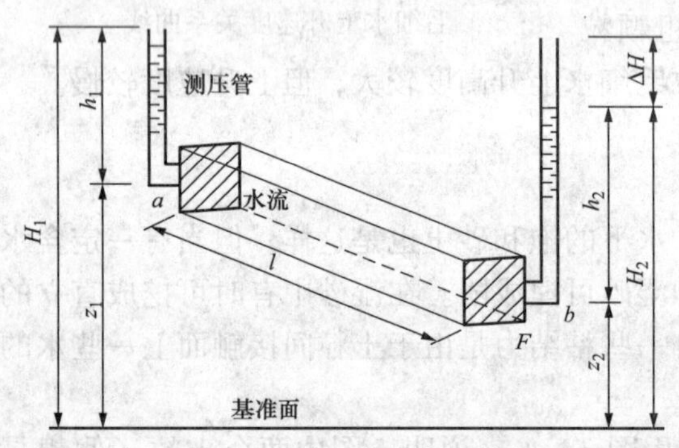

图 3-5 水在土中的渗流

$$V = Ki \tag{3-4}$$

$$q = KiF \tag{3-5}$$

式中 V——渗透速度，单位为 m/s；

i——水头梯度，即沿着水流方向单位长度上的水头差，如 a、b 两点的水头梯度 $i=\dfrac{\Delta h}{\Delta l}=\dfrac{H_1-H_2}{l}$；

q——渗透流量，单位为 m^3/s，即单位时间内流过土截面积 F 的流量；

K——渗透系数，单位为 m^3/s，各种土的渗透系数参考值见表 3-1。

表 3-1 土的渗透系数参考值

土的类别	渗透系数/（m/s）	土的类别	渗透系数/（m/s）
黏土	$<5\times10^{-8}$	细砂	$1\times10^{-5}\sim5\times10^{-5}$
粉质黏土	$5\times10^{-8}\sim1\times10^{-6}$	中砂	$5\times10^{-5}\sim2\times10^{-4}$
粉土	$1\times10^{-6}\sim5\times10^{-6}$	粗砂	$2\times10^{-4}\sim5\times10^{-4}$
黄土	$2.5\times10^{-6}\sim5\times10^{-6}$	圆砾	$5\times10^{-4}\sim1\times10^{-3}$
粉砂	$5\times10^{-6}\sim1\times10^{-5}$	卵石	$1\times10^{-3}\sim5\times10^{-3}$

实验室中渗透系数的测定分为常水头和变水头渗透实验两种，前者适用于粗粒土（砂质土），后者适用于细粒土（黏质土和粉质土）；野外一般采用现场抽水实验。

达西定律只适用于层流条件，所谓层流条件是指在土孔隙中移动的水，流体质点互不干扰，迹线有条不紊地沿着细微管道流动，也即要求土中水的流速不能超过某一定值，故达西

定律也叫作土的层流渗透定律。一般中砂、细砂、粉砂等细颗粒土中水的流速满足层流条件，而粗砂、砾石、卵石等粗颗粒土中水的渗流速度较大，是紊流而不是层流，故不能使用达西定律。

在黏土中，土颗粒周围存在着结合水，结合水因受到分子引力作用而呈现粘滞性，黏土中自由水的渗流受到结合水的粘滞作用产生很大阻力，只有克服结合水的抗剪强度后才能开始渗流。故黏土中的渗流规律须将达西定律进行修正。

我们把克服此抗剪强度所需的水头梯度，称为黏土的起始水头梯度 i_0。这样，在黏土中，应按下述修正后的达西定律计算渗流速度为

$$v = K(i - i_0) \tag{3-6}$$

在图3-6中，绘出了砂土与黏土的渗透规律。直线 a 表示砂土的 $v-i$ 关系，它是通过原点的一条直线。黏土的 $v-i$ 关系是曲线 b（图中虚线所示），d 点是黏土的起始水头梯度，当土中水头梯度超过此值后水才开始渗流。一般常用折线 c 代替曲线 b，即认为 e 点是黏土的起始水头梯度 i_0，其渗透规律用式（3-6）表示。

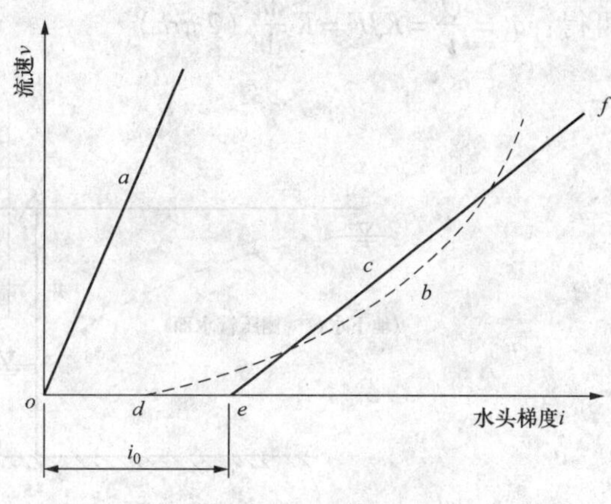

图3-6　砂土和黏土的渗透规律

3.2.2　土的渗透系数

土的渗透系数 K 是一个代表土的渗透性强弱的定量指标，也是渗流计算时必须用到的一个基本参数。不同种类的土，K 值差别很大，因此准确地测定土的渗透系数是一项十分重要的工作。

渗透系数的测定方法分为实验室测定法和野外现场测定法两类，但在实际工程中，常采用最简便的方法是根据经验数值查表3-1选用。

1. 实验室测定法

实验室中渗透系数的测定分为常水头和变水头渗透实验两种，前者适用于粗粒土（砂质土），后者适用于细粒土（黏质土和粉质土）；常水头试验法就是在整个试验过程中保持水头为一常数，从而水头差也为常数；变水头试验法中水头差则是一直在随时间而变化。

有关常水头试验法和变水头试验法的实验目的和适用范围、基本原理、仪器设备、试验步骤等方面的内容请参见《公路土工试验规程》（JTG E40—2007）。

2. 现场测定法

在现场研究场地的渗透性，进行渗透系数 K 值测定时，常用现场井孔抽水试验或井孔注水试验的方法。对于粗颗粒土或成层的土，由于室内试验时不易取得原状土样，或者土样不能反映天然土层的层次或土颗粒排列情况，所以，用现场测定法测出的 K 值要比室内试验准确。下面主要介绍用现场抽水试验确定 K 值的方法。注水试验的原理与抽水试验类似，需用时可参考水文地质有关资料。

图3-7为一现场井孔抽水试验示意图。在现场打一口试验井，贯穿要测定 K 值的砂土层，打到其下的不透水层，这样的井称为完整井，在据井中心不同距离处设置两个观测孔；

然后自井中以不变速率连续进行抽水。抽水造成井周围的地下水位逐渐下降，形成一个以井孔为轴心的降落漏斗状的地下水面。测定试验井和观测孔中的稳定水位，可以画出测压管水位变化图形。测管水头差形成的水力坡降，使水流向井内。假定水流是水平流向时，则流向水井的渗流过水断面应是一系列的同心圆柱面。待出水量和井中的动水位稳定一段时间后，若测得在时间 t 内从抽水井内抽出的水量为 Q，观测孔距井轴线的距离分别为 r_1、r_2，观测孔内的水头分别为 h_1、h_2，假定土中任一半径处的水力梯度为常数，即 $J=\frac{\mathrm{d}h}{\mathrm{d}r}$，则由达西定律可得：$q=\frac{Q}{t}=KJF=K\frac{\mathrm{d}h}{\mathrm{d}r}(2\pi rh)$

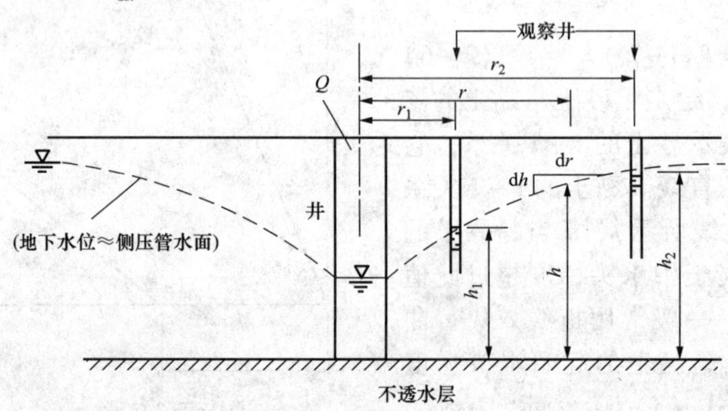

图 3-7　为一现场井孔抽水试验示意图

$$\frac{\mathrm{d}r}{r}=\frac{2\pi K}{q}h\mathrm{d}h$$

积分后得

$$\ln\frac{r_2}{r_1}=\frac{\pi K}{q}(h_2^2-h_1^2)$$

求得渗透系数为

$$K=\frac{q}{\pi}\ \frac{\ln(r_2/r_1)}{h_2^2-h_1^2} \tag{3-7}$$

【例题 3-1】　如图 3-8 所示，在现场进行抽水试验测定砂土层的渗透系数。抽水井管穿过 10m 厚的砂土层进入不透水黏土层，在距井管中心 15m 及 60m 处设置观测孔。已知抽水前土中静止地下水位在地面下 2.35m 处。抽水后待渗透稳定时，从抽水井测得流量 $q=5.47\times10^{-3}\mathrm{m^3/s}$，同时从两个观测孔测得水位分别下降了 1.93m 和 0.52m，求砂土层的渗透系数。

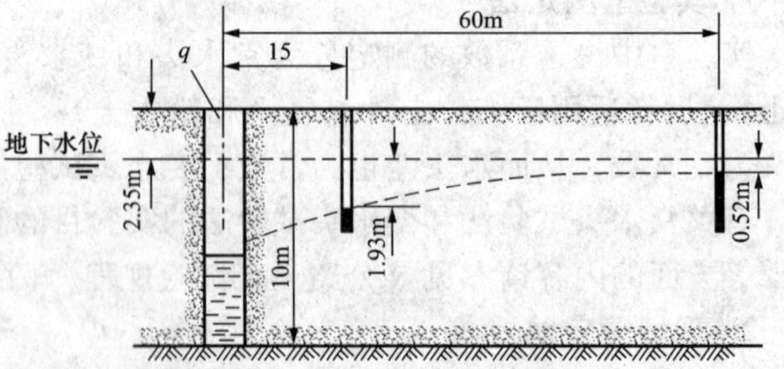

图 3-8　例题 3-1 图

解：两个观测孔的水头分别为：

$r_1=15\mathrm{m}$ 处　$h_1=10-2.35-1.93=5.72\mathrm{m}$

$r_2=60\mathrm{m}$ 处　$h_2=10-2.35-0.52=7.13\mathrm{m}$

由式（3-7）求得渗透系数：

$$K=\frac{q}{\pi}\times\frac{\ln(r_2/r_1)}{h_2^2-h_1^2}=\frac{5.47\times10^{-3}}{\pi}\times\frac{\ln\frac{60}{15}}{7.13^2-5.72^2}\text{m/s}$$
$$=1.33\times10^{-4}\text{m/s}$$

3. 成层土的渗透系数

黏性土沉积为水平分层时，对土层的渗透系数有很大影响。在计算渗透流量时，为简单起见，常常把几个土层等效为厚度等于各土层之和，渗透系数为等效渗透系数的单一土层。图 3-9 表示土层由两层组成，其渗透系数分别为 K_1、K_2，厚度分别为 h_1、h_2。

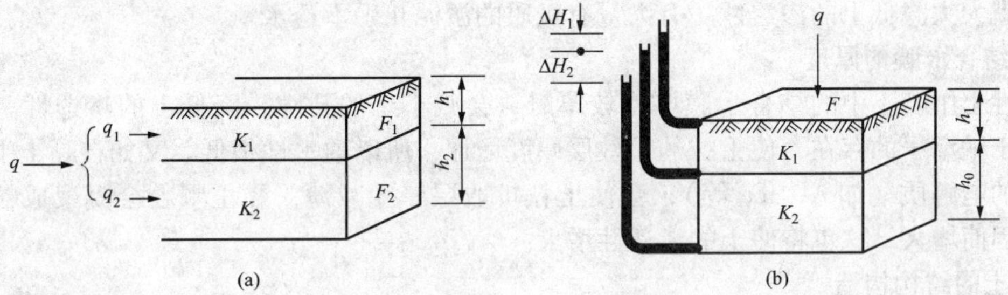

图 3-9　成层土的渗透系数

考虑水平向渗流时（水流方向与土层平行），如图 3-9（a）所示。因为各土层的水力梯度相同，总的流量等于各土层流量之和，总的截面积等于各土层截面积之和，即

$$J=J_1=J_2$$
$$q=q_1+q_2$$
$$F=F_1+F_2$$

因此土层沿水平方向的等效渗透系数 K_h 为

$$K_h=\frac{q}{FJ}=\frac{q_1+q_2}{FJ}=\frac{K_1F_1J_1+K_2F_2J_2}{FJ}=\frac{K_1h_1+K_2h_2}{h_1+h_2}$$
$$=\frac{\sum K_ih_i}{\sum h_i} \tag{3-8}$$

考虑竖直向渗流时（水流方向与土层垂直），如图 3-9（b）所示。总的流量等于每一土层的流量，总的截面积等于各土层的截面积，总的水头损失等于各层土的水头损失之和。即

$$q=q_1=q_2$$
$$F=F_1=F_2$$
$$\Delta H=\Delta H_1+\Delta H_2$$

由此得土层竖向的等效渗透系数 K_V 为

$$K_V=\frac{q}{FJ}=\frac{q}{FJ}\times\frac{(h_1+h_2)}{\Delta H}=\frac{q}{F}\times\frac{(h_1+h_2)}{(\Delta H_1+\Delta H_2)}$$
$$=\frac{q}{F}\times\frac{(h_1+h_2)}{\left(\frac{q_1h_1}{F_1K_1}+\frac{q_2h_2}{F_2K_2}\right)}=\frac{h_1+h_2}{\frac{h_1}{K_1}+\frac{h_2}{K_2}}=\frac{\sum h_i}{\sum\frac{h_i}{K_i}} \tag{3-9}$$

3.2.3 影响土的渗透性的因素

1. 土的粒度成分及矿物成分

土的颗粒大小、形状及级配，影响土中孔隙大小及形状，因而影响土的渗透性。土颗粒越粗、越浑圆、越均匀时，渗透性就越大。砂土中有较多粉土及黏土颗粒时，其渗透性就大大降低。

土的矿物成分对于卵石、砂土和粉土的渗透性影响不大，但对于黏土的渗透性影响较大。黏性土中有亲水性较大的黏土矿物（如蒙脱石）或有机质时，由于它们具有很大的膨胀性，就大大降低土的渗透性。有大量有机质的淤泥几乎不透水。

2. 结合水膜的厚度

黏性土中若土中的结合水膜厚度较厚时，会减小土的孔隙，降低土的渗透性。如钠黏土，由于钠离子的存在，使土粒的扩散层厚度增加，所以透水性很低。又如在黏土中加入高价离子的电解质（如 Al、Fe 等），会使土粒扩散层厚度减薄，黏土颗粒会凝聚成粒团，土的孔隙因而增大，这也将使土的渗透性增大。

3. 土的结构构造

天然土层通常不是各向同性的，在渗透性方面往往也是如此。如黄土具有竖直方向的大孔隙，所以竖直方向的渗透系数要比水平方向大得多。层状黏土常有薄的粉砂层，它的水平方向的渗透系数要比竖直方向大得多。

4. 水的黏滞度

水在土中的渗流速度与水的密度及黏滞度有关。一般水的密度随温度变化很小，可略去不计，但水的动力黏滞系数可随温度变化。故室内渗透试验时，同一种土在不同温度下会得到不同的渗透系数。在天然土层中，除了靠近地表的土层外，一般土中的温度变化很小，可忽略温度的影响，但是室内试验的温度变化较大，故应考虑它对渗透系数的影响。

5. 土中气体

当土孔隙中存在密闭气泡时，会阻止水的渗流。这种密闭气泡有时是由溶解于水中的气体分离出来形成的，故室内渗透试验有时规定要用不含溶解空气的蒸馏水。

3.2.4 渗透力与渗透变形

水在土中渗流时，受到土颗粒的阻力 T 的作用，这个力的作用方向与水流方向是相反的。根据作用力与反作用力相等的原理，水流也必然有一个相等的力作用在土颗粒上。我们把水流作用在单位体积土体中土颗粒上的力称为动水力 G_D，也称为渗透力。渗透力的计算在工程实践中具有重要的意义，如深基坑支护结构设计、防洪堤坝的抢险加固等，都要考虑渗透力的影响。

由于动水压力的作用，在与渗流方向垂直的断面上，将增加或减少土的粒间有效压力，这种渗流的影响结果，在工程上往往会造成流砂、管涌现象，严重时会引起土体的整体失稳。

1. 流砂

建筑工程中，当土质为粉细砂或粉土时，若地下水流由下向上流动时，由于动水压力与重力方向相反，当动水压力大于或等于土的浮容重时，土粒间有效应力为零，土粒失重，颗粒群悬浮，随着水的流动而移动翻涌的现象称为流砂现象。

流砂现象对工程的危害很大，若是在建筑物周围的地基中发生流砂，建筑物就有可能陷入土中或产生大量的沉降；若是开挖基坑时发生流砂现象，则坑底土将随着开挖而不停地上涌，边坡将塌滑，临近建筑物将会发生倾斜。因此在工程设计和施工中，必须注意采取积极有效的措施加以防止，以避免可能造成的重大事故。

2. 管涌

在渗透水流作用下，土的细颗粒在粗颗粒间形成的孔隙中移动以至流失。随着土的孔隙不断扩大，渗透速度不断增加，较粗的颗粒也相继被水带走，最终导致土体中形成贯通的渗流管道，造成土体塌陷，这种现象称为管涌。管涌多发生在砂性土中，其特征是颗粒大小差别较大，往往缺失某种粒径，孔隙粒径大且相互连通。

防止管涌现象一般可以从下列两个方面采取措施：

（1）几何条件，在渗流溢出部位铺设反滤层，是防止管涌破坏的有效措施。

（2）水力条件，降低水力梯度，如打板桩等。

3.3　土在冻结过程中水分的迁移和积聚

3.3.1　冻土现象及其对工程的危害

在寒冷地区因大气负温影响会使土中水冻结从而成为冻土。冻土根据其冻融情况分为季节性冻土、隔年冻土和多年冻土。季节性冻土是指冬季冻结，夏季全部融化的冻土；若冬季冻结，一两年不融化的土层称为隔年冻土；凡冻结状态持续三年或三年以上的土层称为多年冻土。多年冻土地区的表土层，有时夏季融化，冬季冻结，所以也是属于季节性冻土。

我们知道土中水分区分为结合水和自由水两大类。结合水根据其所受分子引力的大小分为强结合水和弱结合水；自由水又分为重力水与毛细水。重力水在0℃时冻结，毛细水因受表面张力的作用其冰点稍低于0℃；结合水的冰点则随着其受到的引力增加而降低。弱结合水的外层在－0.5℃时冻结，越靠近土料表面其冰点越低，弱结合水要在－20～30℃时才会全部冻结，而强结合水在－78℃仍不冻结。

当大气温度降至负温时，土层中的温度也随之降低，土体孔隙中的自由水首先在0℃冻结成冰晶体。随着气温的继续下降，弱结合水的外层也开始冻结，使冰晶体渐渐扩大。这样使冰晶体周围土粒的结合水膜减薄，土粒就产生剩余的分子引力。另外，由于结合水膜的减薄，使得水膜中的离子浓度增加（因为结合水中的水分子结成冰晶体，使离子浓度相应增加），这样，就产生了渗透压力（当两种水溶液的浓度不同时，会在它们之间产生一种压力差，使浓度较小的溶液中的水向浓度较大的溶液渗流）。在这两种引力作用下，附近未冻结区水膜较厚处的结合水，被吸引到冻结区的水膜较薄处。一旦水分被吸引到冻结区后，因为负温作用，水即冻结，使冰晶体增大，而不平衡引力继续存在。若未冻结区存在着水源（如地下水距冻结区很近）及适当的水源补给通道（毛细通道），就能够源源不断地补充被吸收的结合水，则未冻结的水分就会不断地向冻结区迁移积聚，使冰晶体扩大，在土层中形成冰夹层，土体积发生隆胀，即冻胀现象。这种冰晶体的不断增大，一直要到水源的补给断绝后才停止。

如上所述，正是由于水的不断补给，冻结的深度、范围不断增大，才会引起各种问题，冻结时的情况，如图3－10所示，在土中形成了冰的透镜体。

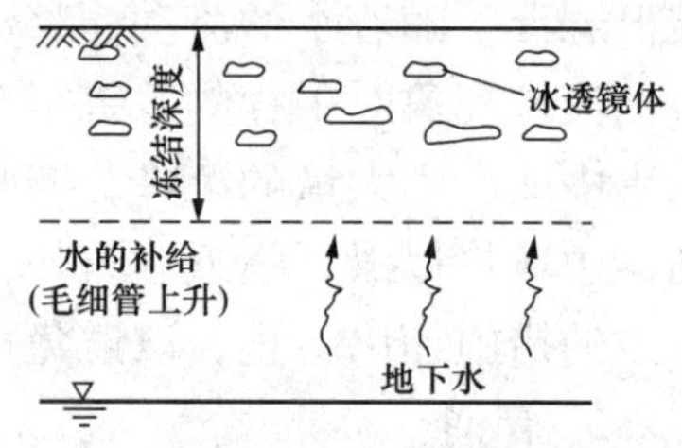

图3－10 冻结的机理

冻胀现象是由冻结及融化两种作用所引起。某些细粒土层在冻结时，往往会发生土层体积膨胀，使地面隆起成丘，即所谓的冻胀现象。

冻土的冻胀会使路基隆起，使柔性路面鼓包、开裂，使刚性路面错缝或折断；冻胀还可使修建在其上的建筑物抬起，引起建筑物开裂、倾斜，甚至倒塌。

所以，在可能引起土的冻结的寒冷地区，有必要对路基等采取防冻措施。容易引起冻结的地基，具有以下的性质：

（1）土的毛细管作用显著，并且透水性很强。

（2）可供毛细管作用的下层水源充分。

（3）0℃以下温度持续时间长。

砂土及砾土透水性大，但由于毛细管上升高度小，所以基本上不产生冻结。黏性土的毛细管上升高度大，但透水性小，水分的补给不充分，所以也不会产生严重的冻结。与此相反，位于两者之间的粉土，毛细管上升高度高，且透水性强，所以冻结的危险性很大。

对于冻结和冻害的防治可以采取以下措施：

（1）把不良土层用冻害轻的土置换。例如，小粒径土的含量比粉土少的土是冻害小的材料。

（2）降低地下水位，切断水的补给。

（3）在路基材料中加入沥青材料，或者在路基下面铺设数十厘米的粗砂砾层，从而截断毛细管作用。

（4）为了减少冻结深度（如图3－10所示），在土中埋入隔热材料，例如发泡苯乙烯板。

（5）用化学药品处理地表土。

（6）在建筑物基础下面铺设2~6层装有碎石的砂石袋。

3.3.2 冻胀影响因素和冻结深度

从土冻胀的机理分析中可以看到，土的冻胀现象是在一定条件下形成的。影响冻胀的因素有下列三个方面。

1. 土的因素

冻胀现象通常发生在细粒土中，特别是粉土、粉质亚黏土和粉质亚砂土等，冻结时水分迁移积聚最为强烈，冻胀现象严重。这是因为这类土具有较显著的毛细现象，毛细上升高度大、上升速度快，具有较通畅的水源补给通道；同时，这类土的颗粒较细、表面能大、土粒矿物成分亲水性强，能持有较多结合水，从而能使大量结合水迁移和积聚。相反，黏土虽有较厚的结合水膜，但毛细孔隙很小，对水分迁移的阻力很大，没有畅通的水源补给通道，所以其冻胀性较上述粉质土为小。

砂砾等粗颗粒土，没有或具有很少量的结合水，孔隙中自由水冻结后，不会发生水分的迁移积聚，同时由于砂砾的毛细现象不显著，因而不会发生冻胀。所以在工程实践中常在地基或路基中换填砂土，以防治冻胀。

2. 水的因素

土层发生冻胀的原因是水分的迁移和积聚，因此，当冻结区附近地下水位较高，毛细水上升高度能够达到或接近冻结线，使冻结区能得到外部水源的补给时，将发生比较强烈的冻胀现象。这样，可以区分位两种类型的冻胀：一种是冻结过程中有外来水源补给的，叫做开敞型冻胀；另一种是冻结过程中没有外来水源补给的，叫做封闭型冻胀。开敞型冻胀往往在土层中形成很厚的冰夹层，产生强烈冻胀；而封闭型冻胀，土中冰夹层薄，冻胀量也小。

3. 温度的因素

如果气温突然下降并且冷却强度很大时，土的冻结面迅速向下推移，即冻结速度很快。这时，土中弱结合水及毛细水来不及向冻结区迁移就在原地冻结成冰，毛细通道也被冰晶体所堵塞。这样，水分的迁移和积聚不会发生，在土层中看不到冰夹层，只有散布于土孔隙中的冰晶体，这时形成的冻土一般无明显的冻胀。

如果气温缓慢下降，冷却强度小，但负温持续的时间较长，则就能促使未冻结区水分不断地向冻结区迁移和积聚，在土中形成冰夹层，出现明显的冻胀现象。

上述三方面的因素是土层发生冻胀的三个必要条件。因此，在持续负温的作用下，地下水位较高处的粉砂、粉土、亚黏土、轻亚黏土等土层常具有较大的冻胀危害。但是，我们可以根据冻胀的三个因素，采取相应的防治冻胀的工程措施。

由于土的冻胀和冻融将危害建筑物的正常使用和安全，因此一般设计中，均要求将基础底面置于当地冻结深度以下，以防止冻害的影响。土的冻结深度不仅和当地气候有关，也和土的类别、湿度以及地面覆盖情况（如植被、积雪、覆盖土层等）有关。在工程实践中，把地表无积雪和草皮等覆盖条件下多年实测最大冻深的平均值，称为标准冻深。我国有关部门根据实测资料编绘了东北和华北地区标准冻深线图。当无实测资料时，可参照此图并结合实地调查来确定，也可根据当地气相观测资料按经验公式来估算。

在季节性冻土区的路基工程，由于路基土层起保温作用，使路基下天然地基中的冻结深度要相应减小，其减小的程度与路基土的保温性能有关。

本章小结

1. 土的毛细性

土中的水常以正常毛细水带、毛细网状水带和毛细悬挂水带等形式存在。毛细水会沿土粒孔隙向上升，毛细水的上升会产生毛细压力。

2. 土的渗透性

在水头差的作用下，水穿过土中相互连通的孔隙发生流动的现象称为渗流。土体被水透过的性质称为土的渗透性，其大小反映了水通过土中相互连通孔隙中流动的难易程度。渗流引起土体内部应力的变化，常造成土工建筑物及地基产生渗透破坏。

当水力坡降 $i=1$ 时的渗透流速称为土的渗透系数 k，渗透系数是表示土的渗透性强弱的一个重要力学指标，也是渗流计算的一个基本参数。土粒大小与级配、土的密实度、水的温度、封闭气体含量等都会影响渗透系数。渗透系数测定可以通过现场抽水试验或室内实验又分为常水头试验和变水头实验。

3. 影响土的渗透性的因素

影响土的渗透性的因素有土的粒度成分及矿物成分、结合水膜的厚度、土的结构构造、水的粘滞度、土中气体。

4. 渗透力和渗透变形

渗流作用在单位土体中土颗粒上的作用力称为渗透力 j，渗透力是一个体积力（kN/m^3），其大小与水力坡降成正比，方向与渗流方向一致。

渗透变形的基本形式有流砂和管涌。流砂是在渗流作用下，局部土体隆起、浮动或颗粒群同时发生移动而流失的现象；管涌是在渗流作用下，土中的细颗粒通过粗颗粒的孔隙被带出土体以外的现象。流砂一般发生在无保护的渗流出口处，而不发生在土体的内部，它的发生一般是突发性的；管涌可以发生在土体的所有部位，它的发生是一种渐进性破坏。

5. 流砂和管涌

建筑工程中，当土质为粉细砂或粉土时，若地下水流由下向上流动时，由于动水压力与重力方向相反，当动水压力大于或等于土的浮容重时，土粒间有效应力为零，土粒失重，颗粒群悬浮，随着水的流动而移动翻涌的现象称为流砂现象。

在渗透水流作用下，土的细颗粒在粗颗粒间形成的孔隙中移动以至流失，随着土的孔隙不断扩大，渗透速度不断增加，较粗的颗粒也相继被水带走，最终导致土体中形成贯通的渗流管道，造成土体塌陷，这种现象称为管涌。

流砂的防渗措施：设置垂直防渗体延长渗径；在上游设置水平防渗体，延长渗径长度；下游挖减压沟或打减压井，贯穿渗透性小的黏性土层，以降低作用在黏性土层底面的渗透力；下游渗流逸出处设透水盖重，以防止土体被渗透力浮起冲走。

管涌的防渗措施：改变水力条件，降低土层内部和渗流逸出处的水力坡度；改变几何条件，在渗流逸出处部位铺设反滤层（1~3 层不同粒径的无黏性土料），滤土排水。

6. 冻土现象

冻土现象是冻土地区特有的不良地质现象，是由冻结和融化两种作用所引起。某些细粒土层在冻结时，往往会发生土层体积膨胀，使地面隆起成丘，即所谓冻胀现象。

冻土的冻胀会使路基隆起，使柔性路面鼓包、开裂、使刚性路面错缝或折断；冻胀还使修建在其上的建筑物抬起，引起建筑物开裂、倾斜甚至倒塌。影响冻胀的因素有土、水和温度。

在工程实践中，把地表无积雪和草皮等覆盖条件下多年实测最大冻深的平均值，称为标准冻深。

复习思考题

1. 土层中的毛细水带是怎样形成的？各有何特点？
2. 毛细水上升的原因是什么？在哪种土中毛细现象最显著？为什么？
3. 试述层流渗透定律的意义，它对各种土的适用性如何？何谓起始水力梯度？
4. 土的渗透系数 K 值是常数，这句话的先决条件是什么？为什么？
5. 影响土的渗透性因素有哪些？

6. 试述流砂现象和管涌现象的异同。

7. 土发生冻胀的原因是什么？影响因素主要有哪些？

8. 什么是冻土现象？什么是标准冻深？

9. 何谓冻结深度？冻结深度对路基和建筑物地基有何重要意义？

习　题

1. 某渗透试验装置如图3-11所示，砂Ⅰ的渗透系数 $K_1=2\times10^{-1}$cm/s，砂Ⅱ的渗透系数 $K_2=1\times10^{-1}$cm/s，砂样断面积 $F=200\text{cm}^2$。

试问：

1）若在砂Ⅰ与砂Ⅱ分界面处安装一测压管，则测压管中水面将升至右端水面以上多高？

2）渗透流量 Q 多大？

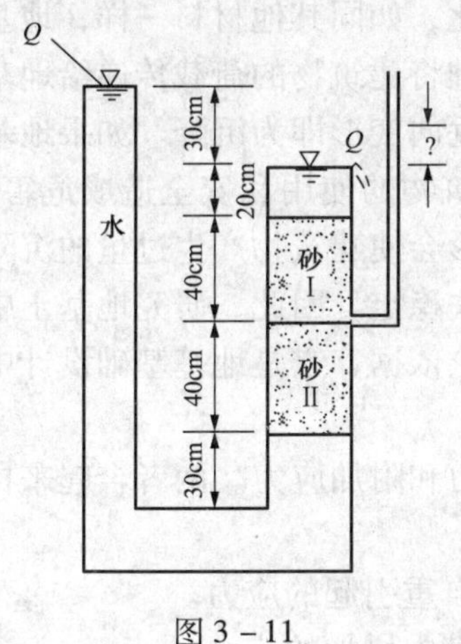

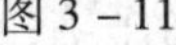
图3-11

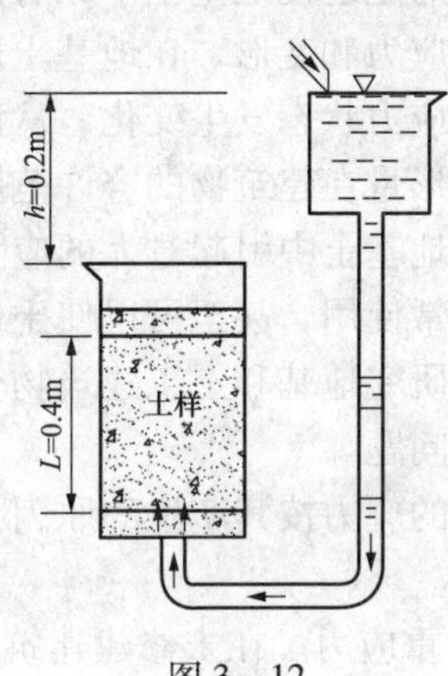

图3-12

2. 不透水岩基上有水平分布的三层土，厚度均为1m，渗透系数分别为 $K_1=1$m/d，$K_2=2$m/d，$K_3=10$m/d，试求等效土层的等效渗透系数 K_h 和 K_V。

3. 如图3-12所示容器中的土样，受到水的渗流作用，已知土样高度 $L=0.4$m，截面积 $A=0.049\text{m}^2$，土粒的容重 $\gamma_s=26.0\text{kN/m}^3$，孔隙比 $e=0.8$。

1）计算作用在土样上的动水力大小及方向。

2）若土样发生流砂现象，其水头差 h 应为多少？

第 4 章　土体中的应力

本章的知识要点

1. 土中自重应力与附加应力概念、计算方法及其分布规律。
2. 基础底面应力的简化计算。
3. 面积荷载和条形荷载作用下土中附加应力的计算及其分布。

4.1　概述

建筑物的建造使地基土中原有的应力状态发生了变化，如同其他材料一样，地基土受力后也要产生应力和变形。在地基土层上建造建筑物，基础将建筑物的荷载传递给地基，使地基中原有的应力状态发生变化，从而引起地基变形，其垂向变形即为沉降。如果地基应力变化引起的变形量在建筑物的容许范围以内，则不致对建筑物的使用和安全造成危害；但是，当外荷载在地基土中引起过大的应力时，过大的地基变形会使建筑物产生过量的沉降，影响建筑物的正常使用，甚至可以使土体发生整体破坏而失去稳定。因此，研究地基土中应力的分布规律是研究地基和土工建筑物变形和稳定问题的理论依据，它是地基基础设计中的一个十分重要的问题。

地基中的应力按其产生的原因不同，可分为自重应力和附加应力。两者合起来构成土体中的总应力。

（1）自重应力。在未修建建筑物之前，由土体本身自重引起的应力。

（2）附加应力。由于修建建筑物产生的荷载，在地基中增加的应力。

4.2　自重应力的计算

由土体重力引起的应力称为自重应力。自重应力一般是自土体形成之日起就产生于土中。

4.2.1　均匀土体自重应力的计算

向两边无限延伸的平面称为为无限大平面，无限大平面以下的无限空间称半无限空间。当地基相对于基础尺寸而言大很多时，就可以把地基看作是半无限弹性体。如图 4－1 所示，以天然地面任一点为坐标原点 O，坐标 z 轴竖直向下为正。设地基土为均质体，其天然重度为 γ，故地基中任意深度 z 处的竖向自重应力 σ_{cz} 就等于单位面积上的土柱重量。如图 4－2 所示。

对于天然重度为 γ 的均质土：

$$\sigma_{cz}=\frac{G}{A}=\frac{\gamma zA}{A}=\gamma z \qquad (4-1)$$

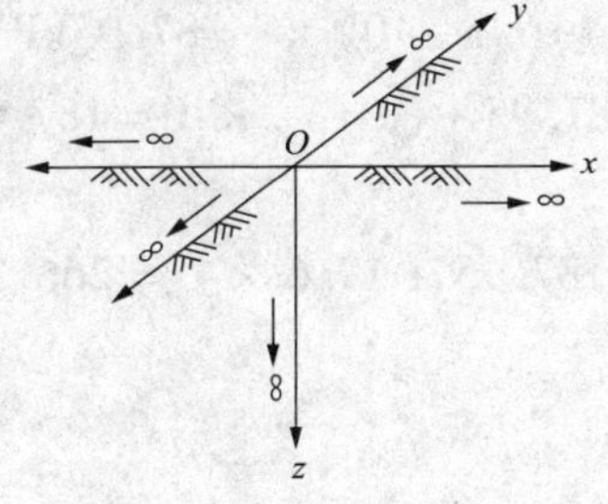

图4-1　半无限空间体

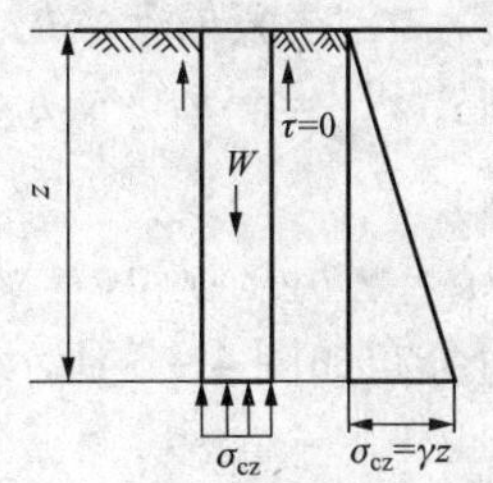

图4-2　均质土的自重应力

4.2.2　成层土体自重应力的计算

（1）对于成层土，并存在地下水时。

$$\sigma_{cz} = \gamma_1 H_1 + \gamma_2 H_2 + \cdots + \gamma_n H_n = \sum_{i=1}^{n} \gamma_i H_i \tag{4-2}$$

式中　γ_i——第 i 层土的重度，单位为 kN/m^3。

地下水位以上的土层一般采用天然重度，地下水位以下的透水土层采用浮重度，毛细饱和带的土层采用饱和重度。

（2）自重应力的分布。土的自重应力沿深度分布成直线或折线分布，在土层界面处和地下水位处将发生转折。

4.2.3　土层中有地下水时自重应力的计算

地下水位以下，有透水层（如砂土），孔隙中充满自由水，土颗粒将受到水的浮力作用，应采用浮重度。若在地下水位以下有不透水层（如紧密的黏土）长期浸泡在水中，由于不透水层中不存在水的浮力，所以层面及层面以下的自重应力应按上覆土层的水土总重计算。这样，紧靠上覆层与不透水层界面上下的自重应力有突变，使层面处具有两个自重应力值。

天然土层比较复杂，对于黏性土，很难确切判定其是否透水。一般认为，长期浸在水中的黏性土，若其液性指数 $I_L \leqslant 0$，表明该土处于半干硬状态，可按不透水考虑；若 $I_L \geqslant 1$，表明该土处于流塑状态，可按透水考虑，若 $0 < I_L < 1$，则表明该土处于可塑状态，则按两种情况考虑其不利者。

【例题4-1】 已知如图4-3所示地层剖面（尺寸为m），试计算其自重应力并绘制自重应力分布图。

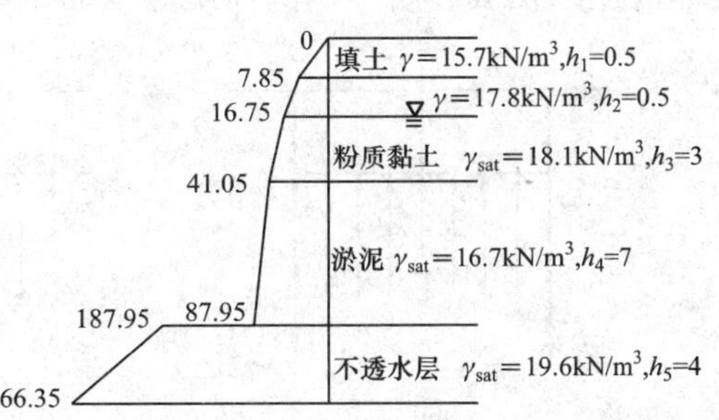

图4-3　地层剖面

解： 一层的顶：$\sigma_{cz_0} = 0$

一层的底：$\sigma_{cz_1} = \gamma_1 h_1 = 15.7 \times 0.5 = 7.85kPa$

二层的底：$\sigma_{cz_2} = \gamma_1 h_1 + \gamma_2 h_2 = 7.85 + 17.8 \times 0.5 = 16.75kPa$

三层的底：$\sigma_{cz_3} = \gamma_1 h_1 + \gamma_2 h_2 + \gamma'_3 h_3 = 16.75 + (18.1 - 10) \times 3 = 41.05kPa$

四层的底：$\sigma_{cz_4}=\gamma_1 h_1+\gamma_2 h_2+\gamma'_3 h_3+\gamma'_4 h_4=41.05+(16.7-10)\times 7=87.95\text{kPa}$

五层的顶：$\sigma'_{cz_4}=\gamma_1 h_1+\gamma_2 h_2+\gamma'_3 h_3+\gamma'_4 h_4+\gamma_w h_w=87.95+(3+7)\times 10=187.95\text{kPa}$

五层的底：

$$\sigma_{cz_5}=\gamma_1 h_1+\gamma_2 h_2+\gamma'_3 h_3+\gamma'_4 h_4+\gamma_w h_w+\gamma_{sat_5} h_5=187.95+19.6\times 4=266.35\text{kPa}$$

自重应力分布如图 4－3 所示。

4.3 基底压力计算

4.3.1 基底压力分布

基底压力是指建筑物荷载由基础传给地基，在接触面上存在着的接触应力。基底反力指基底压力的反作用力，即地基土层反向施加于基础底面上的压力，也就是作用于基础底面土层单位面积的压力，单位为 kPa。研究表明，基底压力分布图形主要取决于地基基础的相对刚度、基础的埋置深度、荷载大小和分布情况，以及地基土的性质等诸多因素。

1. 柔性基础

柔性基础（如土坝、路基）的刚度很小，除承受压力外还能承担一定量的弯矩。因此柔性基础基底压力的分布形式与上部荷载的作用形式相同如图 4－4 所示。

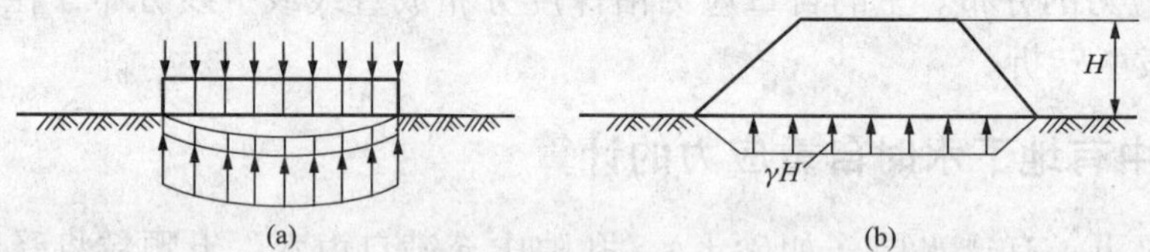

图 4－4 柔性基础下的基底压力分布

（a）理想柔性基础；（b）路堤下地基反力分布

2. 刚性基础

刚性基础（如块式整体基础、素混凝土基础）刚度大，只能承受压力的基础。基础受力后其本身变形很小，下沉后其底面仍保持平面形状。刚性基础基底压力分布有三种，如图 4－5 所示。当荷载较小时，基底压力分布形状接近弹性理论解，基底压力的分布形式如图 4－5（a）中虚线所示；荷载增大后，呈马鞍形［图 4－5（a）］；荷载再增大时，边缘塑性破坏区逐渐扩大，所增加的荷载必须靠基底中部力的增大来平衡，基底压力图形可变为抛物

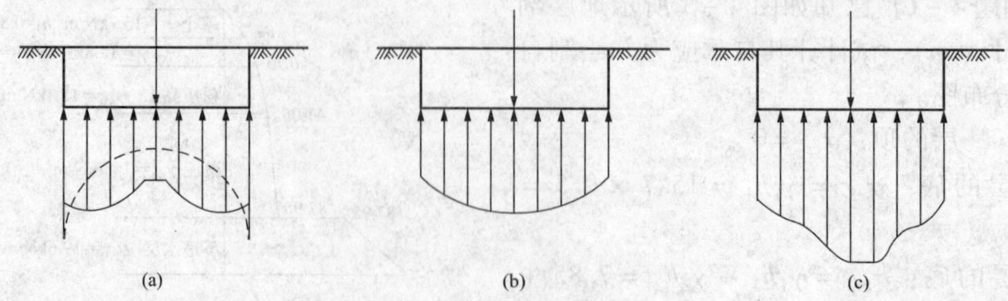

图 4－5 刚性基础下的压力分布

（a）马鞍形；（b）抛物线形；（c）倒钟形

线形［图4-5（b）］以至倒钟形分布［图4-5（c）］。

基底应力图的形状，主要受平均压力 σ、基底尺寸 b 或 $\sqrt{A}$（A 为基底面积）、土的压缩性、基础的埋置深度 h 等因素影响，刚性基础分布图形如图4-6所示。

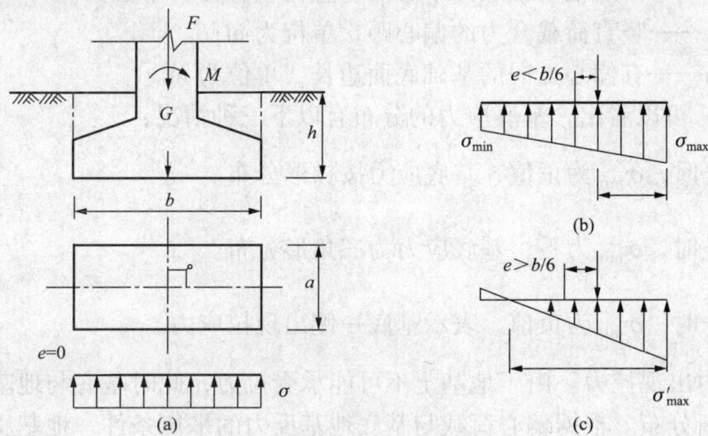

图4-6　基底反力分布的简化计算

（a）中心荷载下；（b）偏心荷载 $e<b/6$ 时；（c）偏心荷载 $e>b/6$ 时

4.3.2　基底压力的简化计算

综上所述，基底接触压力的分布形式十分复杂，但由于基底接触压力都是作用在地表面附近，根据弹性理论相关原理可知，其具体分布形式对地基中应力计算的影响将随深度的增加而减少，至一定深度后，地基中应力分布几乎与基底压力的分布形状无关，而只决定于荷载合力的大小和位置。因此，目前在地基计算中，常采用材料力学的简化方法，假定基底接触压力按直线分布。

1. 中心受压基础

对于矩形基础受中心荷载，设基础底面积为 A，按照材料力学正应力的计算公式，基底压力 σ 为

$$\sigma=\frac{F+G}{A}=\frac{N}{A} \tag{4-3}$$

对于条形基础，只需取1m长度进行计算，则基底应力 σ 为

$$\sigma=\frac{F+G}{b}=\frac{N}{b} \tag{4-4}$$

式中　σ——基础底面的平均压力，单位为kPa；

G——基础自重及其上回填土重标准值的总重，单位为kN，$G=\gamma_G Ad$，$\gamma_G=20\text{kN/m}^3$，地下水位以下取 10kN/m^3；

F——作用在基础顶面的竖直荷载设计值，单位为kN；

A——基础底面面积，单位为 m^2；

N——作用在基础底面中心的竖直荷载合力，单位kN，$N=F+G$。

2. 偏心受压基础

基础边缘的基底应力按材料力学中的公式进行计算，即

$$\frac{\sigma_{max}}{\sigma_{min}}=\frac{N}{A}\pm\frac{M}{W}=\frac{N}{A}\left(1\pm\frac{6e}{b}\right) \tag{4-5}$$

式中 σ_{min}，σ_{max}——基础底面的边缘的最小和最大压力，单位为 kPa；

N——作用在基础底面中心的竖直荷载合力，单位为 kN，$N=F+G$；

e——竖直荷载合力的偏心距，单位为 m；

b——有偏心方向的基础底面边长，单位为 m。

从式（4-5）可以看出，基底应力的分布有以下三种情况：

（1）当 $e<\frac{b}{6}$时，σ_{min}为正值，基底应力按梯形分布。

（2）当 $e=\frac{b}{6}$时，σ_{min}为零，基底应力为三角形分布。

（3）当 $e>\frac{b}{6}$时，σ_{min}为负值，表示基底一侧出现拉应力。

基底地基反力出现拉力。由于地基土不可能承受拉力，此时基底与地基土局部脱开，使基底地基反力重新分布。根据偏心荷载与基底地基反力的平衡条件，地基反力的合力作用线应与偏心荷载作用线重合得基底边缘最大地基反力 σ'_{max}为

$$\sigma'_{max}=\frac{2N}{3\left(\frac{b}{2}-e\right)a} \tag{4-6}$$

4.3.3 基底附加压力的计算

建筑物的基础底面总是要埋置在地面以下一定的深度，这个深度称为基础埋置深度，用 h 表示。基底附加压力是指作用于地基表面，由于建造建筑物而新增加的压力，即导致地基中产生附加应力的那部分基底压力。基底附加压力在数值上等于基底压力扣除基底标高处原有土体的自重应力。一般情况下，建筑物建造前天然土层在自重作用下的变形早已结束。因此，只有基底附加压力才能引起地基的附加应力和变形。

（1）基底压力均匀分布时，基底附加压力为

$$\sigma_{z_0}=\sigma-\gamma_0 h \tag{4-7a}$$

（2）基底压力呈梯形分布时，基底附加压力为

$$\sigma_{z_0}=\frac{\sigma_{max}}{\sigma_{min}}-\gamma_0 h \tag{4-7b}$$

式中 σ_{z_0}——基底附加压力设计值，单位为 kPa；

σ，σ_{max}，σ_{min}——基底压力设计值，单位为 kPa；

γ_0——基底标高以上各天然土层的加权平均重度，单位为 kN/m^3；地下水位以下取有效重度；

h——从天然地面起算的基础埋深，单位为 m。

【例题 4-2】 有一矩形桥墩基础 $a=6.0$m，$b=4.0$m，基础埋深 $h=3.0$m，$\gamma_0=18.5$kN/m^3 受到沿 b 方向的单向偏心荷载 $P=8000$kN 的作用，偏心矩 $e=0.40$m，地层资料如图 4-7 所示。试计算基底压力和基底附加压力，并绘出其分布图。

解： 基底面积 $A=ab=6\times4\text{m}^2=24\text{m}^2$

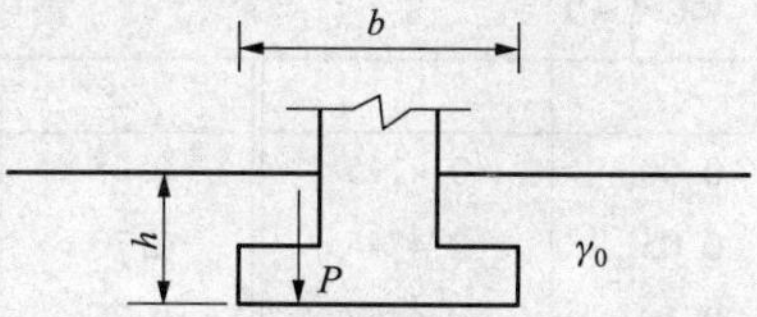

截面抵抗矩：$W=\frac{1}{6}ab^2=\frac{1}{6}\times 6\times 4^2=16\text{m}^3$

基础埋深内土层自重：$\gamma_0 h=18.5\times 3=55.5\text{kPa}$

基底压力：$\frac{\sigma_{\max}}{\sigma_{\min}}=\frac{P}{A}\left(1\pm\frac{6e}{b}\right)=\frac{8000}{24}\left(1\pm\frac{6\times 0.4}{4}\right)=\frac{533}{133}\text{kPa}$，呈梯形分布。

图 4－7

基底附加压力 $\sigma_{z_0}=\sigma-\gamma_0 h=\frac{533}{133}-55.5=\frac{477.5}{77.5}\text{kPa}$，呈梯形分布。

4.4　附加应力的计算

对一般天然土层，由自重应力引起的压缩变形已经趋于稳定，不会再引起地基的沉降。附加应力是由于土层上部的建筑物在地基内新增的应力，因此，它是使地基变形、沉降的主要原因。目前求解地基中的附加应力时，一般假定地基土是连续的、均质、各向同性的完全弹性体，然后根据弹性理论的基本公式进行计算。

下面介绍地表上作用不同类型荷载时，在地基内引起的附加应力分布形式。

下面是均质地基土中附加应力计算。

1. 竖直集中荷载作用下的地基附加应力计算

在均匀的、各向同性的半无限弹性体表面作用一竖向集中力 P 时，半无限体内任意点 M 的应力可由布辛奈斯克解计算，如图 4－8 所示。布辛奈斯克用弹性理论推导得出：

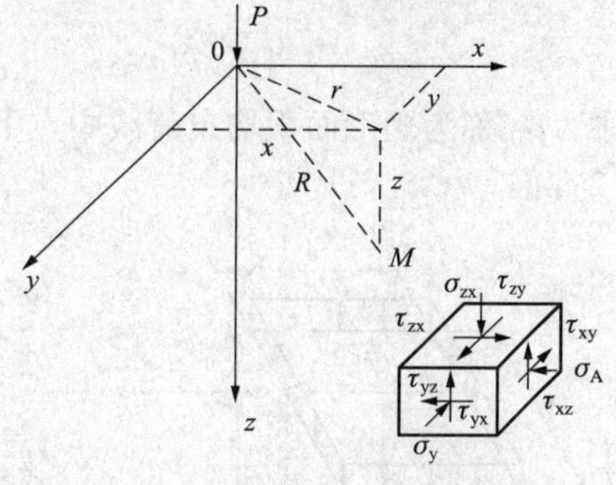

图 4－8　集中力作用下土中应力计算

$$\sigma_z=\frac{3P}{2\pi}\times\frac{z^3}{R^5}=\frac{3N}{2\pi z^2}\times\frac{1}{\left[1+\left(\frac{r}{z}\right)^2\right]^{5/2}}=\alpha_1\frac{P}{z^2}\tag{4-8}$$

式中，$\alpha_1=\frac{3}{2\pi\left[1+\left(\frac{r}{z}\right)^2\right]^{5/2}}$称为集中荷载竖向附加应力系数，是 r/z 的函数，可由表 4－1 查得。

实际工程中普遍存在的分布荷载作用时的土中应力计算，采用如下方法处理：当基础底面的形状或基底下的荷载分布不规律时，可以把分布荷载分割为许多集中力，然后用布辛奈斯克公式和叠加原理计算土中应力；当基础底面的形状及分布荷载都是有规律时，则可以通过积分求解得相应的土中应力。

2. 面积荷载作用下的土中附加应力

（1）矩形面积受均布荷载作用下的土中竖向附加应力。

1）中心点下的应力。在矩形地面上作用着均布荷载 p(kPa)时，如图 4－9 所示，承载面积中心点下深度 z 处的 M 点上的竖向附加应力为

表 4-1 集中荷载作用下的竖向附加应力系数

r/z	α_1	r/z	α_1	r/z	α_1	r/z	α_1
0.00	0.4775	0.65	0.1978	1.30	0.0402	1.95	0.0095
0.05	0.4745	0.70	0.1762	1.35	0.0357	2.00	0.0085
0.10	0.4657	0.75	0.1565	1.40	0.0317	2.20	0.0058
0.15	0.4516	0.80	0.1386	1.45	0.0282	2.40	0.0040
0.20	0.4329	0.85	0.1226	1.50	0.0251	2.60	0.0029
0.25	0.4103	0.90	0.1083	1.55	0.0224	2.80	0.0021
0.30	0.3849	0.95	0.0956	1.60	0.0200	3.00	0.0015
0.35	0.3577	1.00	0.0844	1.65	0.0179	3.50	0.0007
0.40	0.3294	1.05	0.0741	1.70	0.0160	4.00	0.0004
0.45	0.3011	1.10	0.0658	1.75	0.0144	4.50	0.0002
0.50	0.2733	1.15	0.0581	1.80	0.0129	5.00	0.0001
0.55	0.2466	1.20	0.0513	1.85	0.0116		
0.60	0.2214	1.25	0.0454	1.90	0.0105		

$$\sigma_z = \alpha_0 p \text{ (kPa)} \tag{4-9}$$

式中，α_0 称为矩形面积均布荷载中点下的竖向附加应力系数，是 a/b、z/b 的函数，可由表 4-2查得。

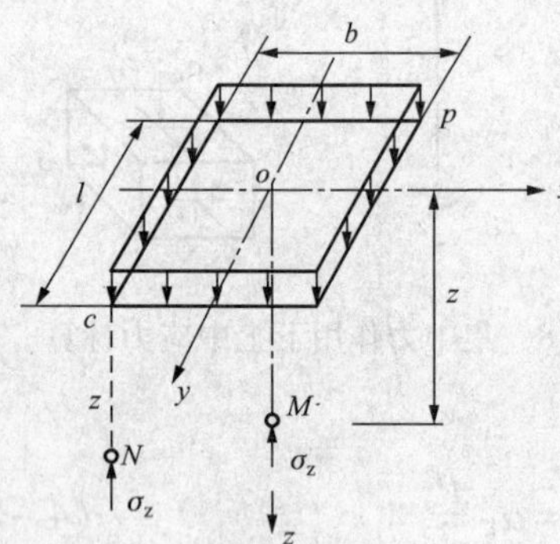

图 4-9 矩形面积受均布荷载

2）角点下的应力。依布辛奈斯克解，将公式沿长度 a 和宽度 b 两个方向二重积分，求得角点下任一深度 z 处 N 点的附加应力：

$$\sigma_z = \alpha_d p \tag{4-10}$$

式中 α_d——矩形均布荷载角点下的竖向附加应力系数，无量纲，是 a/b，z/b 的函数，可由表 4-3 查得。

3）任意点下的应力（角点法）。利用角点下的应力计算公式和应力叠加原理，可推求地基中任意点的附加应力，这一方法称为角点法。利用角点法求矩形范围以内或以外任意点 M 下的竖向附加应力时，如图 4-10 所示，通过 o 点做平行于矩形两边的辅助线，使 M 点成为几个小矩形的共角点，利用应力叠加原理，即可求得 o 点的附加应力。

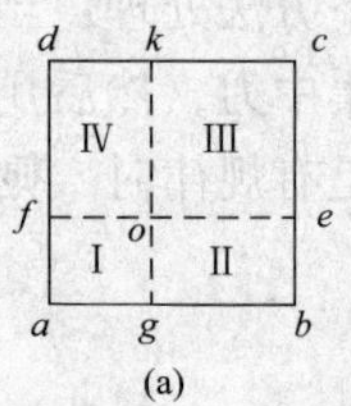

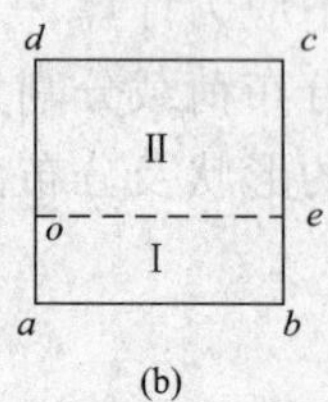

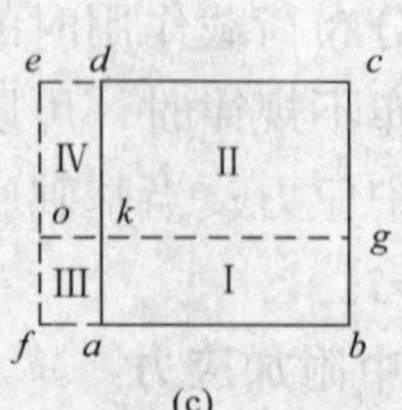

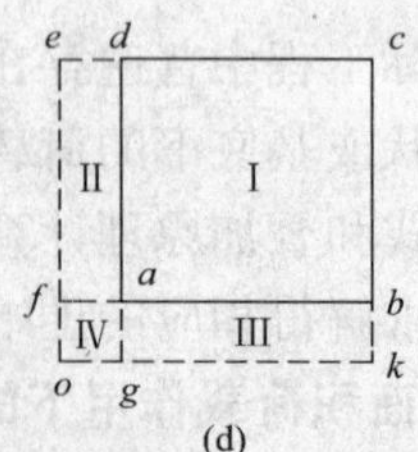

图 4-10 角点法示意图

求解点在荷载面内，如图4－10（a）所示，$\sigma_z=(\alpha_{d1}+\alpha_{d2}+\alpha_{d3}+\alpha_{d4})\,p$。

求解点在荷载面边缘，如图4－10（b）所示，$\sigma_z=(\alpha_{d1}+\alpha_{d2})\,p$。

求解点在荷载面边缘外，如图4－10（c）所示，$\sigma_z=(\alpha_{d1}+\alpha_{d2}-\alpha_{d3}-\alpha_{d4})\,p$。

求解点在荷载面角点外侧，如图4－10（d）所示，$\sigma_z=(\alpha_{d1}-\alpha_{d2}-\alpha_{d3}+\alpha_{d4})\,p_0$。

注意：a 为基础长边；b 为基础短边；z 是从基础底面起算的深度；p_0 为基底附加压力。

表4－2　矩形面积均布荷载中点下的竖向应力系数

z/b	矩形的长宽比 a/b											$(a/b)\geqslant10$
	1	1.2	1.4	1.6	1.8	2	2.4	2.8	3.2	4	5	条型基础
0.0	1	1	1	1	1	1	1	1	1	1	1	1
0.1	0.980	0.984	0.986	0.987	0.987	0.988	0.988	0.988	0.989	0.989	0.989	0.989
0.2	0.960	0.968	0.972	0.974	0.975	0.976	0.976	0.977	0.977	0.977	0.977	0.977
0.3	0.880	0.899	0.910	0.917	0.920	0.923	0.925	0.926	0.928	0.929	0.929	0.929
0.4	0.800	0.830	0.848	0.859	0.866	0.870	0.875	0.878	0.879	0.880	0.881	0.881
0.5	0.703	0.741	0.765	0.781	0.791	0.799	0.809	0.812	0.814	0.817	0.818	0.819
0.6	0.606	0.651	0.682	0.703	0.717	0.727	0.740	0.746	0.749	0.753	0.754	0.755
0.7	0.527	0.574	0.607	0.630	0.646	0.660	0.674	0.685	0.690	0.694	0.697	0.698
0.8	0.449	0.496	0.532	0.558	0.579	0.593	0.612	0.623	0.630	0.636	0.639	0.642
0.9	0.392	0.437	0.473	0.499	0.518	0.536	0.559	0.572	0.579	0.588	0.592	0.596
1.0	0.334	0.373	0.414	0.441	0.463	0.481	0.505	0.520	0.529	0.540	0.545	0.550
1.1	0.295	0.335	0.369	0.396	0.418	0.436	0.462	0.478	0.488	0.501	0.508	0.513
1.2	0.257	0.294	0.325	0.352	0.374	0.392	0.491	0.437	0.447	0.462	0.470	0.477
1.3	0.229	0.263	0.292	0.318	0.339	0.357	0.384	0.403	0.426	0.431	0.440	0.448
1.4	0.201	0.232	0.260	0.284	0.304	0.321	0.350	0.369	0.383	0.400	0.410	0.420
1.5	0.180	0.209	0.235	0.258	0.277	0.294	0.332	0.341	0.356	0.374	0.385	0.397
1.6	0.160	0.187	0.210	0.232	0.251	0.267	0.294	0.314	0.329	0.348	0.360	0.374
1.7	0.145	0.170	0.191	0.212	0.230	0.245	0.272	0.292	0.307	0.326	0.340	0.355
1.8	0.130	0.153	0.173	0.192	0.209	0.224	0.250	0.270	0.285	0.305	0.320	0.337
1.9	0.119	0.140	0.159	0.177	0.192	0.207	0.233	0.251	0.263	0.288	0.303	0.320
2.0	0.108	0.127	0.145	0.161	0.176	0.189	0.214	0.233	0.241	0.270	0.285	0.304
2.1	0.099	0.116	0.133	0.148	0.163	0.176	0.199	0.220	0.230	0.255	0.270	0.292
2.2	0.090	0.107	0.122	0.137	0.150	0.163	0.185	0.208	0.218	0.239	0.256	0.280
2.3	0.083	0.099	0.113	0.127	0.137	0.151	0.173	0.193	0.205	0.226	0.243	0.269
2.4	0.077	0.092	0.105	0.118	0.130	0.141	0.161	0.178	0.192	0.213	0.230	0.258
2.5	0.072	0.085	0.097	0.109	0.121	0.131	0.151	0.167	0.181	0.202	0.219	0.249
2.6	0.066	0.079	0.091	0.102	0.112	0.123	0.141	0.157	0.170	0.191	0.208	0.239
2.7	0.062	0.073	0.084	0.095	0.105	0.115	0.132	0.148	0.161	0.182	0.199	0.234
2.8	0.058	0.069	0.079	0.089	0.099	0.108	0.124	0.139	0.152	0.172	0.189	0.228
2.9	0.054	0.064	0.074	0.083	0.093	0.101	0.117	0.132	0.144	0.163	0.180	0.218

续表

z/b	矩形的长宽比 a/b											$(a/b)\geqslant10$
	1	1.2	1.4	1.6	1.8	2	2.4	2.8	3.2	4	5	条型基础
3.0	0.051	0.060	0.070	0.078	0.087	0.095	0.110	0.124	0.136	0.155	0.172	0.208
3.2	0.045	0.053	0.062	0.070	0.077	0.085	0.098	0.111	0.122	0.141	0.158	0.190
3.4	0.040	0.048	0.055	0.062	0.069	0.076	0.088	0.100	0.110	0.128	0.144	0.184
3.6	0.036	0.042	0.049	0.056	0.062	0.068	0.090	0.090	0.100	0.117	0.133	0.175
3.8	0.032	0.033	0.044	0.050	0.056	0.062	0.070	0.080	0.091	0.107	0.123	0.166
4.0	0.029	0.035	0.040	0.046	0.051	0.056	0.066	0.075	0.084	0.095	0.113	0.158
4.2	0.026	0.031	0.037	0.042	0.048	0.051	0.060	0.069	0.077	0.091	0.105	0.15
4.4	0.024	0.029	0.034	0.038	0.042	0.047	0.055	0.063	0.070	0.084	0.098	0.144
4.6	0.022	0.026	0.031	0.035	0.039	0.043	0.051	0.058	0.065	0.078	0.091	0.137
4.8	0.020	0.024	0.028	0.032	0.038	0.040	0.047	0.054	0.060	0.070	0.085	0.132
5.0	0.019	0.022	0.026	0.030	0.033	0.037	0.044	0.050	0.056	0.067	0.079	0.126

表4-3　矩形面积均布荷载角点下的竖向应力系数

z/b \ a/b	1.0	1.2	1.4	1.6	1.8	2.0	3.0	4.0	5.0	6.0	10.0
0.0	0.2500	0.2500	0.2500	0.2500	0.2500	0.2500	0.2500	0.2500	0.2500	0.2500	0.2500
0.2	0.2486	0.2489	0.2490	0.2491	0.2491	0.2491	0.2492	0.2492	0.2492	0.2492	0.2492
0.4	0.2401	0.2420	0.2429	0.2434	0.2437	0.2439	0.2442	0.2443	0.2443	0.2443	0.2443
0.6	0.2229	0.2275	0.2300	0.2351	0.2324	0.2329	0.2339	0.2341	0.2342	0.2342	0.2342
0.8	0.1999	0.2075	0.2120	0.2147	0.2165	0.2176	0.2196	0.2200	0.2202	0.2202	0.2202
1.0	0.1752	0.1851	0.1911	0.1955	0.1981	0.1999	0.2034	0.2042	0.2044	0.2045	0.2046
1.2	0.1516	0.1626	0.1705	0.1758	0.1793	0.1818	0.1870	0.1882	0.1885	0.1887	0.1888
1.4	0.1308	0.1423	0.1508	0.1569	0.1613	0.1644	0.1712	0.1730	0.1735	0.1738	0.1740
1.6	0.1123	0.1241	0.1329	0.1436	0.1445	0.1482	0.1567	0.1590	0.1598	0.1601	0.1604
1.8	0.0969	0.1083	0.1172	0.1241	0.1294	0.1334	0.1434	0.1463	0.1474	0.1478	0.1482
2.0	0.0840	0.0947	0.1034	0.1103	0.1158	0.1202	0.1314	0.1350	0.1363	0.1368	0.1374
2.2	0.0732	0.0832	0.0917	0.0984	0.1039	0.1084	0.1205	0.1248	0.1264	0.1271	0.1277
2.4	0.0642	0.0734	0.0812	0.0879	0.0934	0.0979	0.1108	0.1156	0.1175	0.1184	0.1192
2.6	0.0566	0.0651	0.0725	0.0788	0.0842	0.0887	0.1020	0.1073	0.1095	0.1106	0.1116
2.8	0.0502	0.0580	0.0649	0.0709	0.0761	0.0805	0.0942	0.0999	0.1024	0.1036	0.1048
3.0	0.0447	0.0519	0.0583	0.0640	0.0690	0.0732	0.0870	0.0931	0.0959	0.0973	0.0987
3.2	0.0401	0.0467	0.0526	0.0580	0.0627	0.0668	0.0806	0.0870	0.0900	0.0916	0.0933
3.4	0.0361	0.0421	0.0477	0.0527	0.0571	0.0611	0.0747	0.0814	0.0847	0.0864	0.0882
3.6	0.0326	0.0382	0.0433	0.0480	0.0523	0.0561	0.0694	0.0763	0.0799	0.0816	0.0837
3.8	0.0296	0.0348	0.0395	0.0439	0.0479	0.0516	0.0645	0.0717	0.0753	0.0773	0.0796
4.0	0.0270	0.0318	0.0362	0.0403	0.0441	0.0474	0.0603	0.0674	0.0712	0.0733	0.0758
4.2	0.0247	0.0291	0.0333	0.0371	0.0407	0.0439	0.0563	0.0634	0.0674	0.0696	0.0724
4.4	0.0227	0.0268	0.0306	0.0343	0.0376	0.0407	0.0527	0.0597	0.0639	0.0662	0.0696

续表

a/b z/b	1.0	1.2	1.4	1.6	1.8	2.0	3.0	4.0	5.0	6.0	10.0
4.6	0.0209	0.0247	0.0283	0.0317	0.0348	0.0378	0.0493	0.0564	0.0606	0.0630	0.0663
4.8	0.0193	0.0229	0.0262	0.0294	0.0324	0.0352	0.0463	0.0533	0.0576	0.0601	0.0635
5.0	0.0179	0.0212	0.0243	0.0274	0.0302	0.0328	0.0435	0.0504	0.0547	0.0573	0.0610
6.0	0.0127	0.0151	0.0174	0.0196	0.0218	0.0233	0.0325	0.0388	0.0431	0.0460	0.0506
7.0	0.0094	0.0112	0.0130	0.0147	0.0164	0.0180	0.0251	0.0306	0.0346	0.0376	0.0428
8.0	0.0073	0.0087	0.0101	0.0114	0.0127	0.0140	0.0198	0.0246	0.0283	0.0311	0.0367
9.0	0.0058	0.0069	0.0080	0.0091	0.0102	0.0112	0.0161	0.0202	0.0235	0.0262	0.0319
10.0	0.0047	0.0056	0.0065	0.0074	0.0083	0.0092	0.0132	0.0167	0.0198	0.0222	0.0280

（2）矩形面积受三角形分布荷载作用下的土中竖向附加应力。

荷载强度为零的角点下的应力为

$$\sigma_z = \alpha_{T1} p \tag{4-11}$$

式中 α_{T1}——a/b、z/b 的函数，可由表4-4查得。

其中，如图4-11所示，b 为沿荷载变化方向矩形基底边长，a 为矩形基底另一边长。当 M 点位于矩形面积内任一点下的深度 z 处时，利用叠加原理进行计算。

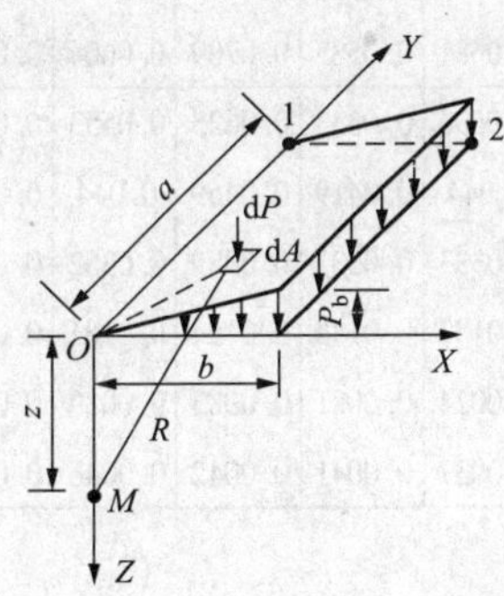

图4-11 矩形面积受三角形荷载

表4-4 矩形面积受三角形分布荷载时角点下的竖向应力系数（一）

a/b	0.2		0.4		0.6		0.8		1.0		1.2		1.4		1.6
z/b	α_{T1}	α_{T2}	α_{T1}	α_{T2}	α_{T1}	α_{T2}	α_{T1}	α_{T2}	α_{T1}	α_{T2}	α_{T1}	α_{T2}	α_{T1}	α_{T2}	α_{T1}
0.0	0.0000	0.2500	0.0000	0.2500	0.0000	0.2500	0.0000	0.2500	0.0000	0.2500	0.0000	0.2500	0.0000	0.2500	0.0000
0.2	0.0223	0.1821	0.0280	0.2115	0.0296	0.2165	0.0301	0.2178	0.0304	0.2182	0.0305	0.2184	0.0305	0.2185	0.0306
0.4	0.0269	0.1094	0.0420	0.1604	0.0487	0.1781	0.0517	0.1844	0.0531	0.1870	0.0539	0.1881	0.0543	0.1886	0.0545
0.6	0.0259	0.0700	0.0448	0.1165	0.0560	0.1405	0.0621	0.1520	0.0654	0.1575	0.0673	0.1602	0.0684	0.1616	0.0690
0.8	0.0232	0.0480	0.0421	0.0853	0.0553	0.1093	0.0637	0.1232	0.0688	0.1311	0.0720	0.1355	0.0739	0.1381	0.0751
1.0	0.0201	0.0346	0.0375	0.0638	0.0508	0.0852	0.0602	0.0996	0.0666	0.1086	0.0708	0.1143	0.0735	0.1176	0.0753
1.2	0.0171	0.0260	0.0324	0.0491	0.0460	0.0673	0.0546	0.0807	0.0615	0.0901	0.0664	0.0962	0.0698	0.1007	0.0721
1.4	0.0145	0.0202	0.0278	0.0386	0.0392	0.0540	0.0483	0.0661	0.0554	0.0751	0.0606	0.0817	0.0644	0.0864	0.0672
1.6	0.0123	0.0160	0.0238	0.0310	0.0339	0.0440	0.0424	0.0547	0.0492	0.0628	0.0545	0.0696	0.0586	0.0743	0.0616
1.8	0.0105	0.0130	0.0204	0.0254	0.0294	0.0363	0.0371	0.0457	0.0435	0.0534	0.0487	0.0596	0.0528	0.0644	0.0560
2.0	0.0090	0.0108	0.0176	0.0211	0.0255	0.0304	0.0324	0.0387	0.0384	0.0456	0.0434	0.0513	0.0474	0.0560	0.0507
2.5	0.0063	0.0072	0.0125	0.0140	0.0183	0.0205	0.0236	0.0265	0.0284	0.0318	0.0326	0.0365	0.0362	0.0405	0.0393
3.0	0.0046	0.0051	0.0092	0.0100	0.0135	0.0148	0.0176	0.0192	0.0214	0.0233	0.0249	0.0270	0.0280	0.0303	0.0307
5.0	0.0018	0.0019	0.0036	0.0038	0.0054	0.0056	0.0071	0.0074	0.0088	0.0091	0.0104	0.0108	0.0120	0.0123	0.0135
7.0	0.0009	0.0010	0.0019	0.0019	0.0028	0.0029	0.0038	0.0038	0.0047	0.0047	0.0056	0.0056	0.0064	0.0066	0.0073
10.0	0.0005	0.0004	0.0009	0.0010	0.0014	0.0014	0.0019	0.0019	0.0023	0.0024	0.0028	0.0028	0.0033	0.0032	0.0037

表 4-4　　矩形面积受三角形分布荷载时角点下的竖向应力系数（二）

z/b \ a/b	1.6	1.8		2.0		3.0		4.0		6.0		8.0		10.0	
	α_{T2}	α_{T1}	α_{T2}	α_{T1}	α_{T2}	α_{T1}	α_{T2}	α_{T1}	α_{T2}	α_{T1}	α_{T2}	α_{T1}	α_{T2}	α_{T1}	α_{T2}
0.0	0.2500	0.0000	0.2500	0.0000	0.2500	0.0000	0.2500	0.0000	0.2500	0.0000	0.2500	0.0000	0.2500	0.0000	0.2500
0.2	0.2185	0.0306	0.2185	0.0306	0.2185	0.0306	0.2186	0.0306	0.2186	0.0306	0.2186	0.0306	0.2186	0.0306	0.2186
0.4	0.1889	0.0546	0.1891	0.0547	0.1892	0.0548	0.1894	0.0549	0.1894	0.0549	0.1894	0.0549	0.1894	0.0549	0.1894
0.6	0.1625	0.0694	0.163	0.0696	0.1633	0.0701	0.1638	0.0702	0.1639	0.0702	0.1640	0.0702	0.1640	0.0702	0.1640
0.8	0.1396	0.0759	0.1405	0.0764	0.1412	0.0773	0.1423	0.0776	0.1424	0.0776	0.1426	0.0776	0.1426	0.0776	0.1426
1.0	0.1202	0.0766	0.1215	0.0774	0.1225	0.0790	0.1244	0.0794	0.1248	0.0795	0.1250	0.0796	0.1250	0.0796	0.1250
1.2	0.1037	0.0738	0.1055	0.0749	0.1096	0.0774	0.1096	0.0779	0.1103	0.0782	0.1105	0.0783	0.1105	0.0783	0.1105
1.4	0.0897	0.0692	0.0921	0.0707	0.0937	0.0739	0.0973	0.0748	0.0982	0.0752	0.0986	0.0752	0.0987	0.0753	0.0987
1.6	0.078	0.0639	0.0806	0.0656	0.0826	0.0697	0.0870	0.0708	0.0882	0.0714	0.0887	0.0715	0.0888	0.0715	0.0889
1.8	0.0681	0.0585	0.0709	0.0604	0.0730	0.0652	0.0782	0.0666	0.0797	0.0673	0.0805	0.0675	0.0806	0.0675	0.0808
2.0	0.0596	0.0533	0.0625	0.0553	0.0649	0.0607	0.0707	0.0624	0.0726	0.0634	0.0734	0.0636	0.0736	0.0636	0.0738
2.5	0.044	0.0419	0.0469	0.044	0.0491	0.0504	0.0559	0.0529	0.0585	0.0543	0.0601	0.0547	0.0604	0.0548	0.0605
3.0	0.0333	0.0331	0.0359	0.0352	0.0380	0.0419	0.0451	0.0449	0.0482	0.0469	0.0504	0.0474	0.0509	0.0476	0.0511
5.0	0.0139	0.0148	0.0154	0.0161	0.0167	0.0214	0.0221	0.0248	0.0256	0.0283	0.0290	0.0296	0.0303	0.0301	0.0309
7.0	0.0074	0.0081	0.0083	0.0089	0.0091	0.0124	0.0126	0.0152	0.0154	0.0186	0.0190	0.0204	0.0207	0.0212	0.0216
10.0	0.0037	0.0041	0.0042	0.0046	0.0046	0.0066	0.0066	0.0084	0.0083	0.0111	0.0111	0.0128	0.0130	0.0139	0.0141

（3）条形面积受均布荷载作用下的土中竖向附加应力。研究表明，当基础的长宽比$(a/b) \geqslant 10$时，将其视为平面问题计算的附加压力结果误差甚微。条形面积受均布荷载

$$\sigma_z = \alpha_2 p \tag{4-12}$$

式中　α_2——x/b、z/b的函数，可由表 4-5 查得。

图 4-12 中，坐标原点的位置在荷载对称轴上。

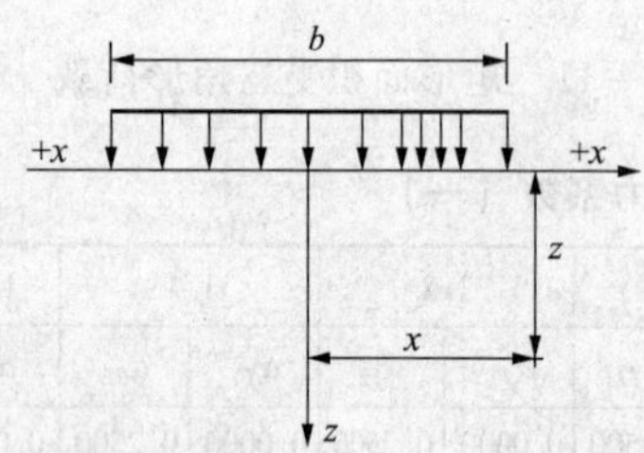

图 4-12　条形面积受均布荷载

表 4-5　　条形基础受均布荷载任意点的竖向应力系数

z/b \ x/b	0.00	0.10	0.25	0.50	0.75	1.00	1.50	2.00	3.00	4.00	5.00
0.00	1.000	1.000	1.000	0.500	0.000	0.000	0.000	0.000	0.000	0.000	0.000
0.10	0.997	0.996	0.499	0.010	0.005	0.000	0.000	0.000	0.000	0.000	0.000
0.25	0.960	0.954	0.905	0.496	0.088	0.019	0.002	0.001	0.000	0.000	0.000
0.50	0.820	0.812	0.735	0.481	0.218	0.082	0.017	0.005	0.001	0.000	0.000
0.75	0.668	0.66	0.61	0.45	0.26	0.15	0.04	0.02	0.01	0.00	0.00
1.00	0.552	0.54	0.51	0.41	0.29	0.19	0.07	0.03	0.01	0.00	0.00
1.50	0.396	0.40	0.38	0.33	0.27	0.21	0.11	0.06	0.02	0.01	0.00
2.00	0.306	0.30	0.29	0.28	0.24	0.21	0.13	0.08	0.03	0.01	0.01
2.50	0.245	0.24	0.24	0.23	0.22	0.19	0.14	0.10	0.03	0.02	0.01
3.00	0.21	0.21	0.21	0.20	0.19	0.17	0.14	0.10	0.05	0.03	0.02
4.00	0.16	0.16	0.16	0.15	0.15	0.14	0.12	0.10	0.07	0.04	0.03
5.00	0.13	0.13	0.13	0.12	0.12	0.12	0.11	0.10	0.07	0.05	0.03

（4）条形面积受三角形分布荷载作用下的土中竖向附加应力。地面上一三角形分布荷载，作用在宽度为 b，长度为无限长的条形面积上时，如图4－13所示，土中任意点 M 的竖向附加应力为

$$\sigma_z = \alpha_3 p \qquad (4-13)$$

式中　α_3——是 x/b、z/b 的函数，可由表4－6查得。

注意：坐标原点在荷载为零处，向荷载增大的方向为正方向，x 值为正，坐标异侧为负。

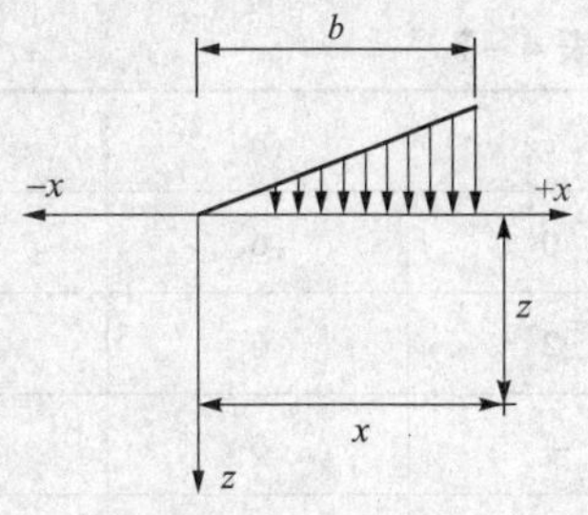

图4－13　条形面积受三角形荷载

表4－6　　条形面积三角形分布荷载任意点的竖向应力系数

z/b ＼ x/b	−1.5	−1.0	0.5	0	0.25	0.50	0.75	1.0	1.5	2.0	2.5
0.00	0.000	0.000	0.000	0.000	0.250	0.500	0.750	0.500	0.000	0.000	0.000
0.25	0.000	0.000	0.001	0.075	0.256	0.480	0.643	0.424	0.015	0.003	0.000
0.50	0.002	0.003	0.023	0.120	0.263	0.410	0.477	0.353	0.056	0.017	0.003
0.75	0.006	0.016	0.042	0.153	0.248	0.355	0.361	0.293	0.108	0.024	0.009
1.0	0.014	0.025	0.061	0.159	0.223	0.275	0.279	0.241	0.129	0.045	0.013
1.5	0.020	0.048	0.096	0.145	0.178	0.200	0.202	0.185	0.124	0.062	0.041
2.0	0.033	0.061	0.092	0.127	0.146	0.155	0.163	0.153	0.108	0.069	0.050
3.0	0.050	0.064	0.080	0.096	0.103	0.104	0.108	0.104	0.090	0.071	0.050
4.0	0.051	0.060	0.067	0.075	0.078	0.085	0.082	0.075	0.073	0.060	0.049
5.0	0.047	0.052	0.057	0.059	0.062	0.063	0.063	0.065	0.061	0.051	0.047
6.0	0.041	0.041	0.050	0.051	0.052	0.053	0.053	0.053	0.050	0.050	0.040

【例题4－3】 设有一矩形基础，承受中心荷载 P 是6000kN，基底截面尺寸为4m×6m，基础埋深为3m，地质资料如图4－14，试分别计算基底中心点下 z＝2、4、6、8m处的附加应力，以及8m处的总应力。

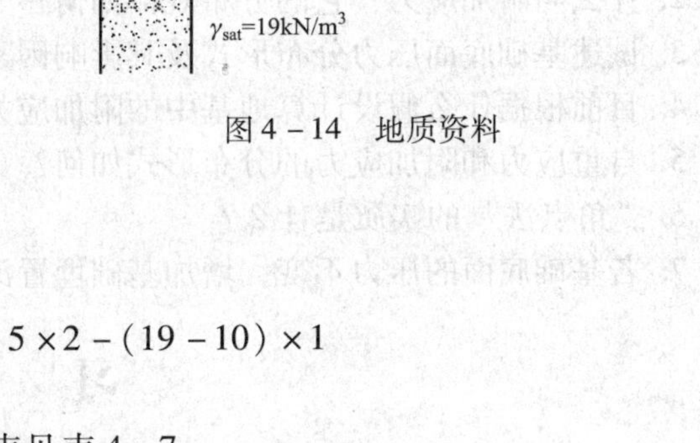

图4－14　地质资料

解：（1）先计算基底压力，矩形基础受中心荷载，基底压力为

$$\sigma = \frac{N}{A} = \frac{6000}{4\times 6} = 250\text{kPa}$$

（2）计算基底附加压力。

$$\begin{aligned}\sigma_{z_0} &= \sigma - \gamma_0 h \\ &= 250 - 16.5\times 2 - (19-10)\times 1 \\ &= 208\text{kPa}\end{aligned}$$

（3）计算基底中心点下的附加应力，列表见表4－7。

表 4-7 基底中心点下的附加应力

z	a	b	a/b	z/b	α_0	$\sigma_z=\alpha_0 p$
0	6	4	1.5	0	1.000 0	208
2	6	4	1.5	0.5	0.773 0	160.8
4	6	4	1.5	1	0.427 5	88.9
6	6	4	1.5	1.5	0.246 5	51.3
8	6	4	1.5	2	0.153 0	31.8

（4）8m 处总应力为附加应力和自重应力之和，计算如下：

$$\sigma_{总}=\sigma_{cz}+\sigma_z=16.5\times2+(19-10)\times6+31.8=145.8\text{kPa}$$

本章小结

本章主要学习了土的自重应力计算，各种荷载条件下的土中附加应力计算及其分布规律等。

土中应力是指土体在自身重力、建筑物荷载以及其他因素（如土中水的渗流、地震等）的作用下，土中产生的应力。土中应力过大时，会使土体因强度不够发生破坏，甚至使土体发生滑动失去稳定。此外，土中应力的增加会引起土体变形，使建筑物发生沉降、倾斜以及水平位移。

需要注意的是，土是三相体，具有明显的各向异性和非线性特征。为简便起见，目前计算土中应力的方法仍采用弹性理论公式，将地基土视作均匀的、连续的、各向同性的半无限体，这种假定同土体的实际情况有差别，不过其计算结果尚能满足实际工程的要求。

土中自重应力的计算可归纳为 $\sigma_{cz}=\sum_{i=1}^{n}\gamma_i H_i$，而土中附加应力的计算可归纳为公式 $\sigma_z=\alpha p$。

复习思考题

1. 什么叫土的自重应力？在不同土质条件的土层情况下，怎样计算任一深度处的自重应力？
2. 什么叫附加应力？它的分布规律如何？
3. 试述基础底面压力分布形式及其影响因素。
4. 目前根据什么假设计算地基中的附加应力？这些假设是否合理可行？
5. 自重应力和附加应力的分布形式如何？
6. “角点法”的实质是什么？
7. 若基础底面的压力不变，增加基础埋置深度后土中附加应力有何变化？

习　题

1. 计算如图 4-15 所示土层的自重应力并绘制分布图。

2. 如图4－16所示桥墩基础，已知基础底面尺寸 $b=4\text{m}$，$a=10\text{m}$，作用在基础底面中心的荷载 $N=4000\text{kN}$，$M=2800\text{kN}\cdot\text{m}$，计算基础底面的压力。

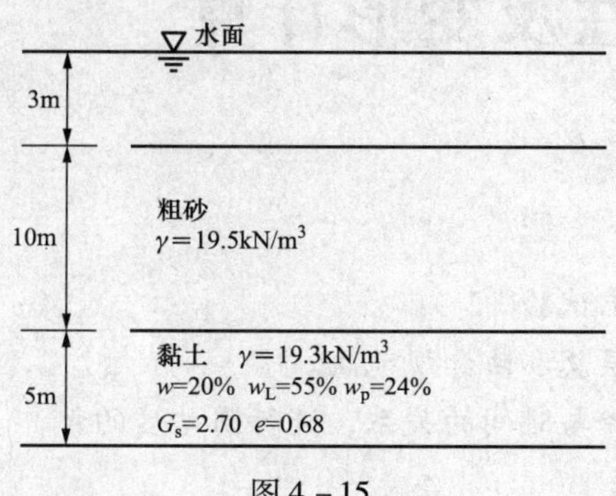

图4－15

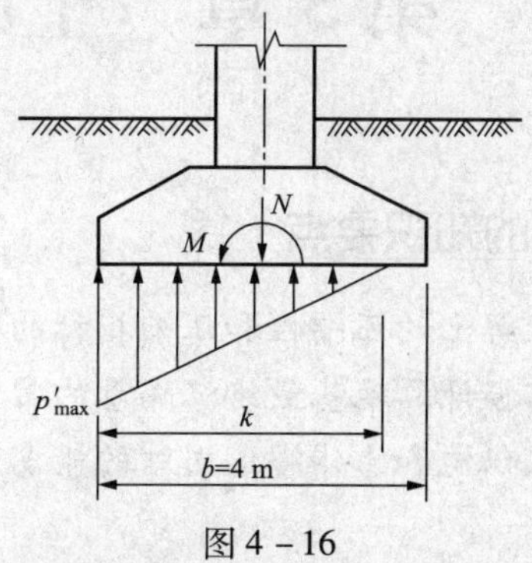

图4－16

3. 已知矩形面积均布荷载 $p=500\text{kPa}$，$a=8\text{m}$，$b=6\text{m}$，求均布面积荷载中心下深度 $z=6\text{m}$ 处土中的附加应力。

4. 如图4－17所示矩形面积（$ABCD$）上作用均布荷载 $p=150\text{kPa}$，试用角点法计算 G 点下深度6m处 M 点的竖向附加应力 σ_z 值。

5. 如图4－18所示条形分布荷载 $p=150\text{kPa}$，计算 G 点下3m处的竖向附加应力值。

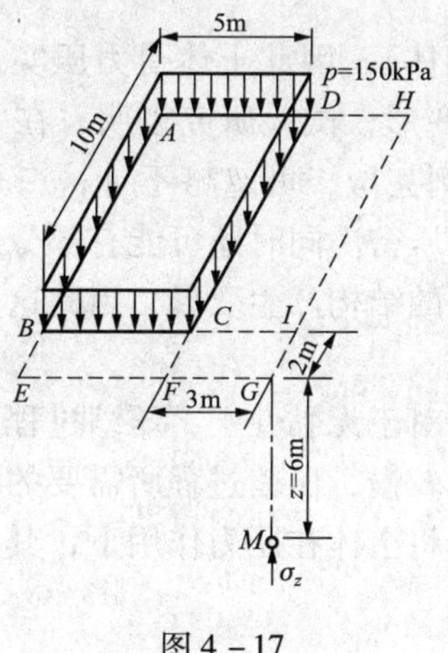

图4－17

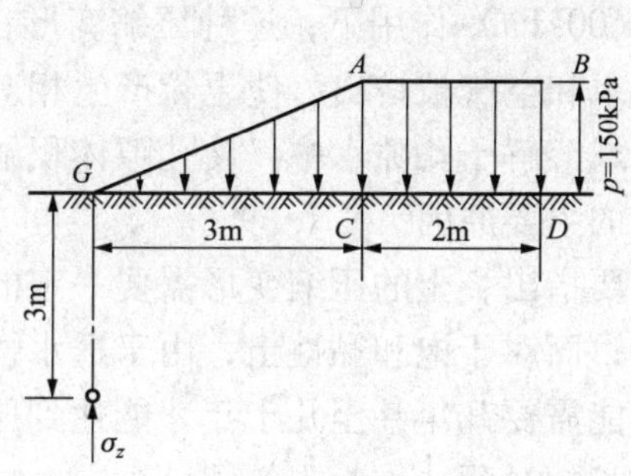

图4－18

第 5 章　土的压缩性及变形计算

本章的知识要点

1. 理解土的压缩性和压缩指标的概念，完成压缩试验。
2. 掌握计算地基最终沉降量的常用方法——分层总和法和规范法。
3. 认识饱和土体渗透固结的概念，明确地基沉降与时间的关系，进行固结度的计算。

5.1　土的压缩性

5.1.1　土的压缩性概念

土的压缩性是土的力学基本性质之一。它是指在外荷载作用下，土体产生体积压缩的性质，也可以说是反映土中应力变化与其变形之间关系的一种工程性质。简单定义为土体的压缩性就是土体在压力作用下体积缩小的性质。

由于地基土是三相体（当然完全饱和土和干土是二相体），因此土体受力压实后，其压缩变形包括：一是由于土粒及孔隙水和空气本身的压缩变形，试验研究表明，在一般压力（100～600kPa）作用下，这种压缩变形占总压缩量的比例甚微，可忽略不计；二是土中部分孔隙水和空气被挤出，使土粒产生相对位移，重新排列压密。同时还可能有部分封闭气体被压缩或溶解于孔隙水中，使孔隙体积减小，从而导致土的结构产生变形，因此这是引起土体压缩的主要原因。

需要指出，土的压缩变形需要一定的时间才能完成。对于无黏性土，压缩过程所需的时间较短；而对于饱和黏性土，由于透水性小，水被挤出的较慢，压缩过程所需要的时间相当长，可能需要几年甚至几十年才能达到压缩稳定。因此，将土体在压力作用下，其压缩量随时间增长的过程，称为土的固结。

5.1.2　压缩性指标

1. 压缩试验和压缩曲线

由于土的压缩变形主要是由于孔隙减小的缘故，因此可以用压力与孔隙体积之间的变化来说明土的压缩性，并用于计算地基沉降量。土的压缩性高低以及压缩变形随时间的变化规律，可通过压缩试验（也称固结试验）或现场荷载试验确定。

既然土体的压缩是孔隙体积减小的结果，由孔隙比的定义公式 $e=\dfrac{V_V}{V_S}$可知，当土粒体积保持不变时，孔隙体积 V_V 的变化完全可用孔隙比 e 的变化来表示。因此，可以将土的压缩变形过程视为土的孔隙比 e 随着压应力 p 的增加而逐渐减小的过程，则孔隙比 e 与压力 p 两者之间的关系曲线可由侧限压缩试验确定。

如图5-1所示的是压缩仪（也称固结仪）示意图，侧限压缩试验一般在试验室进行。其试验方法是：先用环刀切取原状土，连同环刀放入容器，土样上下两面均有透水石，使土样受压缩时便于孔隙水自由排出。另有加压装置，通过传压活塞可给土样施加压力。土样的变形可通过测微表读值得到。在加压过程中，由于金属环刀及护环的限制，土样在压力作用下只能发生竖向压缩，而不能产生侧向变形（膨胀），故称为侧限条件下的压缩试验。试验的目的是要测定出在各级压力（p=50kPa、100kPa、200kPa、300kPa、400kPa）的作用下，每次试土样压缩稳定后的相应压缩变形量S，从而算出相应的孔隙比（e_1，e_2…）和压缩性指标。

设原状土样受压前的初始高度为H_0，土粒体积$V_S=1$，孔隙体积$V_V=e_0$，受压后的土样高度为$H_1=H_0-\Delta s_i$，土粒体积不变$V_S=1$，孔隙体积$V_V=e_1$（图5-2），由于试验过程中土粒体积V_S不变以及在侧限条件下试验使得土样的横截面积A也不变，则有

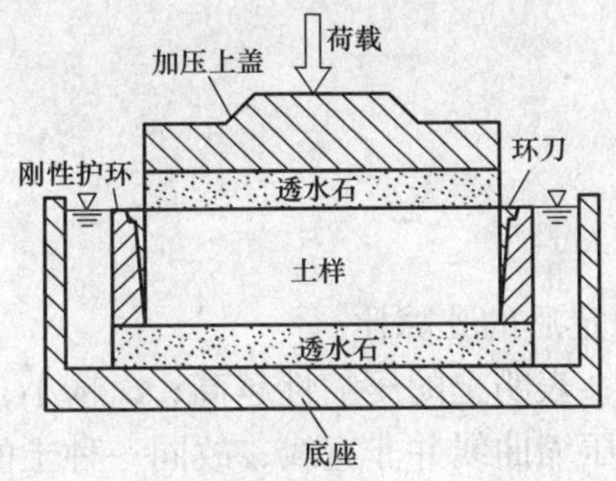

图5-1　侧限压缩试验示意图

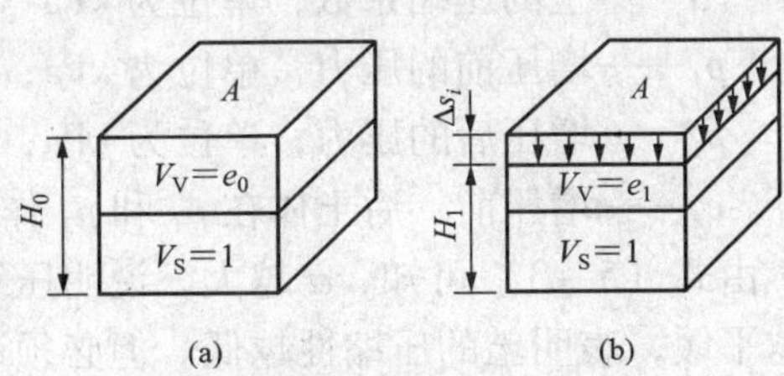

图5-2　侧限压缩土样孔隙比变化

（a）加荷载前；（b）加荷载后

受压前体积为　$1+e_0=H_0A$

受压后土样体积为　$1+e_1=H_1A$

由于两式土样横截面积A相等，即

$$\frac{1+e_0}{H_0}=\frac{1+e_1}{H_1} \tag{5-1}$$

将$H_1=H_0-\Delta s_i$代入式（5-1）得到

$$e_1=e_0-\frac{\Delta s_i}{H_0}(1+e_0)$$

$$e_0=\frac{G_S\rho_w(1+w_0)}{\rho_0}-1 \tag{5-2}$$

式中　e_0——土样初始孔隙比；

G_S——土粒相对密度；

ρ_w——水的密度，单位为g/cm^3；

ρ_0——土样的初始密度，单位为g/crn^3；

w_0——土样的初始含水量，以小数计算；

H_0——试样初始度高度，单位为cm；

Δs_i——某级压力下试样高度变化量，单位为cm。

利用式（5－2）算出各级压力作用下相应的孔隙比 e，然后以孔隙比 e 为纵坐标，以压力 p 为横坐标，根据试验结果绘出土的 $e-p$ 曲线，如图 5－3 所示。

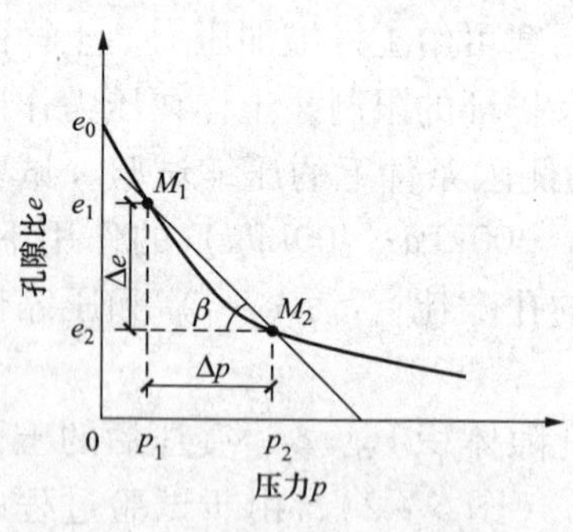

图 5－3 土的 $e-p$ 曲线

2. 压缩性指标

（1）压缩系数 α。$e-p$ 曲线可反映土的压缩性的高低。压缩曲线越陡，说明随着压力的增加，土的孔隙比减小越多，则土的压缩性越高；若曲线越平缓，则土的压缩性越低。在工程上，当压力 p 的变化范围不大时，如图 5－3 中从 p_1 到 p_2，压缩曲线上相应的 M_1M_2 段可近似地看成直线，即用割线 M_1M_2 代替曲线，土在此段的压缩性可用该割线的斜率来反映，则直线 M_1M_2 的斜率称为土体在该段的压缩系数，即

$$\alpha=\frac{e_1-e_2}{p_2-p_1} \tag{5-3}$$

式中 α——土的压缩系数，单位为 kPa^{-1} 或 MPa^{-1}；

p_1——增压前的压力，单位为 kPa；

p_2——增压后的压力，单位为 kPa；

e_1，e_2——增压前、后土体在 p_1 和 p_2 作用下压缩稳定后的孔隙比。

由式（5－3）可知，α 越大，说明压缩曲线越陡，表明土的压缩性越高；α 越小，则曲线越平缓，表明土的压缩性越低。但必须注意，由于压缩曲线并非直线，故同一种土的压缩系数并非常数，它取决于压力间隔（p_2-p_1）及起始压力 p_1 的大小。从对土评价的一致性出发，工程上常取压力 $p_1=100kPa$、$p_2=200kPa$ 对应的压缩系数 α_{1-2} 作为判别土压缩性的标准。按照 α_{1-2} 的大小将土的压缩性划分如下：

1）$\alpha_{1-2}<0.1MPa^{-1}$，属低压缩性土。

2）$0.1MPa^{-1}\leqslant\alpha_{1-2}<0.5MPa^{-1}$，属中压缩性土。

3）$\alpha_{1-2}\geqslant0.5MPa^{-1}$，属高压缩性土。

（2）压缩模量 E_S。根据 $e-p$ 曲线可求出另一个压缩性指标，即压缩模量。它是指土在有侧限压缩的条件下，竖向压力增量 $\Delta p=(p_2-p_1)$ 与相应的应变增量 $\Delta\varepsilon$ 的比值，其单位为 kPa 或 MPa，表达式为

$$E_S=\frac{\Delta p}{\Delta\varepsilon}=\frac{\Delta p}{\Delta s/H_1}=\frac{p_2-p_1}{(e_1-e_2)/(1+e_1)}=\frac{1+e_1}{\alpha} \tag{5-4}$$

E_S 越大，表示土的压缩性越低；反之 E_S 越小，则表示土的压缩性越高。一般情况下，按照 E_S 的大小将土的压缩性划分如下：

1）$E_S<4MPa$，属高压缩性土。

2）$E_S=4\sim15MPa$，属中压缩性土。

3）$E_S>15MPa$，属低压缩性土。

3. 土的弹性变形和残余变形

当压缩试验加压过程完成后，还可逐级卸荷，观察土样的回弹变形或体积膨胀，即恢复变形的情况。其试验结果可以绘出土样的回弹曲线或膨胀曲线，如图 5－4 所示。试验证明土样不能恢复到原来状态，这说明土体不是理想弹性体，其中回弹的一部分变形称为土的弹

性变形——主要是土粒、水膜和封闭气体产生的压缩变形可以恢复；但土体中大部分变形不能恢复——主要是由于土被压密后的孔隙体积减小，以及相应的孔隙中水空气被挤出使土粒重新排列所致，这部分变形称为残余变形。

这里应当指出，土体一旦经过一次压缩和回弹过程后，土的孔隙比已明显减小。如果再次加载，所得到的再压曲线比第一次压缩曲线必将平缓得多，这意味着土的压缩性已显著降低。这样可利用土的这种特性，对原来压缩性较大的地基进行加载预压，从而可以减小基础沉降量。

4. 现场荷载试验

固结试验简单易行，但所需的土样是在现场取样得到的，因此在现场取样、运输、室内试件制作等过程中，不可避免地会对土样产生不同程度的扰动。试验时的各种试验条件（如侧限条件、加荷速率、排水条件、温度以及土样与环刀之间的摩擦力等）也不可能做到完全与现场天然土的实际情况相同，可见，室内固结试验得到的压缩指标不能完全反映现场天然土的压缩性。因此必要时，需要在现场进行荷载试验。

（1）试验方法。荷载试验通常是在基础底面标高处或需要进行试验的土层标高处进行。当试验土层顶面具有一定埋深时，需要挖试坑，试验示意图如图 5－5 所示。试坑尺寸以能设置试验装置、便于操作为宜。当试坑深度较大时，确定试坑宽度时还应考虑避免坑外土体对试验结果产生影响，一般规定试坑宽度不应小于 $3b$（b 为承压板的宽度或直径）。试验点一般布置在勘查取样的钻孔附近。承压板的面积一般为 $0.25 \sim 1.0\text{m}^2$，挖试坑和放置试验设备时必须注意保持试验土层的原状土结构和天然湿度，试验土层顶面一般采用不超过 20mm 厚的粗砂、中砂找平。

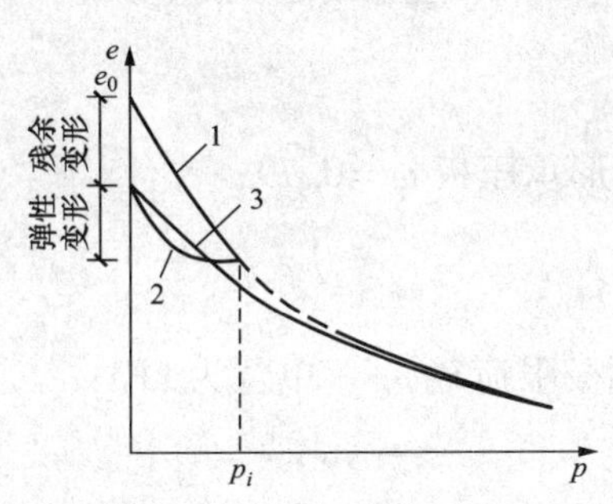

图 5－4　土的回弹曲线

1—压缩曲线；2—回弹曲线；3—再压缩曲线

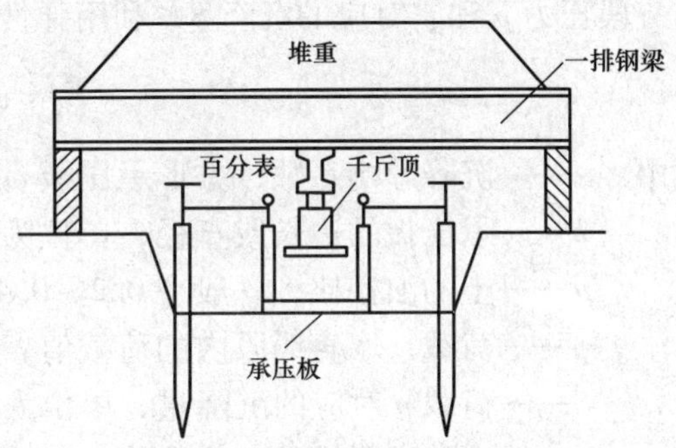

图 5－5　荷载试验示意图

试验加荷标准：第一级荷载（包括设备重力）应接近所卸除的自重应力，其相应的沉降不计，以后每级荷载增量对较软的土采用 10～25kPa，对较密实的土采用 50kPa。加荷等级不应小于 8 级，最终施加的荷载应接近土的极限荷载，并不少于荷载设计值的两倍。载荷试验的观测标准如下：

1）每级加载后，按间隔 10min、10min、10min、15min、15min，以后每间隔半小时读一次沉降。当连续 2h 内每小时的沉降量小于 0.1mm 时，可以认为变形已趋于稳定，可加下一级荷载。

2）当出现有下列现象之一时，即可认为土已达到极限状态：

① 承压板周围土有明显的侧向挤出隆起（砂土）或发生裂纹（黏性土和粉土）；

② 沉降急剧增大，$p-S$ 曲线出现陡降段；

③ 在某一级荷载下，24h 内沉降速率不能达到稳定标准；

④ $S/b \geqslant 0.06$。当满足终止加载的前三个条件之一时，其对应的前一级荷载为极限荷载。

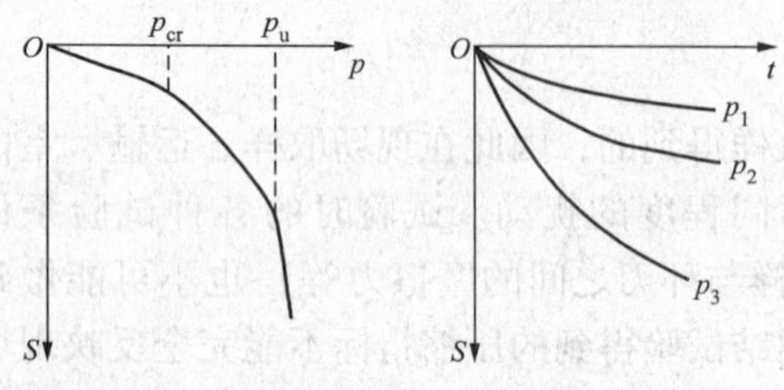

图 5－6　荷载试验 $p-S$ 的曲线和 $S-t$ 曲线

根据沉降观测记录并进行修正后（即 $p-S$ 曲线的直线段应通过坐标原点），可以绘制荷载与相应沉降量的关系曲线以及每一级荷载下沉降量与时间的关系曲线（$S-t$ 曲线），如图 5－6 所示。从同一荷载下沉降与时间的关系来看，不同的土在变形过程中所反映的特征也是不一样的，砂土的沉降很快就达到稳定，而饱和黏土却很慢。

应该注意：由于试验时承压板的面积有限，压力的影响深度只限于承压板下不厚的一层土，影响深度约为（1.5～2）b，不能完全反映压缩层土的性质，因此，在利用载荷试验资料研究地基的压缩性特别是在确定土的承载力时，应采取分析的态度。必要时，应在地基主要压缩层范围内的不同深度上进行载荷试验。

（2）变形模量。土的变形模量是指土体在无侧限条件下的应力与应变的比值，并以符号 E_0 表示。E_0 的大小值可由载荷试验结果求得，在 $p-S$ 曲线的直线段或接近于直线段任选一段压力 p 和它对应的沉降 S，利用弹性力学公式，反求出地基的变形模量。

$$E_0=\omega(1-\mu^2)\frac{pb}{S} \tag{5-5}$$

式中　ω——沉降影响系数，方形承压板 $\omega=0.88$，圆形承压板 $\omega=0.79$；

b——承压板的边长或直径，单位为 mm；

μ——土的泊松比，一般在 0.2～0.4 之间；

p——荷载，取直线段内的荷载值，一般取比例极限荷载 p_{cr}，单位为 kPa；

S——荷载 p 对应的沉降量，单位为 mm；

E_0——土的变形模量，单位为 kPa 或 MPa。

有时 $p-S$ 曲线并不出现直线段，可对中、高压缩性粉土取 $S=0.02b$ 及对应的荷载 p；对低压缩性粉土、黏性土、碎石土及砂土，可取 $S=(0.01\sim0.015)b$ 及其对应的荷载 p 代入上式计算 E_0。

载荷试验在现场进行，对地基扰动较小，土中应力状态在承载板较大时与实际基础情况比较接近，测出的指标比较能较好地反映土的压缩性质。但载荷试验工作量大、时间长，所规定沉降稳定标准带有较大的近似性，据有些地区的经验，它所反映的土的固结程度通常仅相当于实际建筑施工完毕时的早期沉降。此外，载荷试验的影响深度一般只能达到（1.5～2）b。对于深层土，曾在钻孔内用小型承压板借助钻杆进行深层载荷试验，但由于在地下水位以下清理孔底困难和受力条件复杂等因素，数据不准确。因此，国内外常用旁压或触探试验测定深层的变形模量。

（3）变形模量和压缩模量之间的关系。载荷试验确定土的变形模量是在无侧限条件即单向受力条件下的应力与应变的比值，而室内压缩试验是确定的压缩模量在完全侧限条件下的土应力与应变的比值。利用三向应力条件下的广义虎克定律可以分析两者之间的关系。根据广义虎克定律，在三向应力作用下的竖向应变分别为

$$\varepsilon_z = \frac{1}{E_0}[\sigma_z - \mu(\sigma_x + \sigma_y)]$$

对室内侧限压缩条件下土样有 $\sigma_z = p$，$\varepsilon_x = \varepsilon_y = 0$，$\sigma_x = \sigma_y = k_0\sigma_z = k_0 p$，$k_0 = \frac{\mu}{1-\mu}$

代入上式得

$$\varepsilon_z = \frac{p}{E_0}\left(1 - \frac{2\mu^2}{1-\mu}\right)$$

即

$$E_0 = \frac{p}{\varepsilon_z}\left(1 - \frac{2\mu^2}{1-\mu}\right)$$

由式（5-4）知，压缩试验土样在压力增量 $\Delta p = p$ 作用下的竖向应变 ε_z 为

$$\varepsilon_z = \frac{\Delta e}{1+e_1} = \frac{a}{1+e_1}p = \frac{p}{E_s}$$

$$E_0 = \left(1 - \frac{2\mu^2}{1-\mu}\right)E_s$$

令 $\beta = \left(1 - \frac{2\mu^2}{1-\mu}\right)$，上式改写为

$$E_0 = \beta E_s \tag{5-6}$$

必须指出，上式只不过是 E_0 与 E_s 之间的理论关系。实际上，由于现场荷载试验测定 E_0 和室内压缩试验测定 E_s 时，各有些无法考虑到的因素，使得上式不能准确地反映 E_0 与 E_s 之间的实际关系。这些因素主要是：压缩试验的土样容易受到较大的扰动（尤其是低压缩性土）；荷载试验与压缩试验的加荷速率、压缩稳定标准都不一样；μ 值不易精确确定等。根据统计资料，E_0 值可能是 E_s 的几倍。一般说来，土愈坚硬则倍数愈大，而软土的 E_0 值与 E_s 值比较接近。

（4）弹性理论法计算沉降。弹性理论方法假定地基为半无限直线变形体，应用布辛尼斯克的竖向位移解答，在荷载作用面积范围内积分得到地基最终沉降量的表达式。

若在地基表面作用一竖向集中力 F，地面某点（其坐标为 $z=0$，$R=r$）的沉降为

$$S = \omega\frac{F(1-\mu^2)}{\pi E_0 r} \tag{5-7}$$

若在地面表面局部面积 F 上作用着分布荷载 p_0（x，y），则地面上任一点的沉降可由式（5-7）积分而得

$$S(x,y) = \frac{1-\mu^2}{\pi E_0}\iint_A \frac{p_0(x,y)\,\mathrm{d}F}{r}$$

上式的求解与基础刚度、形状、尺寸大小及计算点位置等因素有关。一般求解后可写成

$$S = \frac{p_0 b\omega(1-\mu^2)}{E_0} \tag{5-8}$$

式中　p_0——基底附加压力；

b——矩形基础的宽度或圆形基础的直径；

μ、E_0——分别为土的泊松比和变形模量；

ω——沉降影响系数。

弹性理论方法计算沉降的正确性，往往取决于 E_0 选取正确与否。一般都是假定在整个地基土层中不变，这只有当地基土层比较均匀时才是近似的。实际地基土的 E_0 随着深度是变化的。弹性理论方法的压缩层厚度理论上是无穷大，这与实际不符。但由于它的计算过程简单，所以还是常用做一般的沉降计算。

5.2　地基最终沉降量计算

土体在外荷载作用下会产生压缩变形，道路或桥梁的建造必然引起地基的沉降，在正常情况下，随着时间的推移沉降会趋于稳定。如果在工程完工后经过相当长的时间沉降仍未稳定，则会影响道路或桥梁的正常使用，特别是有较大的不均匀沉降时，将会对结构产生附加应力，影响其安全使用。为了确保路桥工程等结构的安全使用，必须将地基沉降控制在允许范围内，并且需要了解和估计沉降随时间的发展及趋于稳定的可能性。

地基最终沉降量是指地基在建筑物荷载作用下压缩变形达到完全稳定时地基表面的沉降量。计算地基最终沉降量的目的，是确定建筑物最大沉降值（沉降量、沉降差、倾斜），并将其控制在建筑物所允许的范围内，以保证建筑物的安全和正常使用。计算地基最终沉降量的方法有分层总和法和规范法。

5.2.1　分层总和法计算地基沉降量

分层总和法，顾名思义，是将地基土在一定深度范围内划分若干薄层，先求得各个薄层的压缩量，再将各个薄层的压缩量累加起来，即为总的压缩量，也就是基础的沉降量。

1. 计算假定

（1）地基中划分各薄层均在无侧向膨胀情况下产生竖向压缩变形。这样计算基础沉降时，就可以使用室内固结试验的成果，如压缩模量、$e-p$ 曲线。

（2）基础沉降量按基础底面中心垂线上的附加应力进行计算。实际上基底下同一深度上偏离中垂线的其他各点的附加应力比中垂线上的均较小，这样会使计算结果比实际稍偏大，可以抵消一部分由基本假定所造成的误差。

（3）对于每一薄层来说，从层顶到层底的应力是变化的，计算时均近似地取层顶和层底应力的平均值。划分的土层越薄，由这种简化所产生的误差就越小。

（4）只计算“压缩层”范围内的变形。所谓“压缩层”是指基础底面以下地基中显著变形的那部分土层。由于基础下引起土体变形的附加应力是随着深度的增加而减小，自重应力则相反，因此到一定深度后，地基土的应力变化值已不大，相应的压缩变形也就很小，计算基础沉降时可将其忽略不计。这样，从基础底面到该深度之间的土层，就被称为“压缩层”。压缩层的厚度称为压缩层的计算深度。

2. 计算公式

（1）各薄层压缩量计算公式。在地基沉降量计算深度范围内取一薄层土，并令为第 i

层，其厚度为 h_i（图 5－7），在附加应力作用下，该土层被压缩了 Δs_i，其应变为 $\Delta\varepsilon=\dfrac{\Delta s_i}{h_i}$。若假定土层不发生侧向膨胀，则与室内压缩试验情况接近，可以根据公式（5－4）列出下列等式：

$$\Delta\varepsilon=\frac{\Delta s_i}{h_i}=\frac{e_{1i}-e_{2i}}{1+e_{1i}}$$

故薄层土沉降量

$$\Delta s_i=\frac{e_{1i}-e_{2i}}{1+e_{1i}}h_i \tag{5-9}$$

或引入式（5－4）压缩模量 E_s，则可写成：

$$\Delta s_i=\frac{(p_{2i}-p_{1i})}{E_{si}}h_i=\frac{\overline{\sigma}_{zi}}{E_{si}}h_i \tag{5-10}$$

式中　Δs_i——第 i 层土的压缩量，单位为 mm；

$\overline{\sigma}_{zi}$——第 i 层平均的附加应力，单位为 kPa；

e_{1i}——第 i 层土对应于 p_{1i} 作用下的孔隙比；

e_{2i}——第 i 层土对应于 p_{2i} 作用下的孔隙比；

p_{1i}——第 i 层土的自重应力平均值 $p_{1i}=\overline{\sigma}_{ci}$，单位为 kPa；

p_{2i}——第 i 层土的自重应力和附加应力共同作用下的平均值 $p_{2i}=\overline{\sigma}_{ci}+\overline{\sigma}_{zi}$，单位为 kPa；

E_{si}——第 i 层土的压缩模量，单位为 kPa；

h_i——第 i 层土的厚度，单位为 m。

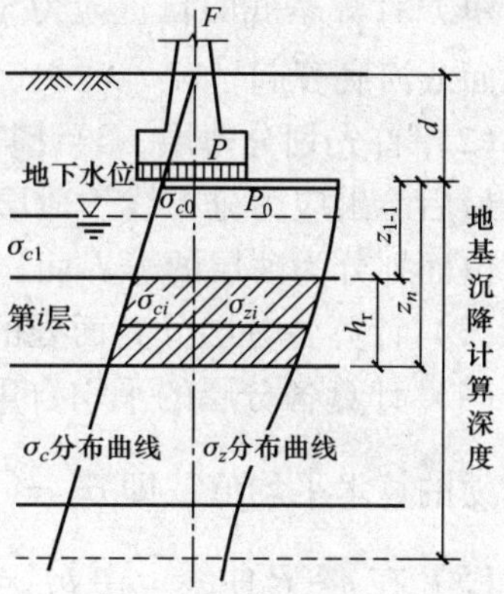

图 5－7　分层总和法计算地基沉降量

计算地基沉降量时，分层厚度 h_i 愈薄，计算值愈精确，故取土的分层厚度为 0.4b（b 为基础宽度）。

（2）各薄层压缩量求和公式。如前所述，基础的总沉降量 S_n 就是在压缩层范围内各薄层压缩量的总和，即：

$$S_n=\sum_{i=1}^{n}\Delta s_i \tag{5-11}$$

（3）基础总沉降量的规范公式。由于采用了一系列计算假定，按式（5－11）求出的总压缩量与工程实际有一定的出入，故现行规范用经验系数 m_s 进行修正。规范中的沉降计算公式为

$$S=m_s\sum_{i=1}^{n}\frac{e_{1i}-e_{2i}}{1+e_{1i}}h_i \tag{5-12}$$

或

$$S=m_s\sum_{i=1}^{n}\frac{\sigma_{zi}}{E_{si}}h_i \tag{5-13}$$

式中　n——压缩层内划分的薄土层的层数；

e_{1i}——第 i 层对应于平均自重应力 $p_{1i}=\overline{\sigma}_{ci}$ 作用下的孔隙比；

e_{2i}——第 i 薄层对于平均总应力 $p_{2i}=\overline{\sigma}_{ci}+\overline{\sigma}_{zi}$ 作用时的孔隙比；

$\overline{\sigma}_{ci}$——第 i 薄层土的平均自重应力，单位为 kPa；

$\overline{\sigma}_{zi}$——第 i 薄层土的平均附加应力，单位为 kPa；

h_i——第 i 薄层的土层厚度，单位为 cm；

E_{si}——第 i 薄层土的压缩模量（对应于 p_{1i} 至 p_{zi} 范围），单位为 kPa；

m_s——沉降计算经验系数，按地区建筑经验确定，如缺乏资料可参考表 5－1 选用。

表 5－1　沉降计算经验系数 m_s

E_s/MPa	$1<E_s\leqslant4$	$4<E_s\leqslant7$	$7<E_s\leqslant15$	$15<E_s\leqslant20$	$20<E_s$
m_s	1.8～1.1	1.1～0.8	0.8～0.4	0.4～0.2	0.2

注：1. E_s 为地基压缩层范围内土的压缩模量。当压缩层由多层土组成时，可按厚度的加权平均值采用。

2. 表中与给出的区间值，应对应取值。

3. 计算步骤

（1）计算基底的自重应力 γh 及基底处附加压力 $p_0=p-\gamma h$。其中 h 是基础的埋置深度，从地面或河底算起。

（2）首先划分薄层，再计算基础底面中心垂线上各薄层上下面处的自重应力和附加应力，最后绘出应力分布线。薄层厚度通常取 0.4b（基础宽度）。但必须将不同土层的界面或潜水位面划分为薄层的分界面。

（3）计算各分层分界面处的自重应力 σ_{ci} 和附加应力 σ_{zi}，并绘制分布曲线。

（4）计算各分层的平均自重应力 $\overline{\sigma}_{ci}$ 和平均附加应力 $\overline{\sigma}_{zi}$。平均应力取上、下分层分界面处应力的算术平均值，即 $\overline{\sigma}_{ci}=\dfrac{\sigma_{ci-1}+\sigma_{ci}}{2}$，$\overline{\sigma}_{zi}=\dfrac{\sigma_{zi-1}+\sigma_{zi}}{2}$。

（5）在 $e-P$ 曲线上由 $p_{1i}=\overline{\sigma}_{ci}$ 和 $p_{2i}=\overline{\sigma}_{ci}+\overline{\sigma}_{zi}$ 查出相应的空隙比 e_{1i} 和 e_{2i}。

（6）用式（5－9）或式（5－10）计算各薄层的压缩量 Δs_i。

（7）用式（5－11）计算各薄层压缩量的总和 S_n。

（8）确定压缩层的计算深度 Z_n。此时应符合下式要求：

$$\Delta s'_n\leqslant0.025S_n \tag{5-14}$$

式中　$\Delta s'_n$——在计算深度 Z_n 处，向上取 1m 厚的薄层压缩量，单位为 cm；

S_n——在计算深度 Z_n 范围内，各薄层压缩量的总和，单位为 cm。

计算深度 Z_n 的确定一般要经过试算才能得到，可先取 $\sigma_z=0.2\sigma_c$ 处为试算点。规范指出，如已确定的计算深度下有较软土层时，尚应继续计算，直到软弱土层中 1m 厚的压缩量满足上式要求为止。

（9）用式（5－12）或式（5－13）计算基础的总沉降量。

【例题 5－1】 某水中基础如图 5－8 所示，基底尺寸为 6m×12m，基底总压力 $p=$ 242.9kPa，基底自重应力 $\gamma h=32.6$kPa，基底附加压力 $p_0=p-\gamma h=210.3$kPa。地基上层为透水的粉砂土，其 $\gamma=19.3\text{kN/m}^3$；下层为硬塑黏土，其 $\gamma=18.6\text{kN/m}^3$。地基中两层土的 $e-p$ 曲线如图 5－9 所示。计算基础的沉降量。

解：（1）基底总应力、自重应力和附加应力，见题中已知条件。

（2）划分薄层：由于 $0.4b=0.4\times6=2.4$（m），而基底下粉砂土层厚 3.6m，宜分两层，每层 1.8m，以下黏土层每薄层均取 2.4m，如图 5－8 所示。

（3）各分层分界面处的自重应力计算如下（此处自重应力的计算没有考虑不透水层上

的静水压力)：

点1 $\sigma_{c1}=\gamma' h_1=(19.3-10)\times 3.5=32.6\text{kPa}$

点2 $\sigma_{c2}=\gamma'(h_1+h_2)=(19.3-10)\times(3.5+1.8)=49.3\text{kPa}$

点3 $\sigma_{c3}=\gamma'(h_1+h_2+h_3)=(19.3-10)\times(3.5+1.8+1.8)=66.0\text{kPa}$

点4 $\sigma_{c4}=66.0+\gamma h_4=66.0+18.6\times 2.4=110.6\text{kPa}$

点5 $\sigma_{c5}=66.0+18.6\times 4.8=155.3\text{kPa}$

点6 $\sigma_{c6}=66.0+18.6\times 7.2=199.9\text{kPa}$

点7 $\sigma_{c5}=66.0+18.6\times 9.6=244.6\text{kPa}$

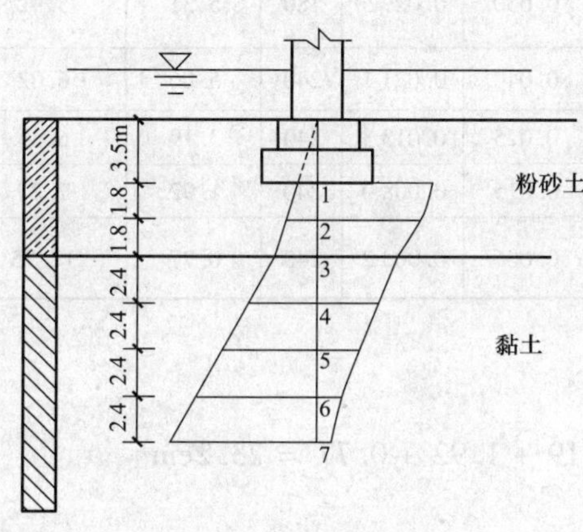

图5-8 水中基础

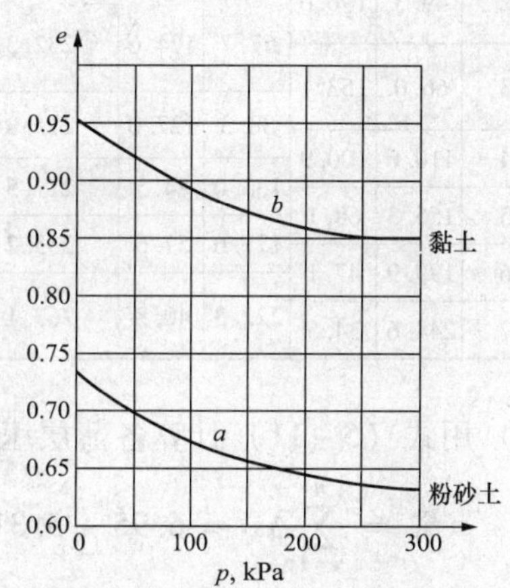

图5-9 e-p 曲线

各点附加应力计算列于表5-2。

表5-2 附加应力计算表

计算点	$\frac{l}{b}$	z/m	$\frac{z}{b}$	α_s	$\sigma_z=4\alpha_s p_0$ (kPa)
1	2	0	0	0.250	210.3
2	2	1.8	0.6	0.233	196.0
3	2	3.6	1.2	0.182	153.1
4	2	6.0	2.0	0.120	100.9
5	2	8.4	2.8	0.081	68.1
6	2	10.8	3.6	0.056	47.1
7	2	13.2	4.4	0.041	34.5

根据各点自重应力σ_{ci}和附加应力σ_{zi}的计算结果，绘制应力分布曲线，如图5-8所示。

(4) 计算各分层的平均自重应力$\overline{\sigma}_{ci}$和平均附加应力$\overline{\sigma}_{zi}$，列于表5-3中。在图5-9中的$e-p$曲线上，由$p_{1i}=\overline{\sigma}_{ci}$和$p_{2i}=\overline{\sigma}_{ci}+\overline{\sigma}_{zi}$，查出相对应的孔隙比$e_{1i}$和$e_{2i}$。用式(5-9)计算各薄层的压缩量$\Delta s_i$。计算结果列于表5-3中。

表 5-3　　计算结果表

土名	点名	自重应力/kPa	附加应力/kPa	各层平均应力			e_{1i}	e_{2i}	$e_{1i}-e_{2i}$	$\frac{e_{1i}-e_{2i}}{1+e_{1i}}$	h_i/cm	Δs_i/cm	E_{si}/MPa
				$\overline{\sigma}_{ci}$/kPa	$\overline{\sigma}_{zi}$/kPa	$\overline{\sigma}_{ci}+\overline{\sigma}_{zi}$/kPa							
(1)	(2)	(3)	(4)	(5)	(6)	(7)=(5)+(6)	(8)	(9)	(10)=(8)-(9)	(11)	(12)	(13)=(11)×(12)	(14)=$\frac{(6)}{(11)}\times10^{-3}$
粉砂土	1	32.6	210.3										
				41.0	203.2	244.2	0.710	0.644	0.066	0.038 6	180	6.95	5.26
	2	49.3	196.0										
				57.7	174.6	232.3	0.695	0.645	0.050	0.029 5	180	5.31	5.92
	3	66.0	153.1										
				88.3	127.0	215.3	0.900	0.860	0.040	0.021 1	240	5.06	6.02
硬塑黏土	4	110.6	100.9										
				133.0	84.5	217.5	0.885	0.860	0.025	0.013 3	240	3.19	6.35
	5	155.3	68.1										
				177.6	57.6	235.2	0.870	0.855	0.015	0.008 0	240	1.92	7.20
	6	199.9	47.1										
				222.3	40.8	263.1	0.860	0.854	0.006	0.003 2	240	0.77	12.75
	7	244.6	34.5										

（5）用式（5-11）计算各薄层压缩量的总和 S_n。

$$S_n = \sum_{i=1}^{n} \Delta s_i = 6.95 + 5.31 + 5.06 + 3.19 + 1.92 + 0.77 = 23.2\text{cm}$$

（6）确定压缩层的计算深度 Z_n。

由于点 7 处 $\frac{\sigma_z}{\sigma_c} = \frac{34.5}{244.6} = 0.141 < 0.2$，故可以假设为压缩层底。计算由此向上厚为 1m 的薄层压缩量

平均自重应力 $\overline{\sigma}_c = \sigma_{c7} - 0.5\gamma = 244.6 - 0.5 \times 18.6 = 235.3\text{kPa}$

该薄层顶的深度 $z = 13.2\text{m} - 1.0\text{m} = 12.2\text{m}$，$b = 3\text{m}$，由 $\frac{z}{b} = 4.07$，$\frac{l}{b} = 2$ 查表经内插得 $\alpha_s = 0.0462$，则有

层顶附加应力　　$\sigma_z = 4 \times 0.0462 \times 210.3 = 38.9\text{kPa}$

平均附加应力　　$\overline{\sigma}_z = \frac{38.9 + 34.5}{2} = 36.7\text{kPa}$

由 $p_1 = \overline{\sigma}_c = 235.3\text{kPa}$，$p_2 = \overline{\sigma}_c + \overline{\sigma}_z = 235.3 + 36.7 = 272.0\text{kPa}$ 从图 5-9 黏土的压缩曲线查得对应的 $e_1 = 0.855$，$e_2 = 0.853$ 得到

$$\Delta s'_n = \frac{e_1 - e_2}{1 + e_1} \times 100 = \frac{0.855 - 0.853}{1 + 0.855} \times 100 = 0.108\text{cm}$$

$$\frac{\Delta s'_n}{S_n} = \frac{0.108}{23.2} = 0.0047 < 0.025$$

以上结果满足式（5-14）要求，故点 7 处可作为压缩层底，即压缩层的计算深度为

$$Z_n = 2 \times 1.8 + 4 \times 2.4 = 13.2\text{m}$$

（7）确定沉降计算经验系数 m_s，计算基础的总沉降量。

由式（5-10）可求得地基压缩范围内各层土的压缩模量

$$E_{si}=\frac{\overline{\sigma}_{zi}}{\Delta s_i}h_i=\frac{\overline{\sigma}_{zi}}{\dfrac{e_{1i}-e_{2i}}{1+e_{1i}}}$$

计算结果列于表5－3中。

整个压缩层的压缩模量按厚度的加权平均值计算，得到：

$$E_s=\frac{\sum_{i=1}^{n}E_{si}h_i}{Z_n}=\frac{(5.24+5.88)\times1.8+(6.03+6.35+7.16+12.72)\times2.4}{13.2}$$
$$=7.40\text{MPa}$$

由此算得 E_s 值，参照表5－1经内插得 $m_s=0.78$，所以基础总沉降量为

$$S=m_s\sum_{i=1}^{n}\frac{e_{1i}-e_{2i}}{1+e_{1i}}h_i=0.78\times23.2=18.1\text{cm}$$

5.2.2　规范法计算地基沉降量

采用《公路桥涵地基与基础设计规范》（JTG D63—2007）所推荐的地基最终沉降量计算方法是修正形式的分层总和法。它也采用侧限条件的压缩性指标，但运用了地基平均附加应力系数计算；还规定了地基沉降计算深度的新标准以及提出地基沉降计算经验系数，使得计算成果接近于实测值。

地基平均附加应力系数 $\overline{\alpha}$ 的定义：从基底至地基任意深度 z 范围内的附加应力分布图面积 A 对基底附加压力与地基深度的乘积 p_0z 之比值，$\overline{\alpha}=A/p_0z$，也就是 $A=p_0z\overline{\alpha}$。假设地基土是均质的，在侧限条件下的压缩模量 E_s 不随深度而变，则从基底至任意深度 z 范围内的压缩量 s' 为

$$s'=\int_0^z\varepsilon\mathrm{d}z=\frac{1}{E_s}\int_0^z\sigma_z\mathrm{d}z=\frac{p_0}{E_s}\int_0^z\alpha\mathrm{d}z=\frac{A}{E_s}=\frac{p_0z\overline{\alpha}}{E_s}\qquad(5-15)$$

成层土地基中第 i 层的沉降量 Δs_i 为

$$\Delta s_i=\frac{p_0(z_i\overline{\alpha}_i-z_{i-1}\overline{\alpha}_{i-1})}{E_{si}}\qquad(5-16)$$

则按分层总和法计算地基沉降量的公式为

$$S_0=\sum_{i=1}^{n}\Delta s_i=\sum\frac{p_0(z_i\overline{\alpha}_i-z_{i-1}\overline{\alpha}_{i-1})}{E_{si}}\qquad(5-17)$$

式中　p_0——基底附加压力，单位为kPa；

z_{i-1}，z_i——分别为第 i 层的上层面与下层面至基础底面的距离，单位为m；

$\overline{\alpha}_{i-1}$，$\overline{\alpha}_i$——z_{i-1} 和 z_i 范围内竖向平均附加应力系数，可查表5－6；

E_{si}——第 i 层土的压缩模量，单位为MPa或kPa；

$p_0z_{i-1}\overline{\alpha}_{i-1}$，$p_0z_i\overline{\alpha}_i$——$z_{i-1}$ 和 z_i 范围内竖向附加应力面积 A_{i-1} 和 A，单位为kPa·m；

ε——土的压缩应变，$\varepsilon=\sigma_z/E_s$；

S_0——分层总和法计算的地基沉降量，单位为mm。

地基沉降计算深度 Z_n 应满足下列条件：由该深度处向上取按表5－4规定的计算厚度 Δz（图5－10）所得的计算沉降 Δs_n 应满足下式要求（包括考虑相邻荷载的影响）：

$$\Delta s_n \leqslant 0.025\sum_{i=1}^{n}\Delta s_i \tag{5-18}$$

表 5-4 计算厚度 Δz 值

b/m	$b \leqslant 2$	$2 < b \leqslant 4$	$4 < b \leqslant 8$	$8 < b$
Δz/m	0.3	0.6	0.8	1.0

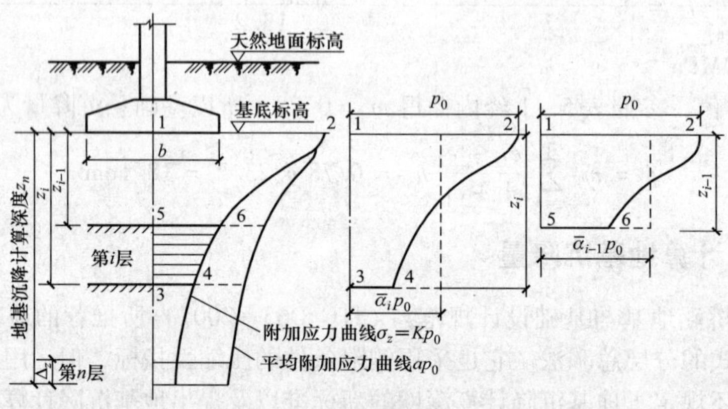

图 5-10 应力面积计算分层沉降量

按上式所确定的沉降计算深度下如有较软弱土层时，尚应向下继续计算，直至软弱土层中所取规定厚度 Δz 的计算沉降量满足上式为止。当无相邻荷载影响，基础宽度 b 在 1~30m 范围内时，基础中心点的地基沉降计算深度也可按下式简化计算，即

$$Z_n = b(2.5 - 0.4\ln b) \tag{5-19}$$

为了提高计算的准确度，地基沉降计算深度范围内的计算沉降量 s' 尚需乘以一个沉降计算经验系效 ψ_s，即

$$S = \psi_s s_0 = \psi_s \sum_{i=1}^{n}\frac{p_0}{E_{si}}(z_i\overline{\alpha}_i - z_{i-1}\overline{\alpha}_{i-1}) \tag{5-20}$$

式中 ψ_s——沉降计算经验系数，根据地区沉降观测资料及经验确定，也可采用表 5-5 的数值，表 5-5 中 $[f_{a0}]$ 为地基承载力基本容许值；

E_{si}——基础底面下第 i 层土的压缩模量，应取“土的自重应力”至“土的自重应力和附加应力之和”的压应力段计算，单位为 kPa。

表 5-5 沉降计算经验系数 ψ_s

基底附加压力	$\overline{E}_s$				
	2.5	4.0	7.0	15.0	20.0
$p_0 \geqslant [f_{a0}]$	1.4	1.3	1.0	0.4	0.2
$p_0 \leqslant 0.75[f_{a0}]$	1.1	1.0	0.7	0.4	0.2

表中 $\overline{E}_s$ 为沉降计算深度范围内压缩模量当量值，应按下式计算：

$$E_s = \frac{\sum A_i}{\sum \frac{A_i}{E_{si}}} = \frac{p_0 \sum (z_i\overline{\alpha}_i - z_{i-1}\overline{\alpha}_{i-1})}{p_0 \sum \frac{(z_i\overline{\alpha}_i - z_{i-1}\overline{\alpha}_{i-1})}{E_{si}}} = \frac{\sum (z_i\overline{\alpha}_i - z_{i-1}\overline{\alpha}_{i-1})}{\sum \frac{(z_i\overline{\alpha}_i - z_{i-1}\overline{\alpha}_{i-1})}{E_{si}}} \tag{5-21}$$

式中　A_i——第 i 层土附加应力系数沿土层厚度的积分值。

表5-6为矩形基础受竖向均匀荷载作用下基础中心点下地基平均附加应力系数 $\overline{\alpha}_i$。对于其他情况的平均附加应力系数，可由《公路桥涵地基与基础设计规范》（JTG D63—2007）中查得，这里从略。

表5-6　矩形基础受均布荷载下基础中心点下地基平均附加应力系数 $\overline{\alpha}_i$

z/b	l/b												
	1.0	1.2	1.4	1.6	1.8	2.0	2.4	2.8	3.2	3.6	4.0	5.0	>10
0.0	1.000	1.000	1.000	1.000	1.000	1.000	1.000	1.000	1.000	1.000	1.000	1.000	1.000
0.2	0.987	0.990	0.991	0.992	0.992	0.992	0.993	0.993	0.993	0.993	0.993	0.993	0.993
0.4	0.936	0.947	0.953	0.956	0.958	0.960	0.961	0.962	0.962	0.963	0.963	0.963	0.963
0.6	0.858	0.878	0.890	0.898	0.903	0.906	0.910	0.912	0.913	0.914	0.914	0.915	0.915
0.8	0.775	0.801	0.810	0.831	0.839	0.844	0.851	0.855	0.857	0.858	0.859	0.860	0.860
1.0	0.689	0.738	0.749	0.764	0.775	0.783	0.792	0.798	0.801	0.803	0.804	0.806	0.807
1.2	0.631	0.663	0.686	0.703	0.715	0.725	0.737	0.744	0.749	0.752	0.754	0.756	0.758
1.4	0.573	0.605	0.629	0.648	0.661	0.672	0.687	0.696	0.701	0.705	0.708	0.711	0.714
1.6	0.524	0.556	0.580	0.599	0.613	0.625	0.614	0.651	0.658	0.663	0.666	0.670	0.675
1.8	0.482	0.513	0.537	0.556	0.571	0.583	0.600	0.611	0.619	0.624	0.629	0.633	0.638
2.0	0.446	0.475	0.499	0.518	0.533	0.545	0.563	0.575	0.584	0.590	0.594	0.600	0.606
2.2	0.414	0.443	0.466	0.484	0.499	0.511	0.530	0.543	0.55Z	0.558	0.563	0.570	0.577
2.4	0.387	0.414	0.436	0.454	0.469	0.481	0.500	0.513	0.523	0.530	0.535	0.543	0.551
2.6	0.362	0.389	0.410	0.428	0.442	0.455	0.473	0.487	0.496	0.504	0.509	0.518	0.528
2.8	0.341	0.366	0.387	0.404	0.418	04.30	0.449	0.463	0.472	0.480	0.486	0.495	0.506
3.0	0.322	0.346	0.366	0.383	0.397	0.409	0.427	0.441	0.451	0.459	0.465	0.477	0.487
3.2	0.305	0.328	0.348	0.364	0.377	0.389	0.407	0.420	0.431	0.439	0.445	0.455	0.468
3.4	0.289	0.312	0.331	0.346	0.359	0.371	0.388	0.402	0.412	0.420	0.427	0.437	0.452
3.6	0.276	0.297	0.315	0.330	0.343	0.353	0.372	0.385	0.395	0.403	0.410	0.421	0.436
3.8	0.263	0.284	0.301	0.316	0.328	0.339	0.356	0.369	0.379	0.388	0.394	0.405	0.422
4.0	0.251	0.271	0.288	0.302	0.314	0.325	0.342	0.355	0.365	0.373	0.379	0.391	0.408
4.2	0.241	0.260	0.276	0.290	0.300	0.312	0.328	0.341	0.352	0.359	0.366	0.377	0.396
4.4	0.231	0.250	0.265	0.278	0.290	0.300	0.316	0.329	0.339	0.347	0.353	0.365	0.384
4.6	0.222	0.240	0.255	0.268	0.279	0.289	0.305	0.317	0.327	0.335	0.341	0.353	0.373
4.8	0.214	0.231	0.245	0.258	0.269	0.279	0.294	0.300	0.316	0.324	0.330	0.342	0.362
5.0	0.206	0.223	0.237	0.249	0.260	0.269	0.284	0.296	0.306	0.313	0.320	0.332	0.352

注：l 和 b 为矩形的长边与短边；z 为基底以下的深度。

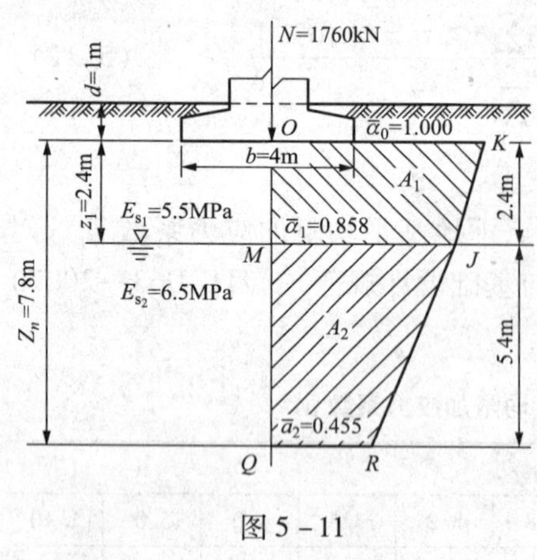

图 5-11

【例题 5-2】图 5-11 所示为某基础。基底为正方形，边长为 $b=4\mathrm{m}$，基础埋深 $d=1\mathrm{m}$，作用于基底中心荷载 $N=1760\mathrm{kN}$（包括基础自重），地基为粉质黏土，其天然重度 $\gamma=16\mathrm{kN/m^3}$，地下水位埋深 3.4m，地下水位以下土的饱和重度 $\gamma_{sat}=18.2\mathrm{kN/m^3}$。土层压缩模量为：地下水位以上 $E_{s_1}=5.5\mathrm{MPa}$，地下水位以下 $E_{s_2}=6.5\mathrm{MPa}$。地基土的承载力基本容许值 $[f_{a0}]=94\mathrm{kPa}$，试用"规范法"计算柱基中心的沉降量。

解：(1) 按式 (5-19) 地基沉降计算深度 Z_n。

$$Z_n=b(2.5-0.4\ln b)=4\times(2.5-0.4\ln 4)=7.8\mathrm{m}$$

(2) 计算基底附加压力 p_0。

$$p_0=\frac{N}{bl}-\gamma_0 d=\frac{1760}{4\times4}-16\times1=94.0\mathrm{kPa}$$

(3) 确定平均附加应力系数 $\overline{\alpha}_i$。

由 $l/b=1$，$z/b=0$、0.6、1.95 分别查表 5-6 得：$\overline{\alpha}_0=1.0$，$\overline{\alpha}_1=0.858$，$\overline{\alpha}_2=0.455$

(4) 确定沉降计算经验系数 ψ_s。

压缩模量当量值为

$$\overline{E}_s=\frac{\sum A_i}{\sum\frac{A_i}{E_{si}}}=\frac{p_0\sum(z_i\overline{\alpha}_i-z_{i-1}\overline{\alpha}_{i-1})}{p_0\sum\frac{(z_i\overline{\alpha}_i-z_{i-1}\overline{\alpha}_{i-1})}{E_{si}}}=\frac{\sum(z_i\overline{\alpha}_i-z_{i-1}\overline{\alpha}_{i-1})}{\sum\frac{(z_i\overline{\alpha}_i-z_{i-1}\overline{\alpha}_{i-1})}{E_{si}}}$$

$$=\frac{(2.4\times0.858-0\times1.0)+(7.8\times0.455-2.4\times0.858)}{\frac{(2.4\times0.858-0\times1.0)}{5.5}+\frac{(7.8\times0.455-2.4\times0.858)}{6.5}}$$

$$=\frac{2.06+1.49}{\frac{2.06}{5.5}+\frac{1.49}{6.5}}=5.88\mathrm{MPa}$$

由 $p_0=[f_{a0}]$ 和 $\overline{E}_s=5.88\mathrm{MPa}$ 查表 5-5 得：$\psi_s=1.11$。

(5) 计算柱基中心的沉降量。

$$S=\psi_s S_0=\psi_s\sum_{i=1}^{n}\frac{p_0}{E_{si}}(z_i\overline{\alpha}_i-z_{i-1}\overline{\alpha}_{i-1})$$

由图 5-11 可知 $z_0=0$，$z_1=2400\mathrm{mm}$，$z_2=7800\mathrm{mm}$，即

$$S=1.11\times94\times\left[\frac{(2400\times0.858-0\times1.0)}{5500}+\frac{(7800\times0.455-2400\times0.858)}{6500}\right]=63\mathrm{mm}$$

5.3 饱和土体渗透固结的概念

从第 5.1 节中知道，土的压缩随时间增长的过程，称为土的固结。对于饱和土在荷载作用下，土粒互相挤紧，孔隙水逐渐排出，引起孔隙体积减小直到压缩稳定，需要一定的时间过程，这一过程的快慢，取决于土的渗透性，故称饱和土体的固结为渗透固结。

地基的固结，也就是地基沉降的过程。对于无黏性土地基，由于渗透性强、压缩性低，地基沉降的过程时间短，一般在施工完成时，地基沉降可基本完成。而黏性土地基，特别是饱和黏土地基，由于渗透性弱、压缩性高，地基沉降的时间过程长，地基沉降往往延续至完工后数年，甚至数十年才能达到稳定。因此，对于建造在黏土地基上的重要建筑物，常常需要了解地基沉降与时间的关系，以便考虑建筑物有关部分的净空、连接方式、施工顺序和速度。

关于地基沉降与时间的关系常以饱和土体单向渗透固结理论为基础。下面介绍饱和土体单向渗透固结理论，根据此理论分析地基沉降与时间关系的计算方法及应用。

5.3.1　饱和土的单向渗透固结模型

对于饱和土来说，如果在荷载作用下，孔隙水只能沿着竖直方向渗流，土体的压缩也只能在竖直方向产生，那么，这种压缩过程就称为单向渗透固结。

饱和土是由土粒构成的土骨架和充满于孔隙中的孔隙水两部分组成。显然，外荷载在土中引起的附加应力 σ_z 是由孔隙水和土骨架来分担的。由孔隙水承担的压力，即附加应力作用在孔隙水中引起的应力称为孔隙水压力，用 u 表示，它高于原来承受的静水压力，故又称超静水压力。孔隙水压力和静水压力一样，是各个方向都相等的中性压力，不会使土骨架发生变形。由土骨架承担的压力，即附加应力在土骨架引起的应力称为有效应力，用 σ' 表示，它能使土粒彼此挤紧，引起土的变形。在固结过程中，这两部分应力的比例不断变化，而这一过程中任一时刻 t，根据平衡条件，有效应力 σ' 和孔隙水压力 u 之和总是等于作用在土中的附加应力 σ_z，即 $\sigma_z = u + \sigma'$。

为了说明饱和土的单向渗透固结过程，可用图 5－12 所示的弹簧—活塞模型来说明。模型是将饱和土体表示为一个有弹簧、活塞的充满水的容器。弹簧代表土的骨架，容器内的水表示土中孔隙水，由容器中水承担的压力相对于孔隙水压力 u，由弹簧承担的压力相当于有效应力 σ'。在荷载刚施加的瞬间（$t=0$），孔隙水来不及排出，此时 $u=\sigma_z$，$\sigma'=0$。其后（$0<t<\infty$）水从活塞小孔逐渐排出，u 逐渐降低并转化为 σ'，此时，$\sigma_z=u+\sigma'$。最后（$t=\infty$），由于水的停止排出，孔隙水压力 u 等于 0，压力 σ_z 全部转移给弹簧即 $\sigma_z=\sigma'$，渗透固结完成。

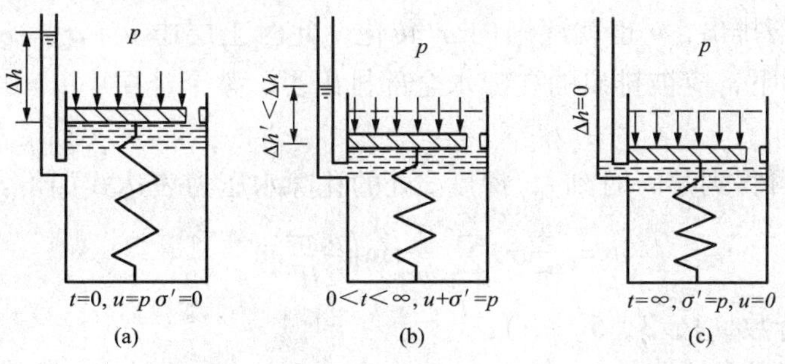

图 5－12　饱和土的单向渗透固结模型

由此可见，饱和土的固结就是孔隙水压力 u 消散和有效应力 σ' 相应增长的过程。

5.3.2 饱和土体的单向渗透固结理论

1. 基本假设

饱和土体单向渗透固结理论的基本假设如下：

（1）地基土为均质、各向同性和完全饱和的。

（2）土的压缩完全是由于孔隙体积的减小而引起，土粒和孔隙水均不可压缩。

（3）土的压缩与排水仅在竖直方向发生，侧向既不变形，也不排水。

（4）土中水的渗透符合达西定律，土的固结快慢取决于渗透系数的大小。

（5）在整个固结过程中，假定孔隙比 e、压缩系数 α 和渗透系数 K 为常量。

（6）荷载是连续均布的，并且是一次瞬时施加的。

2. 计算公式

饱和土体的固结过程就是孔隙水压力向有效应力转化的过程。图 5－13 表示一厚度为 H 的饱和黏性土层，顶面透水，底面不透水，孔隙水只能由下向上单向单面排出，土层顶面作用有连续均布荷载 p，属于单向渗透固结情况。

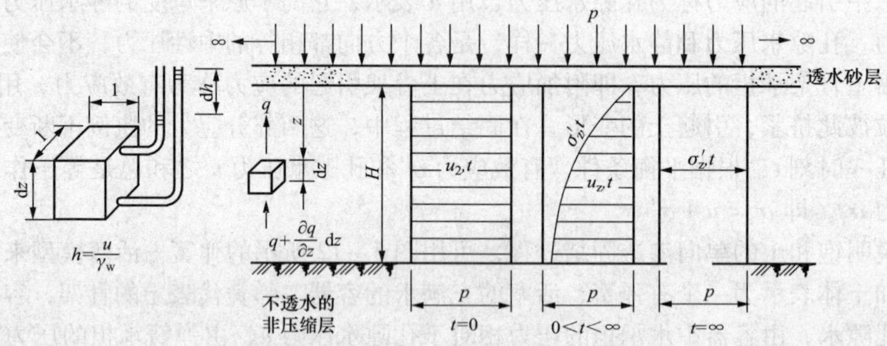

图 5－13 饱和土体的固结过程

由于荷载 p 是连续均布，土层中的附加应力 σ_z 将沿深度 H 均匀分布，且 $\sigma_z=p$，当刚加压的瞬间（$t=0$），黏性土层中来不及排水，整个土层中 $u=\sigma_z$，$\sigma'=0$。经瞬间以后（$0<t<\infty$），黏性土层顶面的孔隙水先排出，u 下降并转化为 σ'。接着土层深处的孔隙水随着时间的增长而逐渐排出，u 也就逐渐向 σ' 转化，此时土层中 $u+\sigma'=\sigma_z$。直到最后（$t=\infty$），在荷载 p 作用下，应被排出的孔隙水全部排出了，整个土层中 $u=0$，$\sigma'=\sigma_z$ 达到固结稳定。

根据公式推导可得到某一时刻 t，深度 z 处的孔隙水压力表达式如下：

$$u=\frac{4}{\pi}\sigma_z\sum_{m=1}^{\infty}\frac{1}{m}\sin\left(\frac{m\pi z}{2H'}\right)e^{\frac{-m^2\pi^2}{4}T_V} \tag{5-22}$$

式中 m——正整奇数（1，3，5，…）；

e——自然对数的底；

H'——土层最大排水距离，单面排水为土层厚度 H，双面排水取 $H/2$；

T_V——时间因数，$T_V=\frac{C_V t}{H'^2}$；

C_V——固结系数，$C_V = \dfrac{k(1+e_1)}{\alpha\gamma_w}$，单位为 m^2/a；

K——土的渗透系数，单位为 m/a；

α——土的压缩系数，单位为 MPa^{-1}；

e_1——土层固结前的初始孔隙比；

γ_w——水的重度，$9.8kN/m^3$。

3. 地基变形与时间关系

根据式（5-22）所示的孔隙水压力 u 随时间 t 和深度 z 变化的函数解，即可求得地基在任一时间的固结度。地基在固结过程中任一时刻 t 的固结沉降量 S_t 与其最终沉量 S 之比，称为地基在 t 时的固结度，用 U_t 表示，即

$$U_t = \frac{S_t}{S} \tag{5-23}$$

由于土体的压缩变形是由有效应力 σ'引起的，因此地基中任一深度 z 处，历时 t 后的固结度亦可表达为

$$U_t = \frac{\sigma'}{\sigma_z} = \frac{\sigma_z - u}{\sigma_z} = 1 - \frac{u}{\sigma_z} \tag{5-24}$$

因为地基中各点应力不等，所以各点的固结度也不同，实用上用平均固结度 U_t 表示，即

$$U_t = 1 - \frac{\int_0^H u\mathrm{d}z}{\int_0^H \sigma_z \mathrm{d}z} \tag{5-25}$$

对于图 5-13 所示的单面排水，附加应力均布的情况，地基的平均固结度经过公式推导可得

$$U_t = 1 - \frac{8}{\pi^2}\left(e^{-\frac{\pi^2}{4}T_V} + \frac{1}{9}e^{-\frac{9\pi^2}{4}T_V} + \cdots\right) \tag{5-26}$$

上式括号内的级数收敛很快，实用上取第一项，即

$$U_t = 1 - \frac{8}{\pi^2}e^{-\frac{\pi^2}{4}T_V} \tag{5-27}$$

由上式可知，平均固结度 U_t 是时间因数 T_V 的函数，它与土中的附加应力分布情况有关，式（5-26）适用于附加应力均匀分布的情况，也适用于双面排水情况。对于地基为单面排水，且上、下附加应力不相等的情况，可由 $\alpha = \sigma_z'/\sigma_z''$（$\sigma_z'$ 为透水面处的附加应力，σ_z'' 为不透水面处的附加应力，对于双面排水 $\alpha=1$）值，查图 5-14 相应的曲线，得出固结度 U_t。

由时间因数 T_V 与平均固结度 U_t 的关系曲线（图 5-14）可解决以下两个问题：

（1）计算加荷后历时 t 的地基沉降量 S_t。对于此类问题，可先求出地基的最终沉降量 S，然后根据已知条件计算出土层的固结系数 C_V 和时间因数 T_V，由 $\alpha = \sigma_z'/\sigma_z''$ 及 T_V 查出固结度 U_t，最后用式（5-23）求出 S_t。

（2）计算地基沉降量达 S_t 时所需的时间 t。对于此类问题，也可先求出地基的最终沉降量 S，再由式（5-23）求出固结度 U_t，最后由 $\alpha = \sigma'_z/\sigma''_z$ 及 U_t 查出时间因数 T_V 并求出所需时间 t。

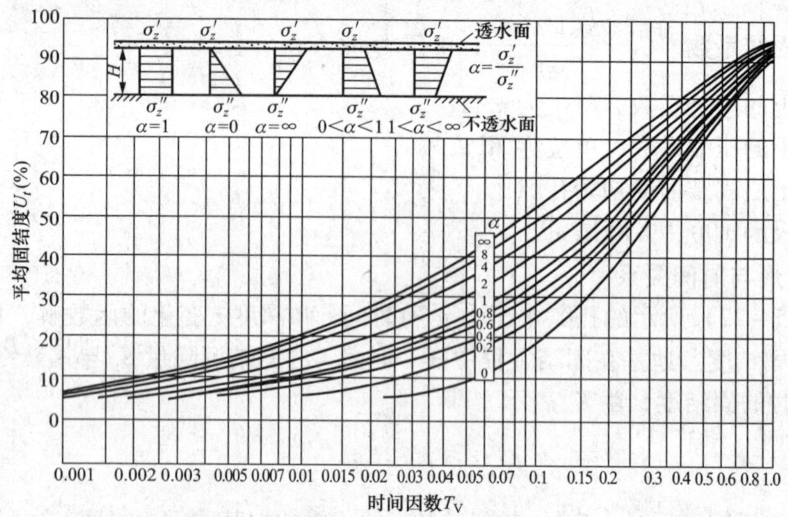

图 5－14 平均固结度 U_t 与时间因数 T_V

【例题 5－3】某地基压缩土层为厚 8m 的饱和软黏土层，上部为透水的砂层，下部为不透水层。软黏土加荷之前的孔隙比 $e_1=0.7$，渗透系数 $K=2.0\text{cm/a}$，压缩系数 $a=0.25\text{MPa}^{-1}$，附加应力分布如图 5－15 所示。求：

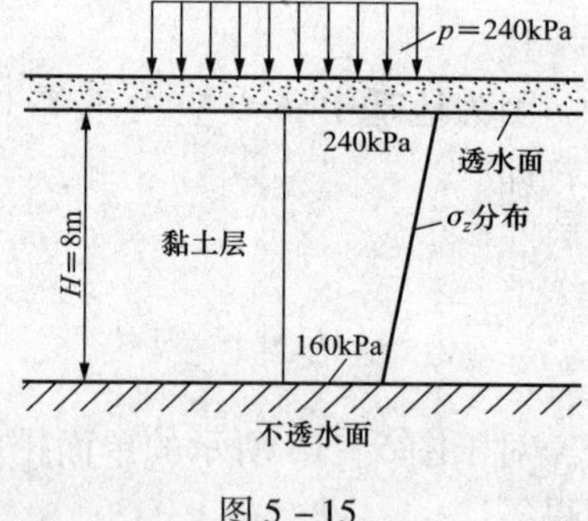

图 5－15

（1）加荷一年后地基沉降量为多少？

（2）地基沉降达 10cm 所需的时间？

解：（1）求加荷一年后的地基沉降 S_t。

软黏土层的平均附加应力：$\overline{\sigma}_z=(240+160)/2=200\text{kPa}$

地基最终沉降量：

$$S=\frac{a}{1+e_1}\overline{\sigma}_zH=\frac{0.25\times10^{-3}}{1+0.7}\times200\times800\text{cm}=23.5\text{cm}$$

软黏土的固结系数：$C_V=\frac{K(1+e_1)}{a\gamma_w}=\frac{2\times10^{-2}\times(1+0.7)}{0.25\times9.8\times10^{-3}}\text{m}^2/\text{a}=13.9\text{m}^2/\text{a}$

软黏土的时间因数：$T_V=C_Vt/H'^2=13.9\times1/8^2=0.217$

由 $\alpha=\sigma_z'/\sigma_z''=240/160=1.5$ 及 $T_V=0.217$ 查图 5－14 得：$U_t=0.55$，故

$$S_t=SU_t=23.5\times0.55\text{cm}=12.9\text{cm}$$

（2）求地基沉降达 10cm 所需的时间 t。

固结度：$U_t=S_t/S=10/23.5=0.43$

由 $\alpha=1.5$ 及 $U_t=0.43$ 查图 5－14 得：$T_V=0.13$

则 $t=T_VH'^2/C_V=0.13\times8^2/13.9=0.60\text{a}$

本章小结

本章从土体的压缩变形入手，说明土体的压缩变形的过程就是排水和排气的过程。测定

土体压缩性最常用的方法是室内固结试验。常用压缩系数和压缩模量反映土的压缩性大小。现场荷载试验也可测定土体压缩性。计算沉降量的方法有分层总和法和规范法。对于饱和土，其固结过程就是孔隙水压力 u 消散和有效应力 σ' 相应增长的过程。

复习思考题

1. 土的压缩变形过程为什么可视为土的孔隙比随压应力增加而逐渐减小的过程？

2. 何谓压缩曲线？它是怎样获得的？有什么用？

3. 什么是土的压缩系数？它怎样反映土的压缩性？一种土的压缩系数是否为常数？大小还与什么条件有关？

4. 分层总和法的基本假定是什么？为什么计算结果精确度不高？

习　题

1. 某工程 3 号钻孔土样 3－1 粉质黏土和土样 3－2 淤泥质黏土的压缩试验数据见表 5－7，试绘制 $e-p$ 曲线，并计算 a_{1-2} 和评价其压缩性。（参考答案：土样 3－1，$a_{1-2}=0.34\text{MPa}^{-1}$；土样 3－2，$a_{1-2}=0.85\text{MPa}^{-1}$）

表 5－7　试验数据

垂直压力/kPa		0	50	100	200	300	400
孔隙比	土样 3－1	0.866	0.799	0.770	0.736	0.721	0.714
	土样 3－2	1.085	0.960	0.890	0.803	0.748	0.707

2. 某矩形基础的底面尺寸为 4m×2.5m，天然地面下基础埋深为 1m，设计地面高出天然地面 0.4m，计算资料见图 5－16（压缩试验数据见表 5－7）。试按分层总和法计算基础中心点的沉降量。（参考答案：$S=14.8\text{cm}$）

3. 某基础压缩层为饱和黏土层，层厚为 10m，上下为砂土。由基底附加压力在黏土层中引起的附加应力 σ_z 分布如图 5－17 所示。已知黏土层的物理力学指标为：$a=0.25\text{MPa}^{-1}$，$e_1=0.8$，$K=2.0\text{cm/a}$，试求：（1）加荷一年后地基的沉降量；（2）地基沉降量达到 25cm 时所需的时间。（参考答案：$S_t=22.5\text{cm}$，$t=1.5a$）

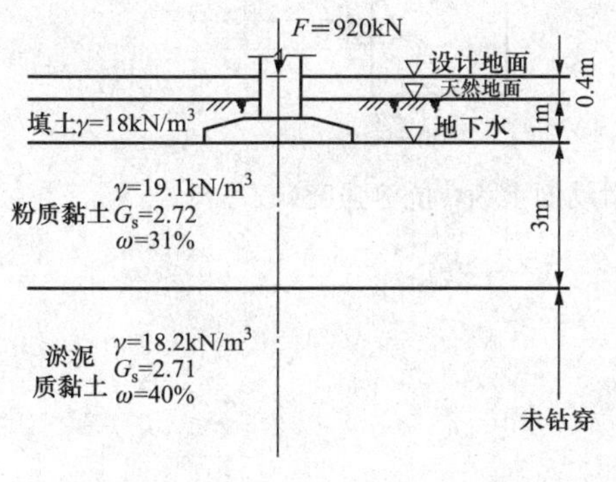

图 5－16

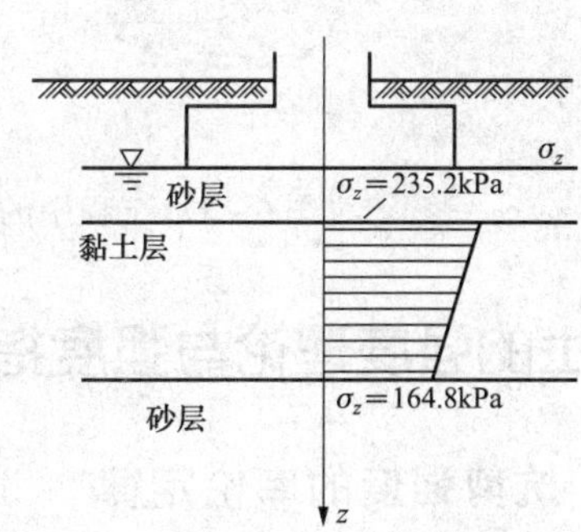

图 5－17

第 6 章　土的抗剪强度与地基承载力

本章的知识要点

1. 理解土的抗剪强度概念，了解土的抗剪强度的应用。
2. 掌握库伦定律，理解土的抗剪强度的构成因素。
3. 描述土的抗剪强度理论，能分析与判断土中应力的极限平衡条件。
4. 完成直接剪切试验并整理试验结果，描述三轴剪切试验原理。
5. 理解地基承载力的概念，描述地基的破坏变形阶段、地基容许承载力确定的三种方法，能用规范法确定地基容许承载力。

6.1　概述

土的抗剪强度是指土体抵抗剪切破坏的极限能力。当土体受到外荷载作用后，土中各点将产生剪应力，若某点剪应力达到抗剪强度，土体就沿着剪应力作用方向产生相对滑动，则该点便发生剪切破坏。工程实践和室内实验都证实，土是由于受剪切而产生破坏的，剪切破坏是强度破坏的重要特点。因此，土的强度问题，实质上就是土的抗剪强度问题。如图 6－1 所示，都是由于剪切变形导致土体发生破坏的现象。

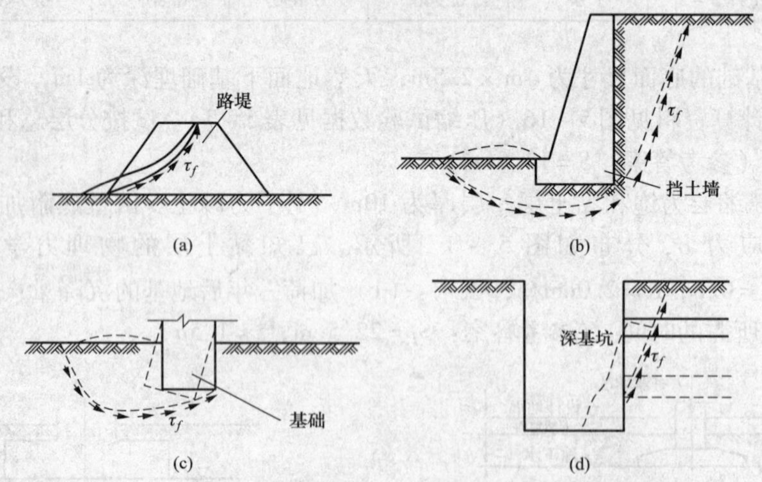

图 6－1　工程中的承载力问题（滑动面上为τ_f 抗剪强度）

6.2　土的强度理论与强度指标

6.2.1　抗剪强度的库伦定律

1776 年，法国的库伦根据直接剪切实验绘出抗剪强度曲线（图 6－2）。

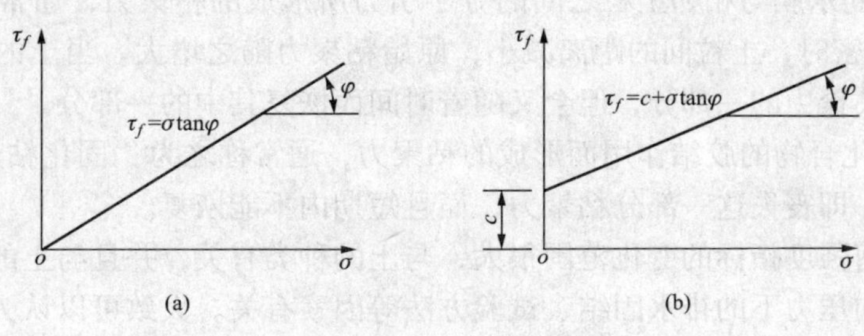

图6-2 抗剪强度曲线图

（a）砂土；（b）黏性土

以此提出砂土和黏性土的抗剪强度表达式：

砂土

$$\tau_f=\sigma\tan\varphi \tag{6-1}$$

黏性土

$$\tau_f=\sigma\tan\varphi+c \tag{6-2}$$

式中 τ_f——土的抗剪强度，单位为kPa；

σ——作用在剪切面的法向压力，单位为kPa；

φ——土的内摩擦角，单位为（°）；

c——土的粘聚力，单位为kPa。

式（6-1）和式（6-2）统称为库伦公式或库伦定律。其中 c 和 φ 是土的抗剪强度指标。c 和 φ 在一定条件下是常数，c、φ 的大小反映土的抗剪强度的高低。砂土的抗剪强度由于土的内摩擦力（$\sigma\tan\varphi$）组成。它主要是由于土粒之间的滑动摩擦以及凹凸面间的镶嵌作用所产生的摩擦阻力，其大小取决于土粒表面粗糙度、土的密实度以及颗粒级配等因素。黏性土的抗剪强度由土的内摩擦力和粘聚力组成。粘聚力 c 是由土粒之间的胶结作用、结合水膜以及水分子引力作用等形成的，其大小与土的矿物组成和压密程度有关。

6.2.2 土的抗剪强度的构成因素

库伦公式中 c 和 φ 是土的抗剪强度指标，反映了土的抗剪强度的构成因素。c 和 φ 在一定条件下是常数。c、φ 的大小反映土的抗剪强度变化的规律性。按照库伦定律，对于某一种土，它们是作为常数来使用的，但实际上它们是随着具体试验条件变化的，不完全是常数。对于洁净的干砂，粘聚力 $c=0$，因此有式（6-1）。其实非干砂土也可以有一些很小的粘聚力（一般不超过9.81kPa），这可能是由于砂土中夹有一些黏土颗粒，或者是因为砂土处于潮湿（但不是饱和）状态，由于毛细水的作用而形成粘聚力。砂土的内摩擦角 φ 值取决于砂粒间的摩擦阻力以及联锁作用，一般中砂、粗砂、砾砂的 $\varphi=32°\sim40°$；粉砂、细砂的 $\varphi=28°\sim36°$。孔隙比愈小时，φ 愈大。但是，含水饱和的粉砂、细砂很容易失去稳定，因此必须采取慎重的态度，有时取 $\varphi=20°$左右。

关于黏性土的抗剪强度，主要是粘聚力 c 的问题。这里包括：

① 由于土粒间水膜与相邻土粒之间的分子引力所形成的粘聚力，通常称之为“原始粘聚力”。当土被压密时，土粒间的距离减小，原始粘聚力随之增大。当土的天然结构被破坏时，将丧失原始粘聚力的一部分，但会又随着时间而恢复其中的一部分。

② 由于土中化合物的胶结作用而形成的粘聚力，通常称之为“固化粘聚力”。当土的天然结构被破坏时，即丧失这一部分粘聚力，而且短期内不能恢复。

黏性土的抗剪强度指标的变化范围很大，与土的种类有关，并且与土的天然结构是否被破坏、试样在法向压力下的排水固结、试验方法等因素有关。大致可以认为黏性土的粘聚力从小于9.81kPa 到近似为200kPa 以上。

6.2.3 土的强度理论——极限平衡条件

当土体中某一点在任意平面上的剪应力达到土的抗剪强度时，称该点处于极限平衡状态。

在土体中取一单元体，该单元体作用有大主应力 σ_1 和小主应力 σ_3 时，由材料力学可知，则其任意斜面上的正应力与剪应力的大小可用摩尔应力圆表示（如图6-3 所示），其关系式为

$$\begin{cases}\sigma=\dfrac{1}{2}(\sigma_1+\sigma_3)+\dfrac{1}{2}(\sigma_1-\sigma_3)\cos2\alpha \\ \tau=\dfrac{1}{2}(\sigma_1-\sigma_3)\sin2\alpha\end{cases} \tag{6-3}$$

由摩尔应力圆可知，圆周上的 A 点表示与水平线成 α 角的斜截面，A 点的坐标表示该斜截面上的剪应力τ和正应力 σ。将图6-2 的抗剪强度直线与图6-3 的摩尔应力圆绘于同一直角坐标系上，可出现三种情况（如图6-4 所示）：

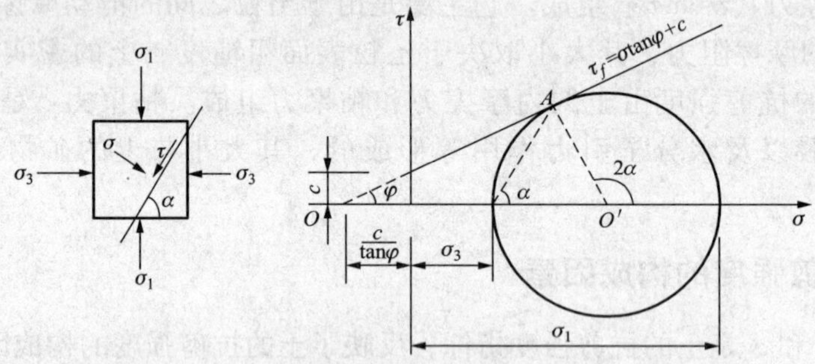

图6-3 土体中一点达极限平衡时的摩尔应力圆

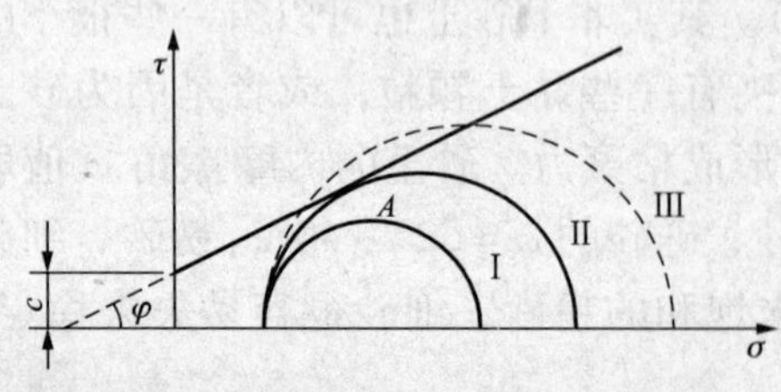

图6-4 摩尔应力圆与抗剪强度之间的关系

（1）应力圆与库伦直线相离（Ⅰ），说明应力圆代表的单元体上各截面的剪应力均小于抗剪强度，即各截面都不破坏。所以，该点处于稳定状态。

（2）应力圆与库伦直线相割（Ⅲ），说明库伦直线上方的一段弧所代表的各截面的剪应力均大于抗剪强度，即该点已有破坏面产生。而事实上

这种应力状态是不可能存在的。

(3) 应力圆与库伦直线相切（Ⅱ），说明单元体上有一个截面的剪应力刚好等于抗剪强度，而处于极限平衡状态，其余所有的截面都有 $\tau < \tau_f$，因此，该点处于极限平衡状态。所以圆（Ⅱ）称为极限应力圆。

根据极限应力圆与抗剪强度线之间的几何关系，可求得抗剪强度指标 c、φ 和主应力 σ_1、σ_3 之间的关系。由图 6－4 可知：

$$AO' = \frac{\sigma_1 - \sigma_3}{2};OO' = \frac{\sigma_1 + \sigma_3}{2} + c\cot\varphi$$

由几何条件可以得出下列关系式：

$$\sin\varphi = \frac{\sigma_1 - \sigma_3}{\sigma_1 + \sigma_3 + 2c\cot\varphi} \tag{6-4}$$

上式经三角变换后，得如下极限平衡条件式：

$$\sigma_1 = \sigma_3\tan^2\left(45° + \frac{\varphi}{2}\right) + 2c\tan\left(45° + \frac{\varphi}{2}\right) \tag{6-5}$$

或

$$\sigma_3 = \sigma_1\tan^2\left(45° - \frac{\varphi}{2}\right) - 2c\tan\left(45° - \frac{\varphi}{2}\right) \tag{6-6}$$

由图 6－4 中的几何关系可知，土体的破坏面（剪破面）与大主应力作用面的夹角 α 为

$$2\alpha = 90° + \varphi, 即\ \alpha = 45° + \frac{\varphi}{2} \tag{6-7}$$

式（6－4）～式（6－6）是验算土体中某点是否达到极限平衡状态的判断式，也是表示 c、φ、σ_1、σ_3 之间的关系式，在地基稳定计算和土压力计算中都要用到。

【例题 6－1】 某土层的抗剪强度指标 $\varphi = 20°$，$c = 20\text{kPa}$ 其中某一点的大主应力 $\sigma_1 = 300\text{kPa}$，小主应力 $\sigma_3 = 120\text{kPa}$。(1) 问该点是否破坏？(2) 若保持小主应力 σ_3 不变，该点不破坏的 σ_1 最大为多少？

解：(1) 用 σ_1 判别。

将 $\sigma_3 = 120\text{kPa}$，代入式（6－5）得

$$\begin{aligned}\sigma'_1 &= 120\tan^2\left(45° + \frac{20°}{2}\right) + 2\times 20\tan\left(45° + \frac{20°}{2}\right)\\ &= 301.88\text{kPa} > \sigma_1 = 300\text{kPa}\end{aligned}$$

因此该点稳定。

(2) 若 σ_3 不变，由上式计算可知，保持该点不破坏时 σ_1 的最大值为 301.88kPa。

6.3　强度指标的测定方法

土的抗剪强度指标包括内摩擦角 φ 和粘聚力 c 两项，其值是地基与基础设计的重要参数，该指标需要用专门的仪器通过试验来确定。常用的试验仪有直接剪切仪、无侧限压缩仪（图 6－5）、三轴剪切仪和十字板剪切仪（图 6－6）等。由于各种仪器的构造和试验条件、原理及方法均不同，对于同样的土会得出不同的试验结果，所以需要根据工程的实际情况来选择适当的试验方法。本节简介常用的直接剪切试验和三轴剪切试验。

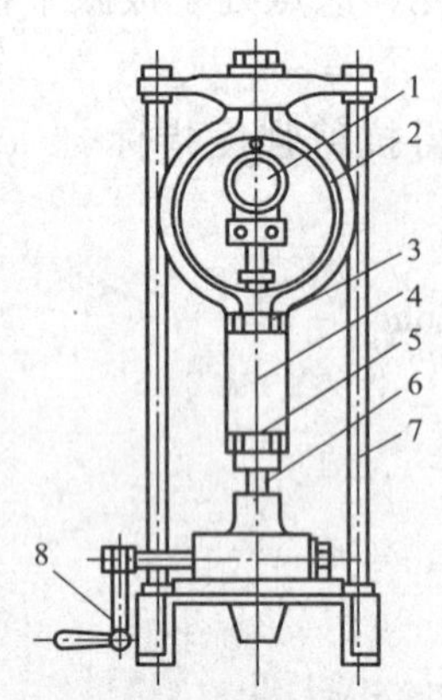

图 6-5 无侧限压缩仪

1—百分表；2—测力计；3—上加压板；4—式样；
5—下加压板；6—螺杆；7—压框架；8—升降设备

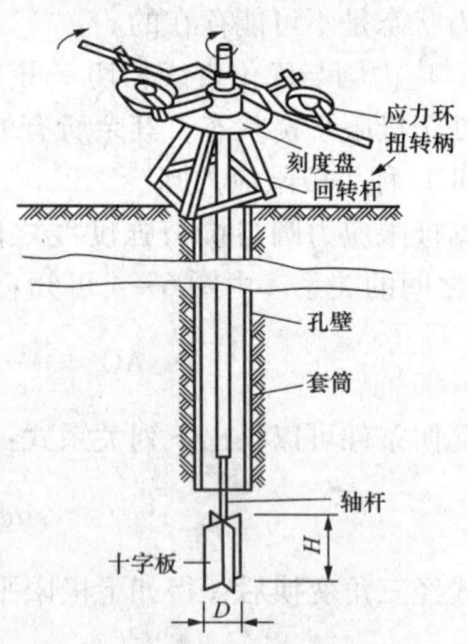

图 6-6 十字板剪切仪

6.3.1 直接剪切试验

直接剪切试验是应用较早的一种测定土的抗剪强度指标的方法。由于其试验原理易于理解，试验设备简单、操作方便，故应用较为广泛。它是现行《公路土工试验规程》(JTG E40—2007）规定使用的方法之一。

直剪试验按加荷载方式分为应变式和应力式两类。前者是以等速推动剪切盒使土样受剪，后者则是分级施加水平剪力于剪力盒使土样受剪。我国目前普遍应用的是应变式直剪仪。如图 6-7 所示，剪力盒分上盒和下盒两部分，试验时先用插梢将上、下盒位置固定起来，用环刀切取原状土样（一般环刀高 2~2.5cm，横截面积 F 为 $30cm^2$ 或 $32.2cm^2$），把土样推入剪力盒内后，拔去插梢，通过传压活塞向土样施加竖向力 N。这样土样上承受平均压应力 $\sigma=\frac{N}{F}$。然后在下盒上施加水平力，水平力由小到大逐步增加，上、下盒间随之产生相

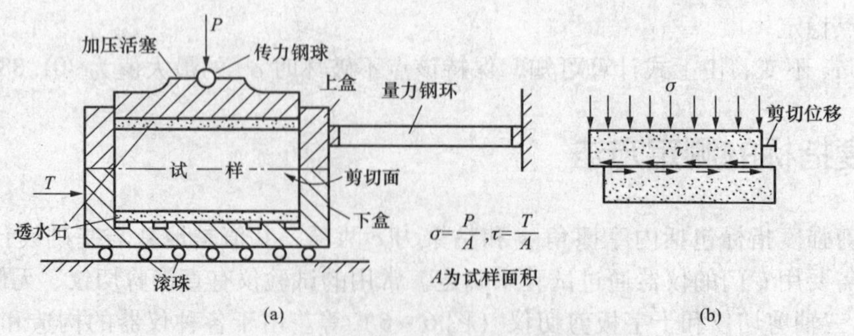

图 6-7 直接剪切仪示意图

(a) 直剪仪简图；(b) 试样受剪情况

对移动，使土样受剪，直到土样被剪坏，即测得其最大的水平力 T_{max}。剪坏时土样剪切面上的平均极限剪应力为$\tau_f=\frac{T_{max}}{F}$，也即在压应力 σ 作用土的抗剪强度为τ_f。

例如，当剪应力—剪切位移曲线出现峰值时，取峰值剪应力为破坏时的剪应力τ_f；当无峰值时可取对应于剪切位移 $\lambda=6$mm 时的剪应力作为τ_f。整个试验共需取 4～5 个相同的土样，在不同的竖向压力下剪切。这样，对应于几个不同的压应力 σ_1，σ_2，σ_3，…，可以得到相应的抗剪强度 τ_{f1}，τ_{f2}，τ_{f3}，…。试验结果表明，抗剪强度与作用在剪切面上的压应力呈线性关系。取压应力 σ 为横坐标，抗剪强度τ_f 为纵坐标，按所得的实验数据，先在图上点出 4～5 点，然后通过点群重心，可绘出一条直线，如图 6－8 所示，称为抗剪强度线，以近似地表示 $\sigma-\tau_f$ 的关系。

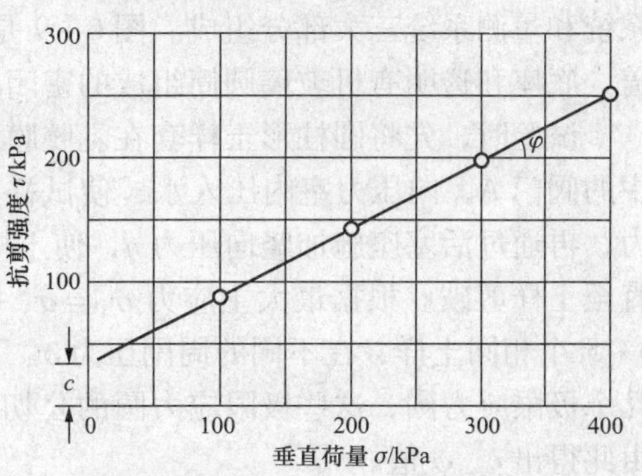

图 6－8　抗剪强度与垂直压力关系曲线

直接剪切试验目前依然是室内最基本的抗剪强度测定方法。试验和工程实践都表明土的抗剪强度是与土受力后的排水固结状况有关，因而在工程设计中所需要的强度指标试验方法必须与现场的施工加荷实际相符合。如软土地基上快速堆填路堤，由于加荷速度快，地基土体渗透性低，因此在这种条件下的强度和稳定问题是处于不能排水条件下的稳定分析问题，它就要求室内的试验条件能模拟实际加荷状况，即在不能排水的条件下进行剪切试验。但是直剪仪的构造却无法做到任意控制土样是否排水的要求。为了在直剪试验中能考虑这类实际需要，很早以来便通过采用不同的加荷速率来达到排水控制的要求，这便是直剪试验中三种不同试验方法——快剪、固结快剪和慢剪的出发点。

(1) 快剪。竖向压力施加后立即施加水平剪力进行剪切，快速地（剪切速率 0.8mm/min）把土样剪破，一般从加荷到剪坏只用几分钟。由于剪切速率快，可认为土样在这样短暂时间内没有排水固结或者说模拟了“不排水”剪切情况。当地基土排水不良，工程施工进度又快，土体将在没有固结的情况下承受荷载时，宜用此法。

(2) 固结快剪。竖向压力施加后，给以充分时间使土样排水固结。固结终了后再施加水平剪力，快速地（剪切速率 0.8mm/min）把土样剪坏，即剪切时模拟不排水条件。当建筑物在施工期间允许土体充分排水固结，但完工后可能有突然增加的荷载作用时，宜用此法。

(3) 慢剪。竖向压力施加后，让土样排水固结，固结后以慢速（剪切速率 0.04mm/min）施加水平剪力，使土样在受剪过程中一直有充分时间排水固结。当地基排水条件良好（如砂土或砂土中夹有薄黏性土层），土体易在较短时间内固结，工程的施工进度较慢且使用中无突然增加的荷载时，可选用此法。

上述三种试验方法对黏性土是有意义的，但效果要视土的渗透性大小而定。对于非黏性土，由于土的渗透性很大，即使快剪也会产生排水固结，所以常只采用一种剪切速率“排水剪”试验。

6.3.2 三轴剪切试验

三轴压缩试验原理是根据摩尔—库伦强度理论得出的。三轴压缩仪主要由压力室、加压系统和量测系统三大部分组成。图6－9是三轴压缩仪的压力室示意图，它是一个由金属顶盖、底座和透明有机玻璃圆筒组成的密闭容器。

试验时，先将圆柱形土样套在乳胶膜内，将它放入透明、密闭压力室内，然后通过底座中的阀门A，向压力室内压入水，使试样三个轴向受到相同的压力 σ_3。此时土样没有剪应力，再通过活塞座施加竖向压力 q，使土样中产生剪应力。在固定 σ_3 作用下，不断增大 q，直至土样剪破。根据最大主应力 $\sigma_1=\sigma_3+q$ 和最小主应力 σ_3，可绘出一个极限应力圆。取3～5个相同土样，在不同的周围压力 σ_3 下进行剪切破坏，可得到相应的 σ_1，然后便可绘出几个极限应力圆，这些极限应力圆的公切线，即该土样的抗剪强度线（如图6－10所示）。由此得出 c、φ 值。

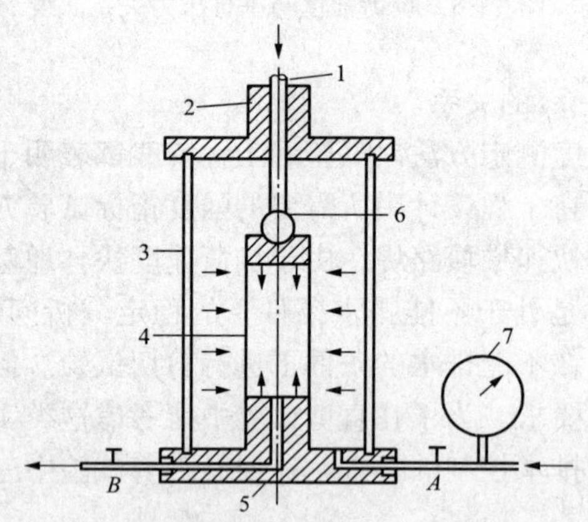

图6－9 三轴剪切仪压力室示意图

1—竖向加荷活塞；2—顶盖；3—有机玻璃圆筒；4—乳胶膜；5—底座；6—活塞座；7—压力表

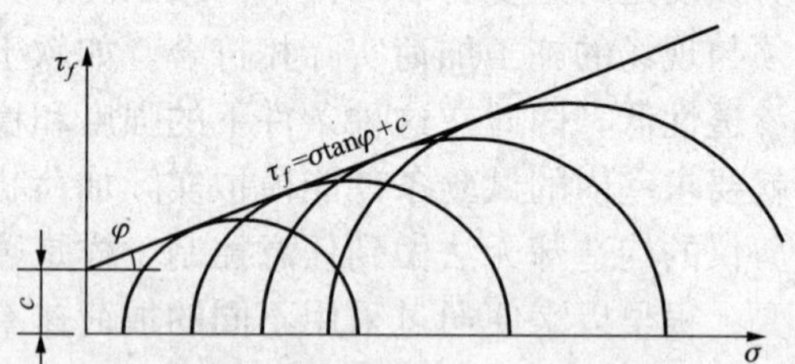

图6－10 三轴剪切试验成果图

根据试验排水条件的不同，对应于直接剪切试验的快剪、固结快剪和慢剪试验，三轴压缩试验也可分为不排水剪、固结不排水剪和排水剪三种试验方法：不排水剪是在试样施加 σ_3 和 q 时始终关闭 B 阀，不让试样排水；固结不排水剪是在施加固结压力 σ_3 时，打开 B 阀，让试样充分排水固结，然后关闭 B 阀，逐级增大 q，使试样剪破；排水剪则是在试验时，始终打开阀门 B，让试样自由排水。对于不排水剪和固结不排水剪试验，还可测出试样中产生的孔隙水压力 u，因而可以求出土的有效应力抗剪强度指标 c'、φ' 值，这种方法称为有效应力法。

三轴压缩试验较直接剪切试验完善。其优点是能比较严格地控制排水条件，并能测定试样的孔隙水压力变化，受力条件比较符合实际，没有人为地限定破裂面，破裂面是最弱面，试验结果较为准确。缺点是仪器的机构复杂，试样制备、试验操作比较麻烦，费用较高，故一般生产部门还用的不多。

6.4 地基承载力

地基承受建筑物荷载的作用后，内部应力发生变化。一方面，附加应力引起地基土变形造成建筑物沉降；另一方面，附加应力引起地基内土体的剪应力增加，当某一点的剪应力达到土的抗剪强度时，这一点的土就处于极限平衡状态。若土体中某一区域内各点都达到极限平衡状态，就形成极限平衡区，或称为塑性区。如荷载继续增大，地基内极限平衡区的发展范围随之不断扩大，局部的塑性区发展成为连续贯穿到地表的整体滑动面。这时，基础下一部分土体将沿滑动面产生整体滑动，称为地基失去稳定。如果这种情况发生，建筑物将发生严重的塌陷、倾倒等灾害性的破坏。

地基承受荷载的能力称为地基的承载力。通常分为两种承载力：一种称为地基极限承载力，它是指地基即将丧失稳定性时的承载力；另一种称为地基容许承载力，它是指地基稳定有足够的安全度并且变形控制在建筑物容许范围内时的承载力。影响地基极限承载力的因素很多，除地基土的性质外，还与基础的埋置深度、宽度、形状有关。而容许承载力则还与建筑物的结构特性等因素有关。因此，地基承载力与通常所说的材料的“容许强度”或构件的“承载力”的概念有很大的区别。

在基础设计中，要求地基压应力的计算值不超过地基容许承载力。地基容许承载力的确定，一般可通过如下三种途径：① 利用现场荷载试验成果；② 利用理论公式；③ 按公路桥涵设计规范方法。

6.4.1 现场荷载试验确定地基容许承载力

地基从开始发生变形到失去稳定（即破坏）的发展过程，可利用现场荷载试验来说明（关于现场荷载试验，第 5 章中已作了介绍，这里不再赘述）。图 6－11（a）表示由载荷试验测得的 $p-S$ 曲线。典型的 $p-S$ 曲线（即整体剪切破坏）可以分成压密阶段（oa）、局部剪切变形阶段（ak）和整体剪切破坏阶段（k 以后）。

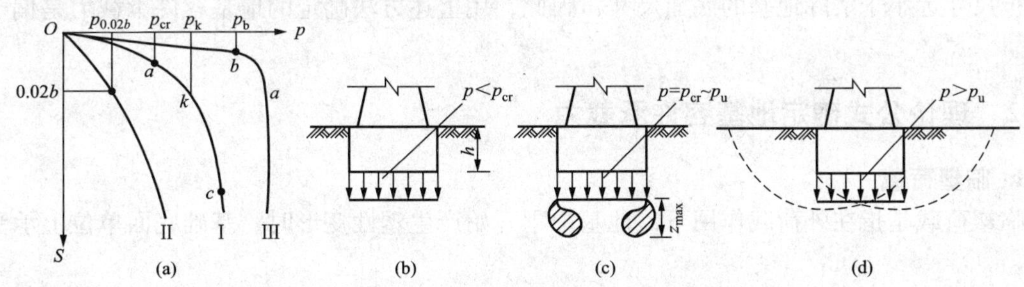

图 6－11　地基变形三阶段

（a）$p-S$ 曲线；（b）压缩阶段；（c）局部剪切阶段；（d）破坏阶段

（1）压密阶段。相当于 $p-S$ 曲线上的 oa 段，近于直线关系。此阶段地基中各点的剪应力均小于地基土的抗剪强度，地基土处于弹性平衡状态，如图 6－11（b）所示。基础沉降的主要原因是土颗粒互相挤密、空隙减小，地基土产生压缩变形。

（2）局部剪切阶段。相当于 $p-S$ 曲线上的 ak 段。在此阶段，变形的增加率随荷载的增加而增大，$p-S$ 曲线向下弯曲。其原因是在地基土中的局部区域内，发生剪切变形，如图6－11（c）所示。这些区域称为塑性变形区。随着荷载的增加，地基土中塑性变形区的范围逐渐增大。

（3）破坏阶段。相当于 $p-S$ 曲线上的 kc 段。当荷载增加到某一极限时，地基变形突然增大，说明地基土中的塑性变形区已形成了与地面贯通的连续滑动面，如图6－11（d）所示，地基土向基础一侧或两侧挤出，地面隆起，地基整体失稳，基础急剧下沉。

$p-S$ 曲线中的 a 和 k 点是变形由一个阶段过渡到另一个阶段的两个特征分界点。a 点对应的荷载 p_{cr}，即 p_{cr} 是地基中即将出现塑性变形区的荷载，称为临塑荷载；k 点对应的荷载 p_k 是地基将要发生整体剪切破坏的荷载，称为极限荷载。显然以 p_k 作为地基的容许承载力是极不安全的，而将临塑荷载作为地基的容许承载力有时又偏于保守，因为荷载 p 大于 p_{cr} 时，只要保证塑性区最大深度不超过某一界限，地基就不会形成连通的滑动面，就不会发生整体剪切破坏。实践表明，地基土中塑性变形区的最大深度 z_{max} 达到1/4～1/3的基础宽度时，地基仍是安全的。与塑性区最大深度 z_{max} 相对应的荷载强度，称为临界荷载。

利用荷载试验所得的 $p-S$ 曲线来确定地基的容许承载力应注意如下几个方面：

（1）对于密实砂土、一般硬黏土等低压缩性土，其 $p-S$ 曲线通常有较明显的直线段，如图6－11（a）中曲线Ⅰ。一般可用直线段末端 a 点所对应的临塑荷载 p_{cr} 作为地基的容许承载力。

（2）对于稍松的砂土、新填土、可塑性黏土等中高压缩性土，其 $p-S$ 曲线没有明显的直线段和转折点，如图6－11（a）中曲线Ⅱ。这种地基上的建筑物，沉降量很大，故用相对沉降量进行控制。一般采用压缩变形量为 $0.02b$ 所对应的荷载 $p_{0.02b}$ 作为地基的容许承载力。

（3）对于少数硬黏土，临塑荷载 p_{cr} 接近极限荷载 p_k，如图6－11（a）中曲线Ⅲ，可取 $p_b=p_k/K$（K 为安全系数，取 $K=2$）作为地基的容许承载力。

但应指出，地基承载力还与基础的形状、底面尺寸、埋置深度等有关。由于荷载试验是承压板尺寸远小于实际地基的底面尺寸，因此，用上述方法确定的地基容许承载力是偏于保守的。

6.4.2 理论公式确定地基容许承载力

1. 临塑荷载

临塑荷载是指在外荷载作用下，地基中刚开始产生塑性变形时，基础底面单位上承受的荷载。

地基的临塑荷载 p_{cr}，按下式计算：

$$p_{cr}=\frac{\pi(\gamma d+c\cot\varphi)}{\cot\varphi-\dfrac{\pi}{2}+\varphi}+\gamma d=N_d\gamma d+N_c c \tag{6-8}$$

$$N_d=\frac{\cot\varphi+\varphi\dfrac{\pi}{2}}{\cot\varphi+\varphi-\dfrac{\pi}{2}} \tag{6-9}$$

$$N_c = \frac{\pi\cot\varphi}{\cot\varphi + \varphi - \frac{\pi}{2}} \tag{6-10}$$

式中　p_{cr}——地基的临塑荷载；

γ——地基埋深范围内土的重度；

d——基础埋深；

c——基础底面下土的粘聚力；

φ——基础底面下土的内摩擦角，单位为（°）；

N_d，N_c——承载力系数，可根据 φ 值按式（6－9）、式（6－10）计算。

2. 临界荷载

在中心荷载作用下当地基中塑性变形区最大开展深度为 $z_{max}=\frac{b}{4}$，或在偏心荷载作用下当地基中塑性变形区最大开展深度为 $z_{max}=\frac{b}{3}$时，与此相对应的基础底面的压力，称为临界荷载或塑性荷载，用 $p_{\frac{1}{4}}$或 $p_{\frac{1}{3}}$表示。其中，b 为基础宽度，单位为 m，矩形基础短边，圆形基础采用 $b=\sqrt{A}$，A 为圆形基础底面积。

中心荷载作用时：

$$p_{\frac{1}{4}} = \frac{\pi\left(\gamma b \frac{1}{4}\gamma d + c\cos\varphi\right)}{\cot\varphi - \frac{\pi}{2} + \varphi} + \gamma d = N_{\frac{1}{4}}\gamma b + N_d\gamma d + N_c c \tag{6-11}$$

偏心荷载作用时：

$$p_{\frac{1}{3}} = \frac{\pi\left(\gamma b + \frac{1}{3}\gamma d + c\cot\varphi\right)}{\cot\varphi - \frac{\pi}{2} + \varphi} + \gamma d = N_{\frac{1}{3}}\gamma b + N_d\gamma d + N_c c \tag{6-12}$$

$$N_{\frac{1}{4}} = \frac{\pi}{4\left(\cot\varphi + \varphi - \frac{\pi}{2}\right)} \tag{6-13}$$

$$N_{\frac{1}{3}} = \frac{\pi}{3\left(\cot\varphi + \varphi - \frac{1}{2}\right)} \tag{6-14}$$

式中　$N_{\frac{1}{4}}$，$N_{\frac{1}{3}}$——承载力系数，可根据 φ 值按式（6－13）、式（6－14）计算。

3. 极限荷载

极限荷载为地基将要失去稳定，土体将被从基底挤出时，作用于地基上的外荷载。

世界各国计算极限荷载的公式很多，但目前尚无公认的完美公式，大多限于条形荷载和均质地基。其主要区别是对地基破坏时的滑裂面形式作了不同的假定，使得计算结果很不一致，不能完全符合地基的实际状况。所以应用每种计算公式时，一定要注意它的适用范围。一般最常用的极限荷载计算公式有下述几种：太沙基公式（适用于条形基础、方形基础和圆形基础）；斯凯普顿公式（适用于饱和软土地基，内摩擦角 $\varphi=0$ 的浅基础）；汉森公式（适用于倾斜荷载的情况）。

这里仅介绍一种太沙基（K. Terzaghi）公式以作参考。

太沙基假定基础是条形基础，均布荷载作用，且基础底面是粗糙的。当地基发生滑动时，滑动面的形状：两端为直线，中间为曲线，左右对称，如图6－12所示。然后，将滑动土体分为三个区。Ⅰ区——即位于基础底面下的土楔 $a'ab$。由于土体与基础粗糙的底面之间存在很大的摩擦阻力，此区的土体不发生剪切位移，处于弹性压密状态，滑动面与基础底面之间的夹角为土的内摩擦角 φ。Ⅱ区——对称位于Ⅰ区左右下方，其滑动面为对数螺旋线 bc 或 bd。Ⅰ区正中底部的 b 点处对数螺旋线的切线方向为竖向，c 点处对数螺旋线的切线方向与水平线夹角为 $45°-\frac{\varphi}{2}$。Ⅲ区——对称位于Ⅱ区左右，呈等腰三角形，其滑动面为斜向平面 ce 或 df，该斜面与水平地面的夹角也为 $45°-\frac{\varphi}{2}$。

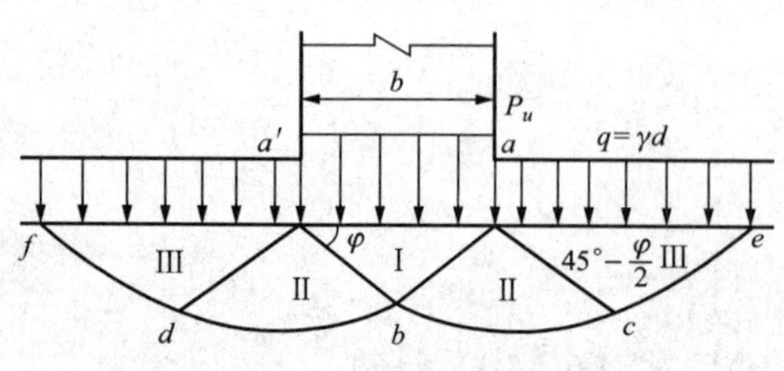

图6－12 太沙基公式地基滑动面

太沙基认为在均匀分布的极限荷载 p_u 作用下，地基处于极限平衡状态时作用于Ⅰ区土楔上的诸力包括：土楔 $a'ba$ 缸顶面的极限荷载 p_u，土楔 $a'ab$ 如的自重，土楔斜面 $a'b$ 和 ab 上作用的粘聚力 c 的竖向分力，Ⅱ区、Ⅲ区土体滑动时对斜面 $a'b$ 和 ab 的被动土压力的竖向分力。太沙基根据作用于Ⅰ区土楔上的诸力在竖直方向的静力平衡条件，求得极限荷载 p_u 的公式为

$$p_u=\frac{1}{2}\gamma bN_r+cN_c+\gamma hN_q \tag{6-15}$$

式中 N_r，N_c，N_q——承载力系数，仅与地基土的内摩擦角 φ 值有关，可查专用的承载力系数图6－13中的曲线（实线）确定。

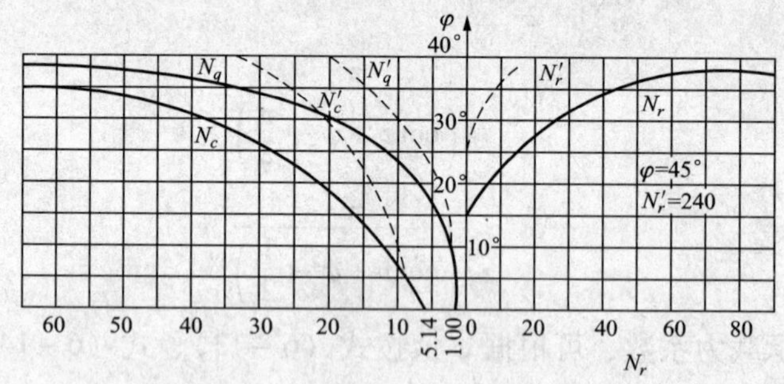

图6－13 太沙基公式的承载力系数

其余符号的意义同前。

式（6－15）适用的条件是：地基土较密实且地基土产生完全剪切整体滑动破坏，即荷载试验结果 $p-S$ 曲线上有明显的第二拐点的情况，如图6－11（a）中曲线Ⅰ所示。如果地基土松软，荷载试验结果 $p-S$ 曲线上就会没有明显的拐点，如图6－11（a）中曲线Ⅱ所示，太沙基称这类情况为局部剪损，此时极限荷载按下式计算：

$$p_u = \frac{1}{2}\gamma b N'_r + \frac{2}{3} c N'_c + \gamma h N'_q \qquad (6-16)$$

式中　N'_r，N'_c，N'_q——局部剪损时的承载力系数也仅与地基土的内摩擦角 φ 值有关，可查专用的承载力系数图 6－13 中的曲线（虚线）确定。

理论公式法中所求得的临塑荷载 p_{cr}、临界荷载 $p_{\frac{1}{4}}$ 或 $p_{\frac{1}{3}}$ 和极限荷载 p_u 均可作为地基容许承载力。但是，临塑荷载 p_{cr} 作为地基容许承载力偏于保守；极限荷载 p_u 则应有足够的安全储备，即取 $\frac{p_u}{k}$ 值，其中 k 值为安全系数，$k = 1.5 \sim 2.0$。比较 p_u 和 $p_{\frac{1}{4}}$ 或 $p_{\frac{1}{3}}$ 两种结果，应取两者较小值作为地基容许承载力。但必须注意，这里只考虑了地基土的承载力，所以必要时还应验算基础沉降。

6.4.3　按规范法确定地基容许承载力

《公路桥涵地基与基础设计规范》（JTG D63—2007）根据大量的地基荷载试验资料和已建成桥梁的使用经验，经过统计分析，给出了各类土的地基容许承载力基本容许值（地基承载力基本容许值 $[f_{a0}]$，为荷载试验地基土压力变形关系线性变形段内不超过比例界限点的地基压力值）表及修正计算公式。由于按规范确定地基容许承载力比较简便和准确，所以该方法广泛应用于公路一般的桥梁基础设计。

1. 地基承载力基本容许值 $[f_{a0}]$ 及修正后的地基承载力容许值 $[f_a]$

地基承载力的验算，应以修正后的地基承载力容许值 $[f_a]$ 控制。该值系在地基原位测试或规范给出的各类岩土承载力基本容许值 $[f_{a0}]$ 的基础上，经修正而得。修正后的地基承载力容许值 $[f_a]$ 按式（6－17）确定。当基础位于水中不透水地层上时，$[f_a]$ 按平均常水位至一般冲刷线的水深每米再增大 10kPa。

$$[f_a] = [f_{a0}] + k_1\gamma_1(b-2) + k_2\gamma_2(h-3) \qquad (6-17)$$

式中　$[f_a]$——修正后的地基承载力容许值，单位为 kPa；

$[f_{a0}]$——地基承载力基本容许值，单位为 kPa。应首先考虑由载荷试验或其他原位测试取得，其值不应大于地基极限承载力的 1/2；对中小桥、涵洞，当受现场条件限制，或载荷试验和原位测试确有困难时，也可根据岩土类别、状态及其物理力学特性指标按表 6－2～表 6－8 选用；地基承载力基本容许值尚应根据基础宽度（$b > 2$m）、基底埋深（$h > 3$m）及地基土的类别按照上式（6－17）进行修正；

b——基础底面的最小边宽，单位为 m；当 $b < 2$m 时，取 $b = 2$m；当 $b > 10$m 时，取 $b = 10$m；

h——基底埋置深度，单位为 m，自天然地面起算，有水流冲刷时自一般冲刷线起算；当 $h < 3$m 时，取 $h = 3$m；当 $h/b > 4$ 时，取 $h = 4b$；

k_1、k_2——基底宽度、深度修正系数，根据基底持力层土的类别按表 6－1 确定；

γ_1——基底持力层土的天然重度，单位为 kN/m^3；若持力层在水面以下且为透水者，应取浮重度；

γ_2——基底以上土层的加权平均重度，单位为 kN/m^3；换算时若持力层在水面以下且不透水时，不论基底以上土的透水性质如何，一律取饱和重度；当透水时，水中部分土层应取浮重度。

表 6－1　地基承载力宽度、深度修正系数 k_1、k_2

土类＼系数	黏性土				粉土	砂土								碎石土			
	老黏性土	一般黏性土		新近沉积黏性土	—	粉砂		细砂		中砂		砾砂、粗砂		碎石、圆砾角砾		卵石	
		I_L ≥0.5	I_L <0.5		—	中密	密实	中密	密实	中密	密实	中密	密实	中密	密实	中密	密实
k_1	0	0	0	0	0	1.0	1.2	1.5	2.0	2.0	3.0	3.0	4.0	3.0	4.0	3.0	4.0
k_2	2.5	1.5	2.5	1.0	1.5	2.0	2.5	3.0	4.0	4.0	5.5	5.0	6.0	5.0	6.0	6.0	10.0

注：1. 对于稍密和松散状态的砂、碎石土，k_1、k_2 值可采用表列中密值得 50%。

2. 强风化和全风化的岩石，可参照所风化成的相应土类取值；其他状态下的岩石不修正。

3. 软土地基承载力容许值可按照下文确定。

4. 其他特殊性岩土地基承载力基本容许值可参照各地区经验或相应的标准确定。

一般岩石地基可根据强度等级、节理按表 6－2 确定承载力基本容许值 [f_{a0}]。对于复杂的岩层（如溶洞、断层、软弱夹层、易溶岩石、软化岩石等）应按各项因素综合确定。

表 6－2　岩石地基承载力基本容许值 [f_{a0}]

[f_{a0}]/kPa　节理发育程度＼坚硬程度	节理不发育	节理发育	节理很发育
坚硬岩、较硬岩	>3000	3000～2000	2000～1500
较软岩	3000～1500	1500～1000	1000～800
软岩	1200～1000	1000～800	800～500
极软岩	500～400	400～300	300～200

碎石土地基可根据其类别和密实程度按表 6－3 确定承载力基本容许值 [f_{a0}]。

表 6－3　碎石土地基承载力基本容许值 [f_{a0}]

[f_{a0}]/kPa　密实程度＼土名	密　实	中　密	稍　密	松　散
卵石	1200～1000	1000～650	650～500	500～300
碎石	1000～800	800～550	550～400	400～200
圆砾	800～6000	600～400	400～300	300～200
角砾	700～500	500～400	400～300	300～200

注：1. 由硬质岩组织，填充砂土者取高值；由软质岩组成，填充黏性土者取低值。

2. 半胶结的碎石土，可按密实的同类土的 [f_{a0}] 值提高 10%～30%。

3. 松散的碎石土在天然河床中很少遇见，需特别注意鉴定。

4. 漂石、块石的 [f_{a0}] 值，可参照卵石、碎石适当提高。

砂土地基可根据土的密实度和水位按表 6－4 确定承载力基本容许值 [f_{a0}]。

表6－4 砂土地基承载力基本容许值 [f_{a0}]

土名及水位情况 \ [f_{a0}]/kPa \ 密实度		密实	中密	稍密	松散
砾砂、粗砂	与湿度无关	550	430	370	200
中砂	与湿度无关	450	370	330	150
细砂	水上	350	270	230	100
	水下	300	210	190	—
粉砂	水上	300	210	190	—
	水下	200	110	90	—

粉土地基可根据土的天然孔隙比 e 和天然含水量 w（%）按表6－5确定承载力基本容许值 [f_{a0}]。

表6－5 粉土地基承载力基本容许值 [f_{a0}]

e \ [f_{a0}]/kPa \ w（%）	10	15	20	25	30	35
0.5	400	380	355	—	—	—
0.6	300	290	280	270	—	—
0.7	250	235	225	215	205	—
0.8	200	190	180	170	165	—
0.9	160	150	145	140	130	125

老黏性土地基可根据压缩模量 E_s 按表6－6确定承载力基本容许值 [f_{a0}]。

表6－6 老黏性土地基承载力基本容许值 [f_{a0}]

E_s/MPa	10	15	20	25	30	35	40
[f_{a0}]/kPa	380	430	470	510	550	580	620

注：当老黏性土 $E_s<10$MPa 时，承载力基本容许值 [f_{a0}] 按一般黏性土（表6－7）确定。

一般黏性土可根据液性指数 I_L 和天然孔隙比 e 按表6－7确定地基承载力基本容许值 [f_{a0}]。

表6－7 一般黏性土地基承载力基本容许值 [f_{a0}]

e \ [f_{a0}]/kPa \ I_L	0	0.1	0.2	0.3	0.4	0.5	0.6	0.7	0.8	0.9	1.0	1.1	1.2
0.5	450	440	430	420	400	380	350	310	270	240	220	—	—
0.6	420	410	400	380	360	340	310	280	250	220	200	180	—

续表

$[f_{a0}]$/kPa（e \ I_L）	0	0.1	0.2	0.3	0.4	0.5	0.6	0.7	0.8	0.9	1.0	1.1	1.2
0.7	400	370	350	330	310	290	270	240	220	190	170	160	150
0.8	380	330	300	280	260	240	230	210	180	160	150	140	130
0.9	320	280	260	240	220	210	190	180	160	140	130	120	100
1.0	250	230	220	210	190	170	160	150	140	130	120	110	—
1.1	—	—	160	150	140	130	120	110	100	90	—	—	—

注：1. 土中含有粒径大于2mm的颗粒质量超过总质量30%以上者，$[f_{a0}]$ 可适当提高。

2. 当 $e<0.5$ 时，取 $e=0.5$；当 $I_L<0$ 时，取 $I_L=0$。此外，超过表列范围的一般黏性土，$[f_{a0}]=57.22E_s^{0.57}$。

新近沉积黏性土地基可根据液性指数 I_L 和天然孔隙比 e 按表6-8确定地基承载力基本容许值 $[f_{a0}]$。

表6-8　　新近沉积黏性土地基承载力基本容许值 $[f_{a0}]$

$[f_{a0}]$/kPa（e \ I_L）	≤0.25	0.75	1.25
≤0.8	140	120	100
0.9	130	110	90
1.0	120	100	80
1.1	110	90	—

2. 软土地基承载力容许值

软土地基承载力容许值的确定应按照如下规定进行：

（1）软土地基承载力基本容许值 $[f_{a0}]$ 应由载荷试验或其他原位测试取得，然后按式（6-17）计算修正后的地基承载力容许值 $[f_a]$。

载荷试验和原位测试确有困难时，对于中小桥、涵洞基底未经处理的软土地基，承载力容许值 $[f_a]$ 可采用以下两种方法确定：

1）根据原状土天然含水量 w，按表6-9确定软土地基承载力基本容许值 $[f_{a0}]$，然后按式（6-18）计算修正后的地基承载力容许值 $[f_a]$。

$$[f_a]=[f_{a0}]+\gamma_2 h \tag{6-18}$$

式中，γ_2、h 的意义同式（6-17）。

表6-9　　软土地基承载力基本容许值 $[f_{a0}]$

天然含水量 w（%）	36	40	45	50	55	65	75
$[f_{a0}]$/kPa	100	90	80	70	60	50	40

2）根据原状土强度指标确定软土地基承载力容许值 $[f_a]$。

$$[f_a]=\frac{5.14}{m}k_P C_u+\gamma_2 h \tag{6-19}$$

$$k_P=\left(1+0.2\frac{b}{l}\right)\left(1-\frac{0.4H}{blC_u}\right) \tag{6-20}$$

式中　m——抗力修正系数，可视软土灵敏度及基础长宽比等因素选用1.5~2.5；

C_u——地基土不排水抗剪强度标准值，单位为kPa；

k_P——系数；

H——由作用（标准值）引起的水平力，单位为kN；

b——基础宽度，单位为m，有偏心作用时，取$b-2e_b$；

l——垂直于b边的基础长度，单位为m，有偏心作用时，取$l-2e_l$；

e_b，e_l——偏心作用在宽度和长度方向的偏心距；

γ_2，h——意义同式（6-17）。

（2）经排水固结方法处理的软土地基，其承载力基本容许值［f_{a0}］应通过载荷试验或其他原位测试方法确定，然后按式（6-17）计算修正后的地基承载力容许值［f_a］。

经复合地基方法处理的软土地基，其承载力基本容许值应通过载荷试验确定，然后按式（6-17）计算修正后的软土地基地基承载力容许值［f_a］。

3. 地基承载力容许值的提高

地基承载力容许值［f_a］应根据地基受荷阶段及受荷情况，乘以下列抗力系数γ_R。

（1）使用阶段。

1）当地基承受作用短期效应组合或作用效应偶然组合时，可取$\gamma_R=1.25$；但对承载力容许值［f_a］小于150kPa的地基，应取$\gamma_R=1.0$。

2）当地基承受的作用短期效应组合仅包括结构自重、预加力、土重、土侧压力、汽车和人群效应时，应取$\gamma_R=1.0$。

3）当基础建于经多年压实未遭破坏的旧桥基（岩石旧桥基除外）上时，不论地基承受的作用情况如何，抗力系数均可取$\gamma_R=1.5$；对［f_a］小于150kPa的地基，可取$\gamma_R=1.25$。

4）基础建于岩石旧桥基上，应取$\gamma_R=1.0$。

（2）施工阶段。

1）地基在施工荷载作用下，可取$\gamma_R=1.25$。

2）当墩台施工期间承受单向推力时，可取$\gamma_R=1.5$。

【例题6-2】某水中基础，其底面为4.0m×6.0m的矩形，埋置深度为3.5m，平均常水位到一般冲刷线的深度为2.5m。持力层为黏土，它的天然孔隙比$e=0.7$，液性指数$I_L=0.45$，天然容重$\gamma=19.0\text{kN/m}^3$。基底以上全为中密的粉砂，其饱和容重$\gamma_f=20.0\text{kN/m}^3$。当承受作用短期效应组合时，试求持力层的地基承载力容许值。

解：持力层属一般黏性土，按其值e、I_L，查表6-7得［f_{a0}］=300kPa；查表6-1得宽、深度修正系数$k_1=0$、$k_2=2.5$。由于持力层黏土的$I_L=0.45<1.0$，呈硬塑状态，可视为不透水，故考虑水深影响，按式（6-17）可算得：

$$\begin{aligned}[f_a]&=[f_{a0}]+k_1\gamma_1(b-2)+k_2\gamma_2(h-3)+10h_w\\&=300+0+2.5\times20(3.5-3)+10\times2.5=350\text{kPa}\end{aligned}$$

注意：上式中因持力层不透水，故$\gamma_2=\gamma_1=20\text{kN/m}^3$，$h_w$为平均常水位到一般冲刷线的深度。

持力层的地基承载力容许值为　　$\gamma_R[f_a]=1.25\times350=437.5\text{kPa}$

本章小结

土的抗剪强度是指土体抵抗剪切破坏的极限能力。本章介绍了库仑公式，式中 c 和 φ 是土的抗剪强度指标，反映了土的抗剪强度的构成因素。通过应力圆与抗剪强度线之间的关系分析了土中某点应力状态，并指出了土的极限平衡条件。

土的抗剪强度指标常用测定方法有直接剪切试验、三轴剪切试验等。根据排水固结条件的不同，剪切试验又可分为快剪、慢剪、固结快剪等三种试验方法，实用中要根据不同的地质条件和荷载特点，选用合适的试验方法。

地基承受荷载的能力称为地基的承载力。通常分为两种承载力：一种称为地基极限承载力，它是指地基即将丧失稳定性时的承载力；另一种称为地基容许承载力，它是指地基稳定有足够的安全度并且变形控制在建筑物容许范围内时的承载力。

地基容许承载力的确定，一般可通过如下三种途径：① 利用现场荷载试验成果；② 利用理论公式；③ 按公路桥涵设计规范方法。

复习思考题

1. 何谓土的抗剪强度？在实际工程中，与土的抗剪强度有关的问题有哪些？
2. 土的抗剪强度指标 c 与 φ 值如何确定？
3. 确定地基容许承载力的方法有哪些？各有何特点？
4. 何谓临塑荷载、临界荷载和极限荷载？
5. 怎样用《公路桥涵地基与基础设计规范》（JTG D63—2007）确定地基的容许承载力？

习　题

1. 地基中某点的应力为 $\sigma_1=180\text{kPa}$，$\sigma_3=50\text{kPa}$，并已知土的 $\varphi=30°$，$c=10\text{kPa}$，问该点是否破坏？（答案：未破坏）

2. 用某饱和黏性土进行无侧限抗压强度试验，求得不排水强度 $q_u=70\text{kPa}$，如果对同一土样进行三轴不排水剪切试验，施加周围压力 $\sigma_3=200\text{kPa}$，问试样将在多大的轴向压力作用下发生破坏？（答案：270kPa）

3. 有一条性基础，$b=2.5\text{m}$，$d=1.6\text{m}$，地基土的重度为 $\gamma=19\text{kN/m}^3$，粘聚力 $c=17\text{kPa}$，内摩擦角 $\varphi=20°$，试按太沙基公式求地基的极限承载力？（答案：536kPa）

4. 某桥墩基础如图 6－14 所示。已知基础底面宽度 $b=5\text{m}$，长度 $l=10\text{m}$，埋置深度 $h=4\text{m}$，地基土的性质如图所示，试按《公路桥涵地基与基础设计规范》（JTG D63—2007），确定地基容许承载力？（答案：180kPa）

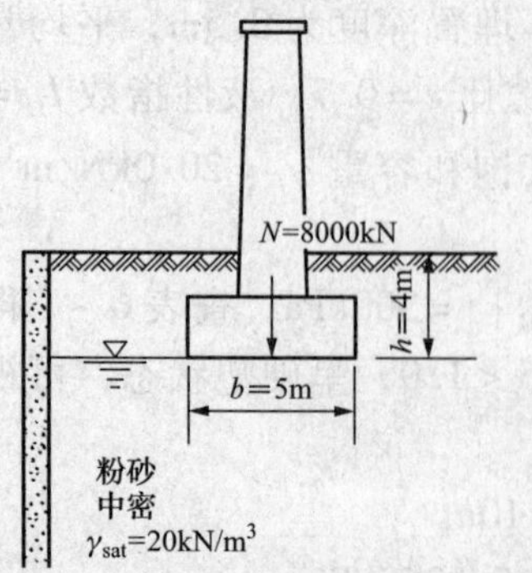

图 6－14

第7章　土压力与土坡稳定

本章的知识要点

1. 明确静止土压力、主动土压力、被动土压力的概念。
2. 掌握静止土压力的计算与朗金土压力理论。
3. 掌握库伦主动土压力的计算方法。
4. 认识土坡稳定分析中的问题，掌握黏性土坡圆弧滑动面条分法。

7.1　概述

土压力是指作用于各种挡土结构物（统称为挡墙）上的侧向压力。它是挡土结构物承受的主要荷载，其值的大小直接影响挡土墙的稳定性，所以计算土压力是设计挡土结构物中的一个重要内容。土压力的大小及其分布规律同挡土结构物的侧向位移的方向、大小、土的性质、挡土结构物的刚度及高度等因素有关。根据挡土墙可能产生位移的方向和墙后填土中不同的应力状态，将土压力分为如下三种。

（1）静止土压力。挡土墙保持初始位置静止不动，此时作用在挡墙上的土压力称为静止土压力，7－1（a）所示。作用在每延米挡土墙上的静止土压力的合力用 E_0（kN/m）表示，其大小相当于图7－2中 a 点的纵坐标，这时墙后填土中各点均处于弹性平衡状态。

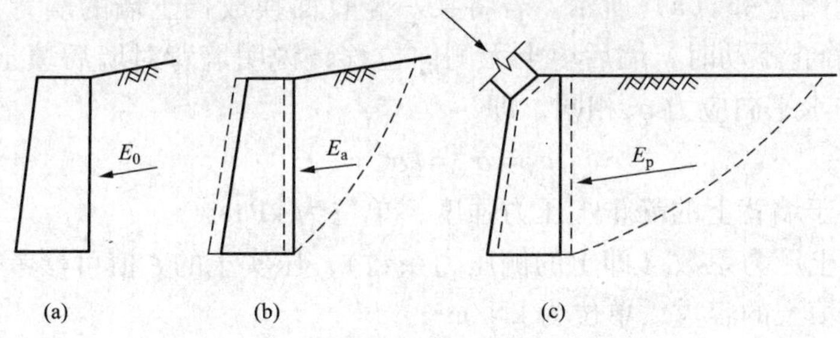

图7－1　三种土压力

（a）静止土压力；（b）主动土压力；（c）被动土压力

（2）主动土压力。挡土墙在墙后填土作用下（是土主动推墙），背离填土方向发生位移，这时作用在墙上的土压力将由静止土压力逐渐减小，当墙后土体达到极限平衡，并出现连续滑动面使土体下滑，这时土压力减至最小值，称为主动土压力，如图7－1（b）所示，用 E_a（kN/m）表示，其大小相当于图7－2中 b 点的纵坐标。

（3）被动土压力。挡土墙在外力作用下，向填土方向移动，这时作用在墙上的土压力将由静止土压力逐渐增大，一直到土体达到极限平衡，并出现连续滑动面，墙后土体向上挤出隆起，这时土压力增至最大值，称为被动土压力，如图7－1（c）所示，用 E_p 表示，其大小相当于图 7－2 中 c 点的纵坐标。

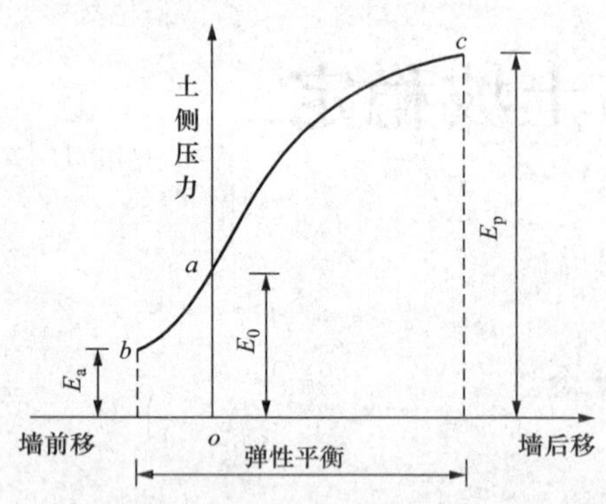

图 7－2 挡土墙位移与土压力

土压力是挡土结构物与土体相互作用的结果，大部分情况下的土压力均介于上述三种极限状态土压力之间。在影响土压力大小及其分布的诸因素中，挡土结构物的位移是关键因素，图 7－2 中给出了土压力与挡土结构物位移间的关系，从中可以看，挡土结构物达到被动土压力所需的位移远大于导致主动土压力所需的位移。

在设计挡墙时，究竟采用哪种土压力，除了根据挡墙产生位移的方向确定外，还应根据结构物的受力情况、可能产生的位移及填土等具体情况来确定。一般对建于分散土地基上的梁桥桥台或挡土墙，按主动土压力计算；对拱桥桥台应根据受力和填土的压实情况，采用静止土压力或静止土压力加土抗力（土抗力指土体对结构的弹性抗力，与位移成正比）；对临时性挡土结构物（如板桩），按其变位和位置不同，采用主动土压力或静止土压力。

7.2 静止土压力计算

静止土压力，墙静止不动，土体无侧向位移，可假定墙后填土内的应力状态为半无限弹性体的应力状态。在半无限弹性土体中，任一竖直面都是对称面，对称面上无剪应力，所以竖直面和水平面都是主应力面。

在深度 z 处，由土体自重所引起的竖直和水平应力分别为 $\sigma_z=\gamma z$、$\sigma_x=\sigma_y=\xi\ \sigma_z=\xi\gamma z$，且都是主应力，如图 7－3（a）所示。若将某一竖直面换成挡土墙的墙背，如图 7－3（b）所示的 AB，墙背静止不动时，墙后填土无侧向位移，说明墙背对墙后填土的作用力强度与该竖直面上原有的水平向应力 σ_x 相同，即

$$p_0=\sigma_x=\xi\sigma_z=\xi\gamma z \tag{7-1}$$

式中 p_0——作用于墙背上的静止土压力强度，单位为 kPa；

ξ——静止土压力系数（即土的侧压力系数），压实土的 ξ 值可参考表 7－1；

γ——墙后填土的容重，单位为 kN/m^3；

z——计算点离填土表面的深度，单位为 m。

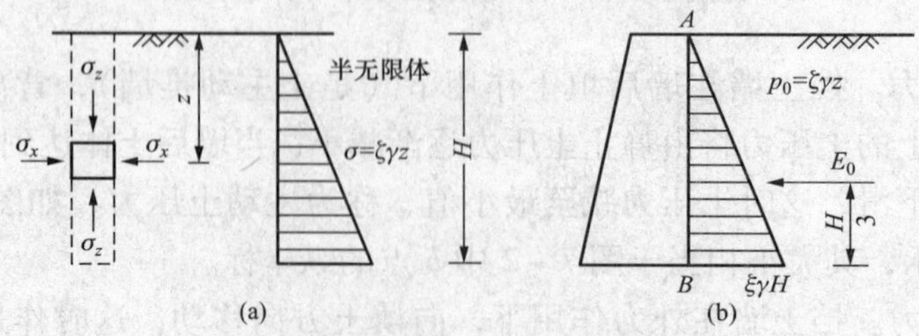

图 7－3 静止土压力的计算图

表 7-1　　压实土的静止土压力系数

土的名称	砾石、卵石	砂石	亚砂土	亚黏土	黏土
ξ	0.20	0.25	0.35	0.45	0.55

由式（7-1）可知，静止土压力强度 p_0 与 z 成正比，所以 p_0 沿深度的分布图为三角形。当墙高为 H 时，作用于每延米挡土墙上的静止土压力为

$$E_0=\frac{1}{2}(\xi\gamma H)H=\frac{1}{2}\xi\gamma H^2 \tag{7-2}$$

式中　H——挡土墙高度。

E_0的方向水平，作用线通过 p_0的分布图形，离墙脚的高度为 $H/3$，如图 7-3（b）所示。

静止土压力在墙后填土表面作用有均布荷载 q 时，竖向应力为 $\sigma_z=q+\gamma z$，代入式（7-1）得 $p_0=\xi(q+\gamma z)$，绘出 p_0的分布图，分布图形的面积即为作用在每延米挡土墙上的合力 E_0，p_0分布图形心的高度即为合为 E_0 的作用点高度。

在墙后填土中有地下水时，水下土应考虑水的浮力，即式（7-1）中的 γ 采用浮容重 γ'计算，同时考虑作用在挡土墙上的静水压力。

【例题 7-1】计算作用在图 7-4 所示挡土墙上的静止土压力及静水压力，其中 ab 两点间的距离为 6m，bc 两点间的距离为 4m。

解：（1）求各特征点的竖向应力。

$$\sigma_{za}=q=20\text{kPa}$$

$$\sigma_{zb}=q+\gamma h_1=20\text{kPa}+18\times6\text{kPa}=128\text{kPa}$$

$$\sigma_{zc}=q+\gamma h_1+\gamma' h=128\text{kPa}+9.2\times4\text{kPa}=164.8\text{kPa}$$

（2）求各特征点的土压力强度。

查表 7-1：$\zeta=0.25$，则

$$P_{0a}=\zeta\sigma_{za}=0.25\times20\text{kPa}=5.0\text{kPa}$$

$$P_{0b}=\zeta\sigma_{zb}=0.25\times128\text{kPa}=32.0\text{kPa}$$

$$P_{0c}=\zeta\sigma_{zc}=0.25\times164.8\text{kPa}=41.2\text{kPa}$$

c 点静水压力：$p_{wc}=\gamma_w h_w=9.8\times4\text{kPa}=39.2\text{kPa}$

按计算结果绘 p_0及 p_w分布图如图 7-4 所示。

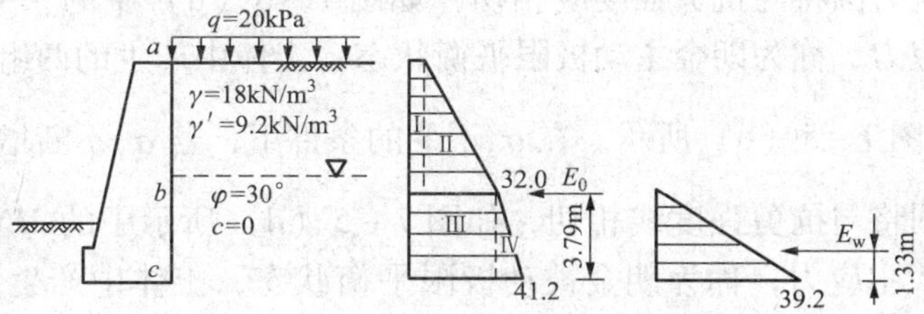

图 7-4　P_0及 P_w分布图（单位：kN/m）

（3）求 E_0 及 E_w。把 P_0分布图分为四块（如图 7-4 所示的矩形或三角形），分别求其面积，总和后即得 E_0：

$$E_{01}=p_{01}h_1=5.0\times6\text{kN/m}=30.0\text{kN/m}$$

$$E_{02}=\frac{1}{2}(p_{0b}-p_{0a})h_1=\frac{1}{2}\times(32.0-5.0)\times6\text{kN/m}=81.0\text{kN/m}$$

$$E_{03}=p_{0b}h_2=32.0\times4\text{kN/m}=128.0\text{kN/m}$$

$$E_{04}=\frac{1}{2}(p_{0c}-p_{0b})h_2=\frac{1}{2}\times(41.2-32.0)\times4\text{kN/m}=18.4\text{kN/m}$$

$$E_0=E_{01}+E_{02}+E_{03}+E_{04}=30.0\text{kN/m}+81.0\text{kN/m}+128.0\text{kN/m}+18.4\text{kN/m}=257.4\text{kN/m}$$

$$E_{\text{w}}=\frac{1}{2}p_{\text{wc}}h_{\text{w}}=\frac{1}{2}\times39.2\times4\text{kN/m}=78.4\text{kN/m}$$

（4）求 E_0 和 E_{w}的作用点位置。

$$z_{0c}=\frac{\sum E_{0i}z_i}{\sum E_{0i}}=\frac{E_{01}\left(h_2+\frac{h_1}{2}\right)+E_{02}\left(h_2+\frac{h_1}{3}\right)+E_{03}\frac{h_2}{2}+E_{04}\frac{h_2}{3}}{E_0}$$

$$=\frac{30.0\times\left(4+\frac{6}{2}\right)+81.0\times\left(4+\frac{6}{3}\right)+128.0\times\frac{4}{2}+18.4\times\frac{4}{3}}{257.4}\text{m}$$

$$=3.974\text{m}$$

$$Z_{\text{wc}}=\frac{h_{\text{w}}}{3}=1.333\text{ m}$$

7.3 朗金土压力理论

朗金（Rankine）于1857年提出了土压力理论，虽然不够完善，但由于计算简单，在一定条件下其计算结果与实际较符合，所以目前仍被广泛应用。

朗金土压力理论是从分析挡土结构物后面土体内部因自重产生的应力状态入手，去研究土压力的，如图7-5（a）所示。在半无限土体中取一竖直切面 AB，因竖直面（是对称面）和水平面上均无剪应力，故 AB 面上深度 z 处的单元土体上的竖向应力 σ_z和水平应力 σ_x均为主应力。当土体处于弹性平衡状态时，$\sigma_z=\gamma z$，$\sigma_x=\xi\gamma z$，其应力圆［如图7-5（d）所示］中的 MN_1所示，与土的抗剪强度线不相交。在 σ_z不变的条件下，若 σ_x逐渐减小，到土体达到极限平衡时，其应力圆将与抗剪强度线相切，如图7-5（d）中的 MN_2所示，σ_z和 σ_x分别为最大及最小主应力，称为朗金主动极限平衡状态，土体中产生的两组滑动面与水平面成夹角$\left(45°+\frac{\varphi}{2}\right)$，如图7-5（b）所示。在 σ_z不变的条件下，若 σ_x不断增大，在土体达到极限平衡时，其应力圆将与抗剪强度线相切，如图7-5（d）所示中的 MN_3所示，但 σ_z为最小主应力，σ_x为最大主应力，称为朗金被动极限平衡状态，土体中产生的两组滑动面与水平面成夹角$\left(45°-\frac{\varphi}{2}\right)$，如图7-5（c）所示。

朗金假定：把半无限土体中的任一竖直面［如图7-5（a）所示］中的 AB，换成一个光滑（无摩擦）的挡土墙墙背，当墙体位移使墙后土体达到主动或被动极限平衡状态时，墙背上的土压力强度等于相应状态下的水平应力 σ_x。注意，这里介绍的朗金土压力公式只适用于墙背竖直、光滑（墙背与土体间摩擦力不计）、墙后填土表面水平且与墙顶齐平的情况。

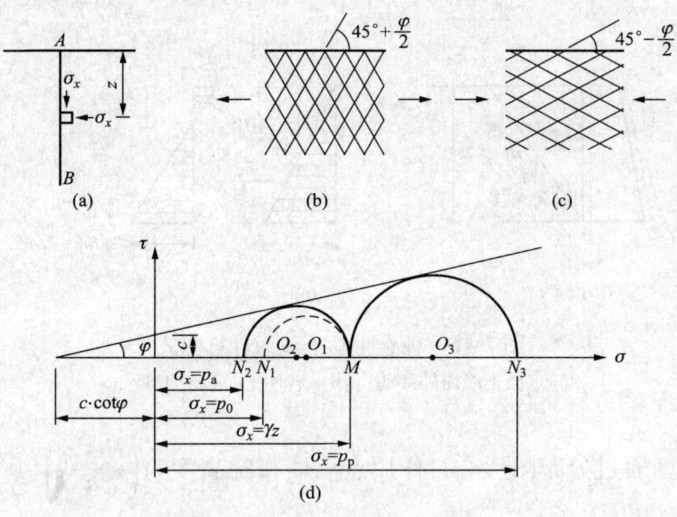

图 7-5　朗金极限平衡状态

7.3.1　主动土压力计算

由上述分析可知，当土体推动墙发生位移，土体达到主动极限平衡状态时，$\sigma_x=\sigma_3=p_a$，$\sigma_z=\sigma_1=\gamma z$，根据极限平衡条件可得出深度 z 处的土压力强度为

$$p_a=\sigma_z\tan^2\left(45°-\frac{\varphi}{2}\right)-2c\cdot\tan\left(45°-\frac{\varphi}{2}\right)=\sigma_z m^2-2cm \tag{7-3}$$

式中　p_a——主动土压力强度，单位为 kPa；

σ_z——深度 z 处的竖向应力，单位为 kPa；

φ——土体的内摩擦角，单位为（°）；

c——土的凝聚力，单位为 kPa；

m——土压力系数，$m=\tan\left(45°-\frac{\varphi}{2}\right)$。

对于砂性土，$c=0$，$p_a=\sigma_z m^2=\gamma z m^2$，$p_a$与 z 成正比例，其分布图为三角形，如图 7-6（b）所示。作用于每延米挡土墙上的主动土压力合力 E_a 等于该三角形的面积，即

$$E_a=\frac{1}{2}(\gamma H m^2)H=\frac{1}{2}\gamma H^2 m^2\,(\text{kN/m}) \tag{7-4}$$

E_a的方向水平，通过分布图的形心，作用点离墙脚的高度为 $z_c=\frac{H}{3}$。

对于黏性土（$c\neq0$），当 $z=0$ 时，$\sigma_z=\gamma z=0$，$p_a=-2cm$；$z=H$ 时，$\sigma_z=\gamma z$，$p_a=\gamma H m^2-2cm$，其分布图如图 7-6（c）所示，图中阴影部分表示受拉，设 $p_a=0$ 处的深度为 z_0，由式（7-3）得 $z_0=\frac{2c}{\gamma m}$。由于墙背与土体间不可能有拉应力，故计算土压力时，这部分应略去不计。因此，作用于每延米挡土墙上的主动土压力 E_a 等于分布图中压力部分三角

形的面积，即

$$E_a=\frac{1}{2}(\gamma Hm^2-2cm)(H-z_0)=\frac{1}{2}\gamma H^2m^2-2Hcm+\frac{2c^2}{\gamma}(\mathrm{kN/m}) \tag{7-5}$$

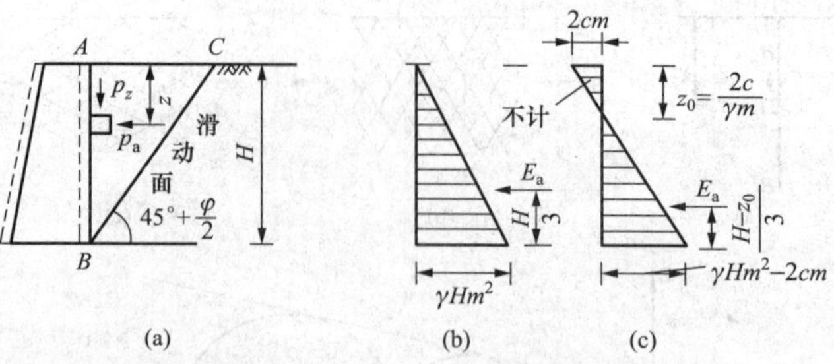

图7-6　朗金主动土压力计算图式

（a）挡土墙向外移动；（b）砂性土；（c）黏性土

E_a的方向水平，通过分布图形心，作用点离墙脚的高度为$\left(\frac{H-z_0}{3}\right)$。

7.3.2　被动土压力计算

同理，当墙推动土产生位移，土体达到极限平衡状态时，如图7-7（a）所示，$p_p=\sigma_x=\sigma_1$，$\sigma_x=\gamma z=\sigma_3$，根据极限平衡条件可得出被动土压力计算式：

$$p_p=\sigma_z\tan^2\left(45°+\frac{\varphi}{2}\right)+2c\tan\left(45°+\frac{\varphi}{2}\right)=\sigma_z\frac{1}{m^2}+2c\frac{1}{m} \tag{7-6}$$

式中　p_p——被动土压力强度，单位为kPa；

$\frac{1}{m}=\tan\left(45°+\frac{\varphi}{2}\right)$。

其他符号意义同前。

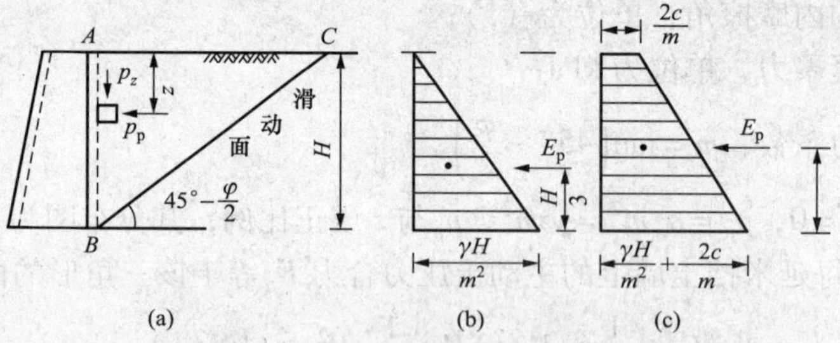

图7-7　朗金被动土压力计算图式

（a）挡土墙向内填土移动；（b）砂性土；（c）黏性土

对于砂性土，$c=0$，$p_p=\sigma_z\frac{1}{m^2}=\frac{\gamma z}{m^2}$，$p_p$与$z$成正比例，其分布图为三角形，如图7-7（b）所示。作用于每延米挡土墙上的合力E_p等于该三角形的面积，即

$$E_p=\frac{1}{2}\times\frac{\gamma H}{m^2}H=\frac{\gamma H^2}{2m^2} \tag{7-7}$$

对于黏性土（$c\neq 0$），当 $z=0$ 时，$\sigma_z=0$，$p_p=\frac{2c}{m}$；$\sigma_z=\gamma H$，$p_p=\frac{\gamma H}{m^2}+\frac{2c}{m}$，其分布图形为梯形，如图7－7（b）所示。作用于每延米挡土墙上的合力 E_p 等于该梯形分布图的面积，即

$$E_p=\frac{\gamma H^2}{2m^2}+\frac{2cH}{m}\ (\mathrm{kN/m}) \tag{7-8}$$

E_p的方向水平（指向挡土墙），作用点位置与其分布的形心同高。

7.3.3　不同情况下的土压力计算

1. 填土表面作用有连续均布荷载时

当填土表面作用有连续均布荷载 q 时，如图7－8（a）所示，深度 z 处的竖向应力为 $\sigma_z=q+\gamma z$，代入式（7－3）得：

$$p_a=\sigma_z m^2-2cm=(q+\gamma z)m^2-2cm$$

对于砂性土（$c=0$），当 $z=0$ 时，$p_a=qm^2$；当 $z=H$ 时 $p_a=(q+\gamma H)m^2$，其土压力分布图为梯形，如图7－8（b）所示。

对于黏性土（$c\neq 0$），当 $z=0$ 时，$p_a=qm^2-2cm$，若 $qm^2>2cm$ 时，则 $p_a>0$，p_a分布图为梯形；若 $qm^2\leqslant 2cm$ 时，则 $p_a\leqslant 0$，p_a分布图为三角形，如图7－8（c）所示，负值部分仍不计。

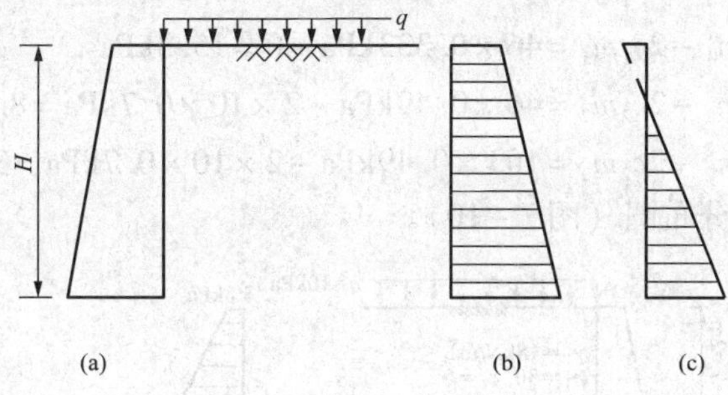

图7－8　填土上有超载时的主动土压力计算

2. 填土分层时

当填土有两层或两层以上时（如图7－9所示），可分层计算其土压力。

上部土层产生的土压力仍按前述方法计算：$p_{a0}=-2c_1m_1$，$p_{a1}=\sigma_{z1}m_1^2-2c_1m_1=\gamma_1h_1m_1^2-2c_1m_1$，分布图如图7－9（b）所示。

下部土层产生的土压力，计算时可把上部土层作为均布荷载 $q=\sigma_{z1}=\gamma_1h_1$，这时 $\sigma_{z2}=\gamma_1h_1+\gamma_2h_2$，计算方法仍然不变 $p_{a1}=\sigma_{z1}m_2^2-2c_2m_2=\gamma_1h_1m_2^2-2c_2m_2$，$p_{a2}=\sigma_{z2}m_2^2-2c_2m_2=(\gamma_1h_1+\gamma_2h_2)m_2^2-2c_2m_2$，分布图如图7－9（c）所示。图7－9（b）与图7－9（c）合起来即为整个挡土墙所承受的土压力分布图，如图7－9（d）所示。

求出图7－9（d）的面积即得合力 E_a，E_a作用点高度 Z_c与分布图形心同高。

3. 填土中有地下水时

当填土中有地下水时，地下水位处可看作土层分界面，水位以下土的重度采用浮重度

γ'，土压力计算方法同上，只是应注意计算静水压力。

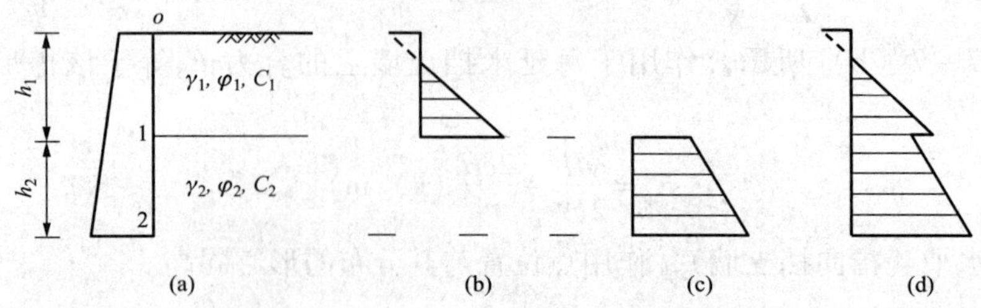

图 7-9　成层土的主动土压力计算

【例题 7-2】作用于填土面上的荷载和各层土的厚度及物理力学性质指标如图 7-10 所示，求作用于图中挡土墙上的主动土压力。

解：(1) 求各特征点的竖向应力。

$$\sigma_{z0} = q = 10\text{kPa}$$

$$\sigma_{z1} = q + \gamma_1 h_1 = 10\text{kPa} + 18 \times 2\text{kPa} = 46\text{kPa}$$

$$\sigma_{z2} = q + \gamma_1 h_1 + \gamma_2 h_2 = 46\text{kPa} + 19 \times 3\text{kPa} = 103\text{kPa}$$

(2) 求各特征点的土压力强度。

由 $\varphi_1 = 30°$，$\varphi_1 = 20°$计算得：

$m_1 = 0.577$，$m_1^2 = 0.333$，$m_2 = 0.70$，$m_2^2 = 0.49$

土层 1　$P_{a0} = \sigma_{z0} m_1^2 - 2c_1 m_1 = 10 \times 0.333\text{kPa} - 0 = 3.3\text{kPa}$

$P_{a1} = \sigma_{z1} m_1^2 - 2c_1 m_1 = 46 \times 0.333\text{kPa} - 0 = 15.3\text{kPa}$

土层 2　$P_{a1} = \sigma_{z1} m_2^2 - 2c_2 m_2 = 46 \times 0.49\text{kPa} - 2 \times 10 \times 0.7\text{kPa} = 8.5\text{kPa}$

$P_{a2} = \sigma_{z2} m_2^2 - 2c_2 m_2 = 103 \times 0.49\text{kPa} - 2 \times 10 \times 0.7\text{kPa} = 36.5\text{kPa}$

按计算结果绘出 P_a 分布图（图 7-10）。

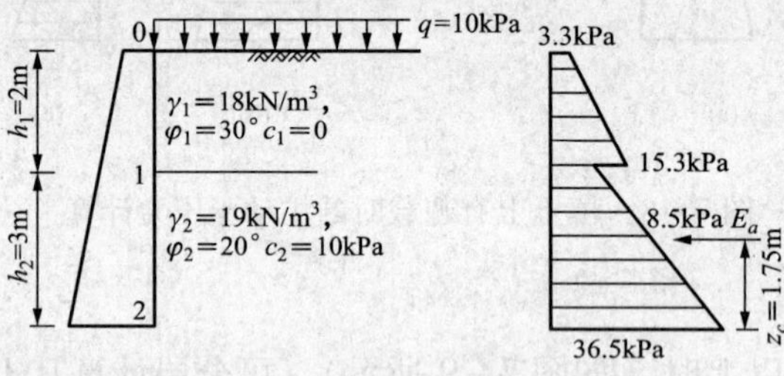

图 7-10

(3) 求 E_a值及其作用点高度。

由 P_a分布图面积可得：

$$E_a = E_{a1} + E_{a2} + E_{a3} + E_{a4}$$

$$= 3.3 \times 2\text{kN} + \frac{(15.3 - 3.3) \times 2}{2}\text{kN} + 8.5 \times 3\text{kN} + \frac{(36.5 - 8.5) \times 3}{2}\text{kN}$$

$$= 6.6\text{kN/m} + 12.0\text{kN/m} + 25.5\text{kN/m} + 42.0\text{kN/m} = 86.1\text{kN/m}$$

E_a作用点高度。

$$z_0=\frac{\sum E_{ai}z_i}{\sum E_{ai}}=\frac{6.6\times\left(3+\frac{2}{2}\right)+12.0\times\left(3+\frac{2}{3}\right)+25.5\times\frac{3}{2}+42.0\times\frac{3}{3}}{86.1}\text{m}=1.75\text{m}$$

【例题7-3】挡土墙及填土情况（如图7-11所示），其中γ_1为天然容重，γ_2为饱和容重，求主动土压力及静水压力。

解：（1）求σ_z。

$$\sigma_{z0}=0$$

$$\sigma_{z1}=\gamma_1h_1=16\times2\text{kPa}=32.0\text{kPa}$$

$$\sigma_{z2}=\gamma_1h_1+\gamma'_2h_2=16\times2\text{kPa}+(20-9.8)\times4\text{kPa}=72.8\text{kPa}$$

（2）求P_a并绘出其分布图。

由$\varphi_1=35°$，$\varphi_2=30°$计算得：

$$m_1^2=0.271,\ m_2^2=0.333$$

土层1　$P_{a0}=\sigma_{z0}m_1^2=0$

$P_{a1}=\sigma_{z1}{m_1}^2=32\times0.271\text{kPa}=8.7\text{kPa}$

土层2　$P_{a1}=\sigma_{z1}{m_2}^2=32\times0.333\text{kPa}=10.7\text{kPa}$

$P_{a2}=\sigma_{z2}{m_2}^2=72.8\times0.333\text{kPa}=24.2\text{kPa}$

墙脚处水压力：$P_w=\gamma_wh_w=9.8\times4\text{kPa}=39.2\text{kPa}$

按计算结果绘出P_a及P_w分布图见图7-11。

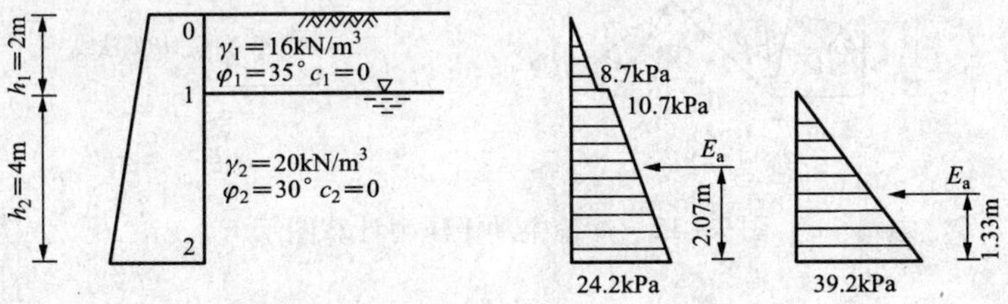

图7-11

（3）求E_a、E_w及其作用点高度。

$$E_a=E_{a1}+E_{a2}+E_{a3}=\frac{8.7\times2}{2}\text{kPa}+10.7\times4\text{kPa}+\frac{(24.2-10.7)\times4}{2}\text{kPa}$$

$$=8.7\text{kN/m}+42.8\text{kN/m}+27.0\text{kN/m}=78.5\text{kN/m}$$

$$z_{ca}=\frac{\sum E_{ai}z_i}{\sum E_{ai}}=\frac{8.7\times\left(4+\frac{2}{3}\right)+42.8\times\frac{4}{2}+27.0\times\frac{4}{3}}{8.7+42.8+27.0}$$

$$=2.07\text{m}$$

$$E_w=\frac{39.2\times4}{2}=78.4\text{kN/m}$$

$$z_{cw}=\frac{h_w}{3}=\frac{4}{3}=1.33\text{m}$$

挡土墙承受的总压力为

$$E_a + E_w = 78.5\text{kN/m} + 78.4\text{kN/m} = 156.9\text{kN/m}$$

合力作用点距墙脚的高度为

$$z_c = \frac{78.5 \times 2.07 + 78.4 \times 1.33}{78.5 + 78.4}\text{m} = 1.70\text{m}$$

此例中土压力和水压力几乎各占一半，可见挡土墙中采用排水措施十分重要。

7.4 库伦土压力理论

1776 年库伦（C. A. Coulomb）提出的土压力理论，由于其计算简明，适用范围广，至今仍被广泛应用。

库伦土压力理论假定：挡土墙墙后填土是均匀的砂性土；墙体产生位移，使墙后填土达到极限平衡状态时，将形成一个滑动土楔体；其滑动面是通过墙脚 A 的平面 AC（如图 7－12 所示）；假定滑动土楔体 ABC 是一个刚体。根据 ABC 静力平衡条件，可解出墙背上的土压力。

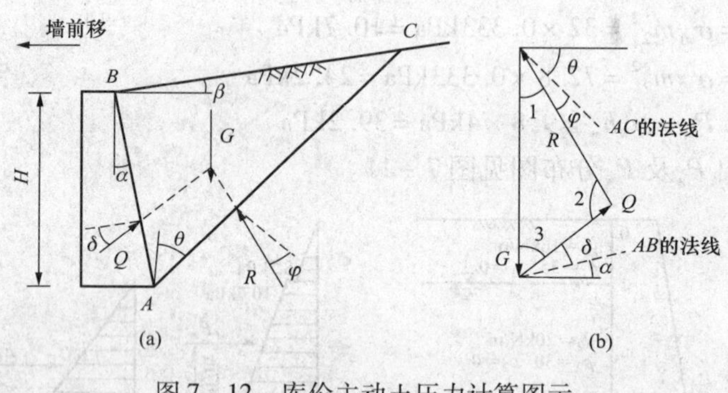

图 7－12　库伦主动土压力计算图示

7.4.1 主动土压力计算

墙背向前（背离填土）移动一定值时，如图 7－12（a）所示，墙后填土处于主动极限平衡状态，形成滑动面 AB 和 AC，因此，在 AB、AC 面上均产生有摩擦阻力，以阻止土楔体下滑。此时作用于土楔体上的力有：土楔体自重 G、墙背 AB 面的反力 Q 和 AC 面的反力 R。G 通过△ABC 的形心，方向垂直向下；Q 与 AB 面的法线成 δ 角（δ 是墙背与土体间的摩擦角），Q 与水平面夹角为 $\alpha+\delta$；R 与 AC 面的法线成 φ 角（φ 为土的内摩擦角），AC 面与竖直面成 θ 角，所以 R 与竖直面夹角为 $90°-\theta-\varphi$。根据力的平衡原理可知：G、Q、R 三个力应交于一点，且应组成闭合的力三角形，如图 7－12（b）所示。

在力三角形中，$\angle 1 = 90° - \theta - \varphi$，$\angle 2 = \theta + \varphi + \alpha + \delta$，$\angle 3 = 90° - \alpha - \delta$。由正弦定律得

$$Q = G\frac{\sin(90° - \varphi - \theta)}{\sin(\theta + \varphi + \alpha + \delta)} = G\frac{\cos(\varphi + \theta)}{\sin(\theta + \varphi + \alpha + \delta)} \tag{7-9}$$

设△ABC 的底为 AC、高为 h，则每米长度的土楔体自重为

$$G = \frac{1}{2}ACh\gamma$$

$$\frac{AC}{AB}=\frac{\sin(90°-\alpha+\beta)}{\sin[180°-(90°-\alpha+\beta)-(\alpha+\theta)]}=\frac{\sin(90°-\alpha+\beta)}{\sin(90°-\theta-\beta)}=\frac{\cos(\alpha-\beta)}{\cos(\theta+\beta)}$$

因此

$$AC=AB\frac{\cos(\alpha-\beta)}{\cos(\theta+\beta)}=H\sec\alpha\frac{\cos(\alpha-\beta)}{\cos(\theta+\beta)}$$

$$h=AB\sin(\alpha+\theta)=H\sec\alpha\sin(\alpha+\theta)$$

$$G=\frac{1}{2}\gamma H^2\sec^2\alpha\cos(\alpha-\beta)\frac{\sin(\alpha+\theta)}{\cos(\theta+\beta)}$$

将 G 代入式（7－9）得

$$Q=\frac{1}{2}\gamma H^2\sec^2\alpha\cos(\alpha-\beta)\frac{\sin(\theta+\alpha)\cos(\theta+\varphi)}{\cos(\theta+\beta)\sin(\varphi+\theta+\delta+\alpha)} \tag{7-10}$$

在上式中，α、β、φ、δ 均为常数，Q 仅随 θ 变化。θ 为滑裂面与竖直面的夹角，称为破裂角。当 $\theta=-\alpha$ 时，$G=0$，即 $Q=0$；当 $\theta=90°-\varphi$ 时，R 与 G 重合，则 $Q=0$。因此，θ 在 $-\alpha$ 与 $90°-\varphi$ 之间变化时，Q 将有一个极大值，这个极大值 Q_{max} 即所求的主动土压力 E_a（E_a 与 Q 是作用力与反作用力）。

计算 Q_{max} 时，令 $\frac{dQ}{d\theta}=0$，可求得破裂角 θ 的计算式为

$$\tan(\theta+\beta)=-\tan(\omega-\beta)+\sqrt{[\tan(\omega-\beta)+\cot(\varphi-\beta)][\tan(\omega-\beta)-\tan(\alpha-\beta)]} \tag{7-11}$$

式中，$\omega=\alpha+\delta+\varphi$。

将式（7－11）代入式（7－10）得

$$E_a=Q_{max}=\frac{1}{2}\gamma H^2\mu_\alpha \tag{7-12}$$

$$\mu_\alpha=\frac{\cos^2(\varphi-\alpha)}{\cos^2\alpha\cos(\alpha+\delta)\left[1+\sqrt{\frac{\sin(\delta+\varphi)\sin(\varphi-\beta)}{\cos(\delta+\alpha)\cos(\alpha-\beta)}}\right]^2} \tag{7-13}$$

式中　μ_α——库伦主动土压力系数；

γ——墙后填土的容重，单位为 kN/m^3；

H——挡土墙高度，单位为 m；

φ——填土的内摩擦角，单位为（°）；

δ——墙背与土体之间的摩擦角，单位为（°）；

α——墙背与竖直面间的夹角，单位为（°），墙背俯斜时为正值，仰斜时为负值；

β——填土面与水平面间的夹角，单位为（°）。

当 $\beta=0$、$\alpha=0$、$\delta=0$ 时，$\mu_\alpha=\left(45°-\frac{\varphi}{2}\right)=m^2$，可见在这种特定条件下，库伦公式与朗金公式计算结果是相同的。

由式（7－12）可以看出，库伦主动土压力 E_a 是墙高 H 的二次函数，故主动土压力强度 P_a 是沿墙高按直线规律分布的，如图7－13所示。合力 E_a 的作用点距墙脚的高度即 P_a 分布图形心的高度，即 $z_c=\frac{H}{3}$。其作用线方向与墙背法线成 δ

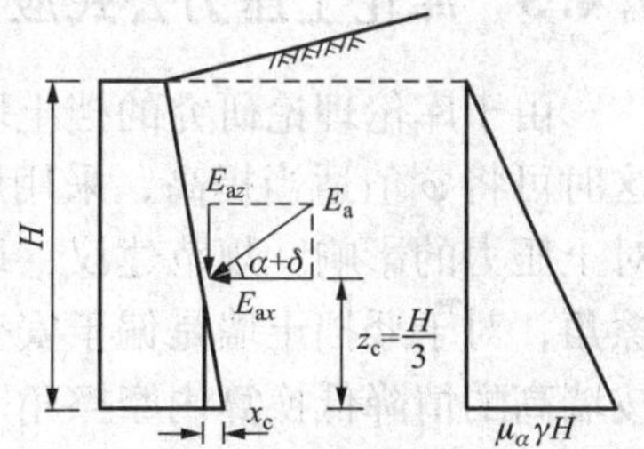

图7－13　主动土压力

δ角，与水平面成$\alpha+\delta$角。

E_a可分解为水平向和竖向两个分量：

$$E_{ax}=E_a\cos(\alpha+\delta)=\frac{1}{2}\gamma H^2\mu_\alpha\cos(\alpha+\delta) \tag{7-14}$$

$$E_{az}=E_a\sin(\alpha+\delta)=\frac{1}{2}\gamma H^2\mu_\alpha\sin(\alpha+\delta) \tag{7-15}$$

其中E_{az}至墙脚的水平距离为$x_c=z_c\tan\alpha$。

7.4.2 被动土压力计算

若挡土墙在外力下推向填土，当墙后土体达到极限平衡状态时，如图7-14所示，墙后填土中出现滑裂面AC，土楔体将沿AB、AC面向上滑动。因此，在AB、AC面上作用于土楔体的摩擦阻力均向下（与主动极限平衡时的方向相反），根据G、Q、R三力平衡条件，可推导出被动土压力公式：

$$E_p=\frac{1}{2}\gamma H^2\mu_p \tag{7-16}$$

式中 μ_p——库伦被动土压力系数。

其他符号意义同前。

其中，
$$\mu_p=\frac{\cos^2(\varphi+\alpha)}{\cos^2\alpha\cos(\alpha-\delta)\left[1-\sqrt{\frac{\sin(\varphi+\delta)\sin(\varphi+\beta)}{\cos(\alpha-\delta)\cos(\alpha-\beta)}}\right]^2}$$

库伦被动土压力强度沿墙高的分布也呈三角形，如图7-14（c）所示，合力作用点距离墙脚的高度也为$H/3$。

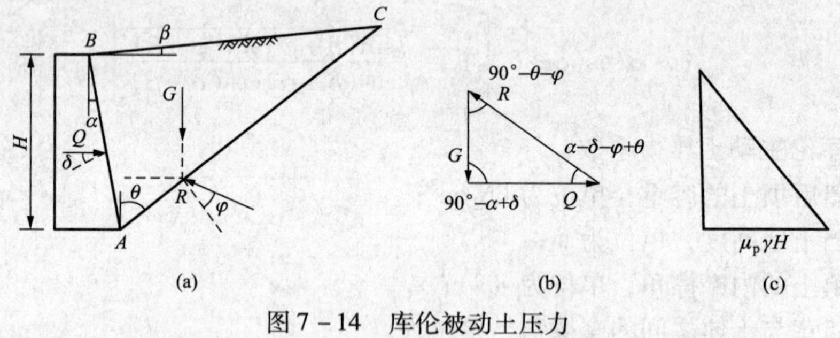

图7-14 库伦被动土压力

7.4.3 库伦土压力公式应用中的几个问题

由于库伦理论研究的挡土墙墙后填土是砂土，实用中很多情况下墙后填土是非砂性土，这时可将φ值适当提高，采用所谓的“等值内摩擦角φ'”近似计算土压力，以反映凝聚力c对土压力的影响。规范建议：取$\varphi'=30°\sim35°$或取$\varphi'=\varphi+$（$5°\sim10°$）。采用上述换算内摩擦角，对于矮挡土墙是偏于安全的，对于高挡土墙有时偏于危险。因此，对于高挡土墙，应按墙高酌情降低换算内摩擦角φ'的数值。

库伦主动土压力公式所算得的结果，一般情况下都比较接近实际情况，且计算简便，适应范围又较广泛，因此，目前铁路、公路桥涵设计规范都推荐采用库伦公式计算主动土压力。但库伦被动土压力计算结果常常偏大，δ 值愈大，偏差也愈大，偏于危险，所以实践中一般不用库伦被动土压力公式。

7.4.4　填土面上有荷载时库伦公式的应用

1. 有连续均布荷载作用时

挡土墙后的土体表面常作用有不同形式的荷载，这些荷载将使作用在墙背上的土压力增大。当填土面上有连续均布荷载 q 作用时（图 7－15），$\sigma_z = q + \gamma Z$，$P_a = \mu_\alpha \sigma_z$ 仍按前述方法及步骤计算，绘出 P_a 分布图，求出分布图面积即得土压力合力 E_a。

实际应用中常用厚度为 h、重度 γ 与填土相同的等代土层来代替 $q = \gamma h$，于是等代土层的厚度 $h = \dfrac{q}{\gamma}$。同时设想墙背为 AB'，因而可求绘出三角形的土压力强度分布图。但 BB' 段墙背是虚设的，高度 h 范围内的侧压力不应计算，因此作用于墙背 AB 上的土压力，应为实际墙高 H 范围内的梯形面积，即

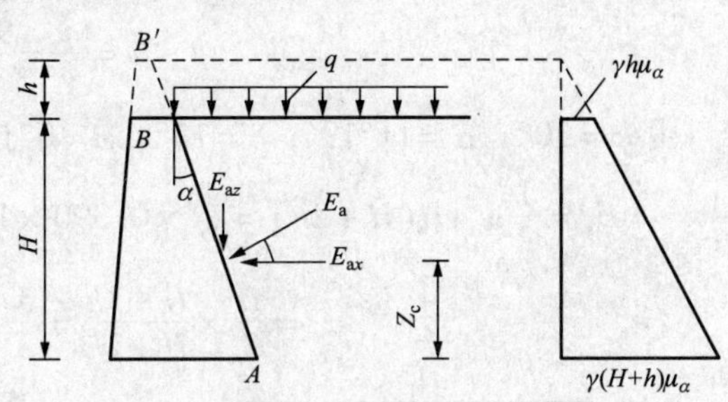

图 7－15　填土上有均布荷载的库伦土压力

$$E_a = \frac{H}{2}[\mu_\alpha \gamma h + \mu_\alpha \gamma (H+h)] = \frac{1}{2}\mu_\alpha \gamma H(H+2h) \quad (\mathrm{kN/m}) \tag{7-17}$$

E_a 的作用点高度等于梯形形心的高度，即 $z_c = \dfrac{H}{3} \cdot \dfrac{H+3h}{H+2h}$，方向与水平面成 $\alpha + \delta$ 角。

E 在水平向和竖向的分量分别为

$$E_{ax} = E_a \cos(\alpha + \delta) \tag{7-18}$$

$$E_{az} = E_a \sin(\alpha + \delta) \tag{7-19}$$

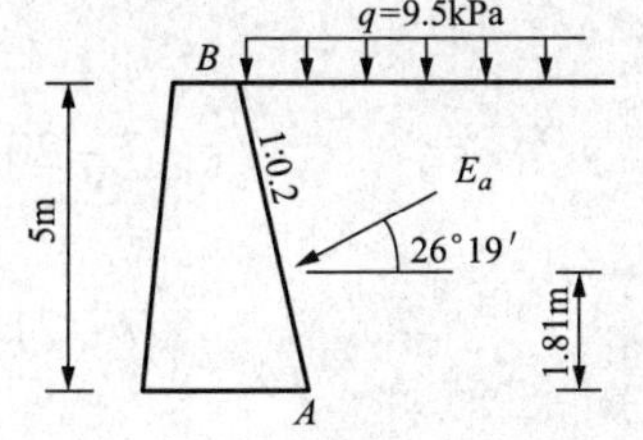

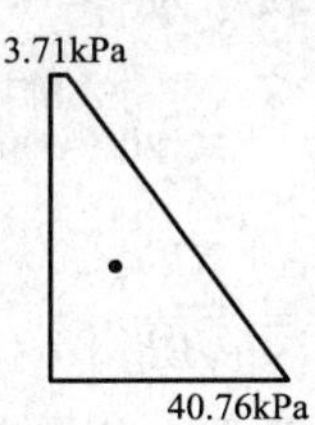

图 7－16

【例题 7－4】 某挡土墙如图 7－16 所示，填土为细砂，$\gamma = 19\mathrm{kN/m^3}$，$\varphi = 30°$，取 $\delta = \dfrac{\varphi}{2} = 15°$，试按库伦理论求其主动土压力。

解： 方法一：

根据墙背 AB 坡率 1∶0.2 得 $\alpha = 11°19'$。

$$\sigma_{ZB} = q = 9.5\mathrm{kPa} \quad \sigma_{ZA} = q + \gamma h = 9.5\mathrm{kPa} + 19 \times 5\mathrm{kPa} = 104.5\mathrm{kPa}$$

由 $\varphi = 30°$，$\alpha = 11°19'$ 查表 7－3 得

$$\mu_\alpha = 0.390$$

$$p_{aB} = \mu_\alpha \sigma_{ZB} = 0.390 \times 9.5\mathrm{kPa} = 3.71\mathrm{kPa}$$

$$p_{aA} = \mu_\alpha \sigma_{ZA} = 0.390 \times 104.5\mathrm{kPa} = 40.76\mathrm{kPa}$$

p_a 分布图如图 7－16 所示。

$$E_a = E_{a1} + E_{a2} = 3.71 \times 5\mathrm{kN/m} + \frac{1}{2} \times (40.76 - 3.71) \times 5\mathrm{kN/m}$$

$$=18.6+92.6=111.2\text{kN/m}$$

$$z_c=\frac{\sum E_{ai}Z_{ai}}{\sum E_{ai}}=\frac{18.6\times\frac{5}{2}+92.6\times\frac{5}{3}}{111.2}\text{m}=1.81\text{ m}$$

E_a与水平面间的夹角为$\alpha+\delta=11°19'+15°=26°19'$；

$$E_{ax}=E_a\cos(\alpha+\delta)=111.2\times\cos26°19'\text{kN/m}=99.7\text{kN/m}$$

$$E_{az}=E_a\sin(\alpha+\delta)=111.2\times\sin26°19'\text{kN/m}=49.3\text{kN/m}$$

方法二：

$$h=\frac{q}{\gamma}=\frac{9.5}{19}\text{m}=0.5\text{m}$$

由$\varphi=30°$，$\alpha=11°19'$，$\delta=15°$，$\beta=0°$计算：$\mu_a=0.390$

$$E_a=\frac{1}{2}\mu_\alpha\gamma H(H+2h)=\frac{1}{2}\times0.390\times19\times5\times(5+2\times0.5)\text{kN/m}=111.2\text{kN/m}$$

$$z_c=\frac{H}{3}\times\frac{H+3h}{H+2h}=\frac{5}{3}\times\frac{5+3\times0.5}{5+2\times0.5}\text{m}=1.81\text{m}$$

E_a与水平面间夹角及E_{ax}、E_{az}同方法一。

2. 有车辆荷载作用时

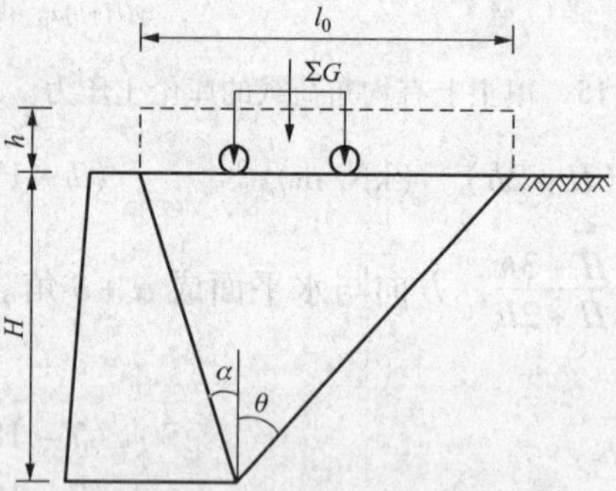

填土面上有车辆荷载时，一般先把滑动土楔体范围内的车辆荷载换算成均布荷载q（或等代土层厚度h）再按库伦主动土压公式计算。

设l_0为滑动土楔体长度（图7-17所示），B为桥台的计算宽度或挡墙的计算长度，$\sum G$为布置在Bl_0面积内的车辆轮重之和，γ为填土容重，则等效均布荷载q为

图7-17 车辆荷载引起的土压力

$$q=\frac{\sum G}{Bl_0}=\gamma h \tag{7-20}$$

即

$$h=\frac{q}{\gamma}=\frac{\sum G}{\gamma Bl_0} \tag{7-21}$$

桥台的计算宽度或挡土墙的计算长度B，应符合以下规定：

（1）桥台的计算宽度为桥台的横桥向全宽。

（2）挡土墙的计算长度按下列公式计算，但不应超过挡土墙的分段长度。

$$B=13+H\tan30° \tag{7-22}$$

式中 H——挡土墙高度，单位为m，对于墙顶以上有填土的挡土墙，为墙顶填土厚度的两倍加墙高。

由图7-18知，滑动土楔体长度l_0计算式为：

$$l_0=H(\tan\theta+\tan\alpha) \tag{7-23}$$

式中 α——墙背倾角，墙背竖直时$\alpha=0$，俯斜墙背如图7-18（a）所示，α为正值，仰斜墙背如图7-18（b）所示α为负值；

θ——滑裂面与竖直面间的夹角，当填土面水平时，以$\beta=0$代入式（7-11）得：

$$\tan\theta = -\tan(\varphi+\alpha+\delta)+\sqrt{[\cot\varphi+\tan(\varphi+\alpha+\delta)][\tan(\varphi+\alpha+\delta)-\tan\alpha]} \quad (7-24)$$

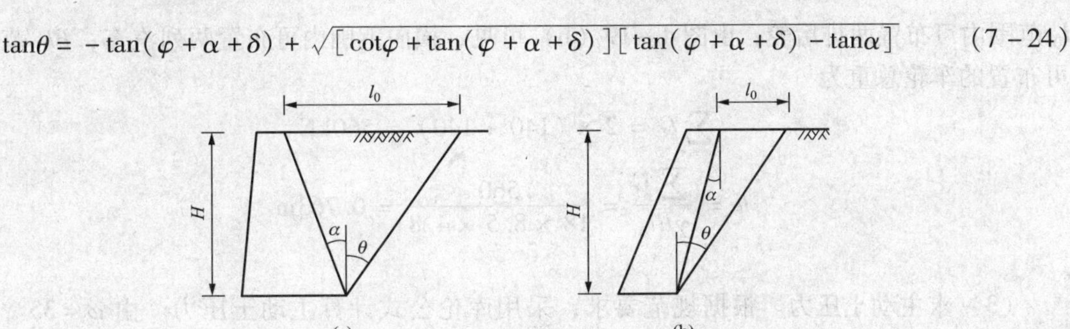

图 7－18　滑动土楔体长度 l

当墙背为仰斜时，式中 α 以负值代入。

计算挡土墙土压力时，填土面上汽车荷载的布置规定为：

① 纵向：当 B 取用挡土墙分段长度时，应为分段长度内所能布置的轮载之和；当 B 取用车辆荷载的扩散长度时，为车辆荷载标准值。

② 横向：滑动土楔体长度 l_0 范围内可能布置的车轮。车辆外侧车轮中线距路面（或硬路肩）或安全带边缘的距离为 0.5m。

【例题 7－5】 某公路梁桥桥台如图 7－19 所示，桥台宽度为 8.5m。汽车荷载为公路－Ⅱ级，土重度 $\gamma=18\text{kN/m}^3$，$\varphi=35°$，$c=0$，填土与墙背间的摩擦角 $\delta=\frac{2}{3}\varphi$，桥台高 $H=8.0\text{m}$，求作用与台背（AB）上的主动土压力。

解：（1）确定 B、l_0。

对于桥台，B 取横桥向宽度，即 $B=8.5\text{m}$。

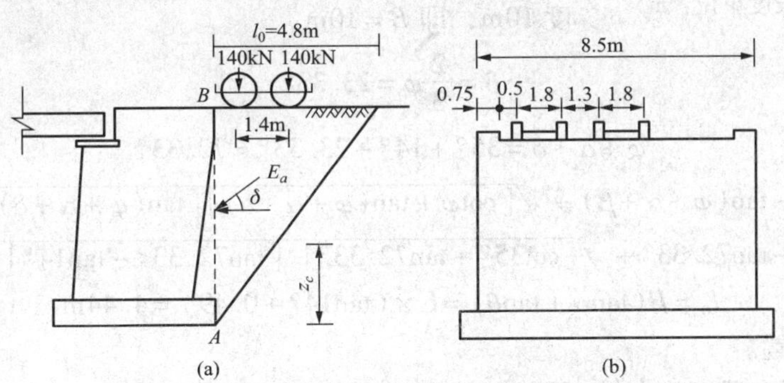

图 7－19　某公路梁桥桥台（尺寸单位：m）

把 AB 作为台背，$\alpha=0$；填土面水平，$\beta=0$；$\delta=\frac{2}{3}\varphi=23.33°$，代入式（7－24），得

$$\begin{aligned}\tan\theta &= -\tan(\varphi+\delta)+\sqrt{[\cot\varphi+\tan(\varphi+\delta)]\tan(\varphi+\delta)}\\ &= -\tan(35°+23.33°)+\sqrt{[\cot35°+\tan(35°+23.33°)]\tan(35°+23.33°)}\\ &= -1.62+2.22=0.6\end{aligned}$$

$$l_0=H\tan\theta=8\times0.6=4.8\text{m}$$

（2）求等代土层厚度 h。对于桥台 l_0 为纵向，B 为横向。由图 7－19（a）可见，纵向

l_0 范围内可布置两排后轮；由图 4-19（b）可见，横向范围内可布置两列汽车；Bl_0 范围内可布置的车轮总重为

$$\sum G = 2 \times (140 + 140) = 560\text{kN}$$

$$h = \frac{\sum G}{\gamma B l_0} = \frac{560}{18 \times 8.5 \times 4.8} = 0.763\text{m}$$

（3）求主动土压力。根据规范要求，采用库伦公式计算主动土压力。由 $\varphi = 35°$，$\delta = \frac{2}{3}\varphi$，$\alpha = 0$，$\beta = 0$ 计算，$\mu_\alpha = 0.245$，则

$$E_a = \frac{1}{2}\gamma H(H+2h)\mu_a = \frac{1}{2} \times 18 \times 8 \times (8 + 2 \times 0.763) \times 0.245 = 168.8\text{kN/m}$$

E_a 与水平面的夹角为 23.33°，E_a 的作用点离台脚的高度为

$$z_c = \frac{H}{3} \times \frac{H+3h}{H+2h} = \frac{8}{3} \times \frac{8+3\times0.763}{7+2\times0.763} = \frac{8}{3} \times \frac{10.289}{9.526} = 2.880\text{m}$$

作用于整个桥台上的主动土压力为 $BE_a = 8.5 \times 168.8\text{kN} = 1434.8\text{kN}$

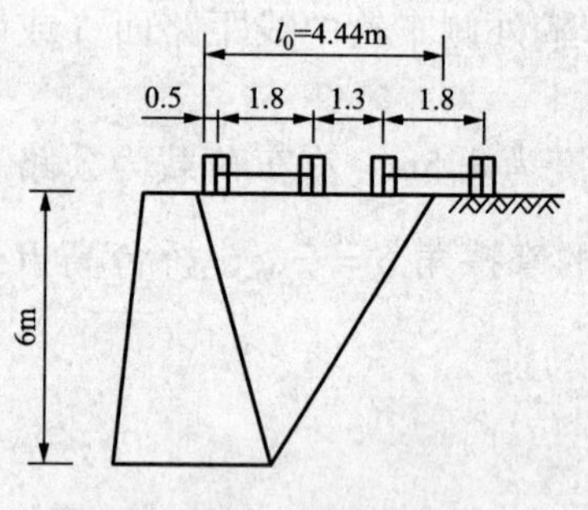

图 7-20 （长度单位：m）

【例题 7-6】 如图 7-20 所示挡土墙，分段长度为 10m，墙高 $H = 6\text{m}$，填土容重 $\gamma = 18\text{kN/m}^3$，$\varphi = 35°$，$c = 0$，$\alpha = 14°$，墙背与土之间的摩擦角 $\delta = \frac{2}{3}\varphi$，设计荷载为公路-Ⅱ级，求挡土墙承受的主动土压力。

解：（1）确定 B、l_0 挡土墙计算长度取挡土墙分段长度 10m，即 $B = 10\text{m}$。

$$\delta = \frac{2}{3}\varphi = 23.33°$$

$$\varphi + \alpha + \delta = 35° + 14° + 23.33° = 72.33°$$

$$\begin{aligned} \tan\theta &= -\tan(\varphi+\alpha+\beta) + \sqrt{[\cot\varphi + \tan(\varphi+\alpha+\delta)][\tan(\varphi+\alpha+\delta) - \tan\alpha]} \\ &= -\tan72.33° + \sqrt{[\cot35° + \tan72.33°]\ [\tan72.33° - \tan14°]} = 0.49 \end{aligned}$$

$$l_0 = H(\tan\alpha + \tan\theta) = 6 \times (\tan14° + 0.49) = 4.44\text{m}$$

（2）荷载布置。

1）纵向：可布置四排车轴，即 $120 \times 2\text{kN} + 140 \times 2\text{kN} = 520\text{kN}$。

2）横向：$l_0 = 4.44\text{m}$，如图 7-19 所示，能布置三排车轮（即一行半车队），即

$$\sum G = 520 \times 1.5 = 780\ \text{kN}$$

（3）求等代土层厚度 h。

$$h = \frac{\sum G}{\gamma B l_0} = \frac{780}{18 \times 10 \times 4.44} = 0.976\ \text{m}$$

（4）计算主动土压力。由 $\varphi = 35°$，$\delta = \frac{2}{3}\varphi$，$\alpha = 14°$计算，得 $\mu_\alpha = 0.361$，则

$$E_a=\frac{1}{2}\gamma H(H+2h)\mu_a=\frac{1}{2}\times 18\times 6\times(6+2\times 0.976)\times 0.361=155.0\text{kN/m}$$

作用点离墙脚高 $z_c=\frac{H}{3}\times\frac{H+3h}{H+2h}=\frac{6}{3}\times\frac{6+3\times 0.976}{6+2\times 0.976}=2.245\text{m}$

E_a 与水平面夹角为 $\alpha+\delta=14°+23.33°=37.33°$

7.5　土坡稳定分析

在道路、桥梁等土建工程中经常会遇到路堑、路堤或基坑开挖时的边坡稳定性问题。土坡失稳而产生的滑坡不仅影响工程的正常施工，严重的还会造成人身伤亡，道桥结构物被破坏。分析土坡稳定的目的是检验所设计的土坡断面是否安全与合理，边坡过陡可能发生坍塌，过缓则使土方量增加。

本节主要介绍无黏性土的滑动面法和黏性土的条分法。

7.5.1　无黏性土的土坡稳定分析

由于无黏性土颗粒间无粘聚力存在，故土的抗剪强度 $\tau_f=\sigma_f\tan\varphi$，如图7-21所示，已知土坡高度为 H，坡角为 β，土的重度为 γ。若假定滑动面是通过坡角 A 的平面 AC，AC 的倾角为 α，则可计算滑动土体 ABC 沿 AC 面上滑动的稳定安全系数 K 值。

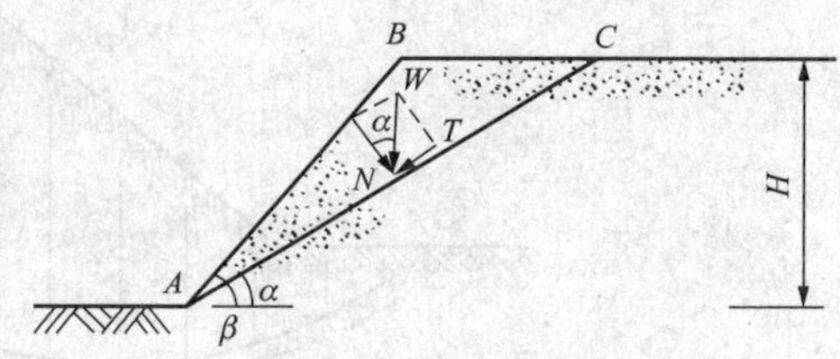

图7-21　砂性土的土坡稳定计算

沿土坡长度方向截取单位长度土坡，已知滑动土体 ABC 的重力为 W，W 在滑动面 AC 上的法向分力 N 及正应力 σ 为

$$N=W\cos\alpha$$

$$\sigma=\frac{N}{AC}=\frac{W\cos\alpha}{AC}$$

W 在滑动面 AC 上的切向分力 T 及剪应力 τ：

$$T=W\sin\alpha$$

$$\tau=\frac{T}{AG}=\frac{W\sin\alpha}{AC}$$

土坡的滑动安全系数 K 为

$$K=\frac{\tau_f}{\tau}=\frac{\sigma\tan\varphi}{\tau}=\frac{\frac{W\cos\alpha}{AC}\tan\varphi}{\frac{W\sin\alpha}{AC}}=\frac{\tan\varphi}{\tan\alpha}\tag{7-25}$$

从式（7-25）可见，当 $\alpha=\beta$ 时滑动稳定安全系数最小，也即土坡面上的一层土是最容易滑动的。因此，砂性土的土坡稳定安全系数为

$$K=\frac{\tan\varphi}{\tan\beta}\tag{7-26}$$

一般要求 $K>1.25\sim1.30$。

7.5.2 黏性土的土坡稳定分析

均质黏性土坡发生滑坡时，其滑动面形状大多数为近似于圆弧面的曲面，在进行理论分析时通常采用圆弧面计算。

条分法是黏性土坡稳定性分析的常用方法。其计算比较简单合理，在工程中应用较广，是一种试算法，具体分析步骤如下：

（1）按比例绘制土坡剖面图（图7-22）。

（2）任选一点 O 为圆心，以 OA 为半径（R）作圆弧 AD，AD 即为滑动圆弧面。

（3）将滑动面以上土体竖直分成宽度相等的若干土条，土条的宽度一般可取 $b=0.1R$（图7-22）。

（4）计算作用在任一土条 i 上的作用力（图7-22）。

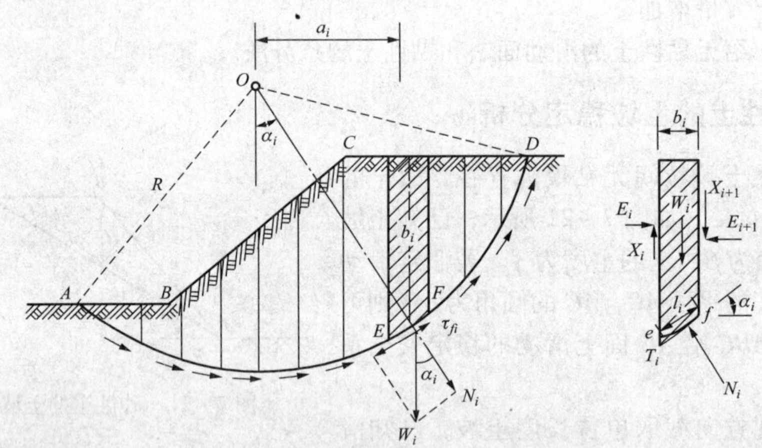

图7-22 条分法计算土坡稳定

土条的重力 W_i，其大小、作用点位置及方向均为已知。滑动面 EF 上的法向力 N_i 及切向反力 T_i，假定 N_i、T_i 作用在滑动面 EF 的中点，它们的大小均未知。土条两侧的法向力 E_i、E_{i+1} 及竖向剪切力 X_i、X_{i+1}，其中 E_i 和 X_i 可由前一个土条的平衡条件求得，而 E_{i+1} 和 X_{i+1} 的大小未知，E_{i+1} 的作用点位置也未知。由此可以看到，作用在土条 i 的作用力中有5个未知数，但只能建立3个平衡方程，故无法直接求解。为了求得 N_i、T_i 值，必须对土条两侧作用力的大小和位置作适当的假定。假设 E_i 和 X_i 的合力等于 E_{i+1} 和 X_{i+1} 的合力，同时它们的作用线也重合，因此土条两侧的作用力相互抵消。这时土条 i 仅有作用力 W_i、N_i 及 T_i，根据平衡条件可得

$$N_i = W_i\cos\alpha_i$$
$$T_i = W_i\sin\alpha_i$$

滑动面 EF 上土的抗剪强度为

$$\tau_{fi} = \sigma_i\tan\varphi_i + c_i = \frac{1}{l_i}(N_i\tan\varphi_i + c_i l_i) = \frac{1}{l_i}(W_i\cos\alpha_i\tan\varphi_i + c_i l_i)$$

式中 α_i——土条 i 滑动面的法线（亦即半径）与竖直线的夹角；

l_i——土条 i 滑动面 EF 的弧长；

c_i，φ_i——滑动面上的粘聚力及内摩擦角。

（5）计算滑动稳定系数 K（沿整个滑动面上的稳定力矩与滑动力矩之比）。

土条 i 上的作用力对圆心 O 产生的滑动力矩 M_s 及稳定力矩 M_r 分别为

$$M_s = T_i R = W_i R\sin\alpha_i ; M_r = \tau_{fi} l_i R = (W_i\cos\alpha_i\tan\varphi_i + c_i l_i)R$$

整个土坡相应与滑动面为 AD 时的稳定系数为

$$K = \frac{M_r}{M_s} = \frac{R\sum_{i=1}^{i=n}(W_i\cos\alpha_i\tan\varphi_i + c_i i_j)}{R\sum_{i=1}^{i=n}W_i\sin\alpha_i} \tag{7-27}$$

对于均质土坡，$c_i = c$、$\varphi_i = \varphi$，则可得

$$K = \frac{M_r}{M_s} = \frac{\tan\sum_{i=1}^{i=n}(W_i\cos\alpha_i + cl)}{\sum_{i=1}^{i=n}W_i\sin\alpha_i} \tag{7-28}$$

式中　l——滑动面 AD 的弧长。

（6）最危险滑动面圆心位置的确定。上面是对于某一个假定滑动面求得的稳定安全系数，因此需要试算许多个可能的滑动面，而相对于最小安全系数的滑动面即为最危险滑动面。

本章小结

1. 土压力的种类

由于土体作用于挡土结构产生的侧向压力，称为土压力。挡土墙后的土体处于弹性平衡状态时，作用在挡土墙上的土压力称为静止土压力；填土达到主动极限平衡时，作用在挡土墙上的土压力称为主动土压力；填土达到被动极限平衡时，作用在挡土墙上的土压力称为被动土压力。

2. 静止土压力的计算

由于墙背静止不动时，墙后填土无侧向位移，所以挡墙背在该点静止土压力强度就是该点由于土体自重所引起的水平应力，即 $p_0 = \sigma_x = \zeta\sigma_z = \zeta\gamma z$（kPa）。挡墙背后土体的静止土压力就等于墙背由土体自重所引起的水平应力的总和。

3. 朗金土压力理论

朗金土压力理论假定挡土墙是刚体、墙背铅直、光滑，填土表面水平延伸。墙后土体达到主动极限平衡状态时的最小主应力即是作用在挡土墙背上的主动土压力；被动极限平衡时最大主应力即是被动土压力。

朗金主动土压力计算步骤：

（1）计算每层土的主动土压力系数。

（2）分别计算各层土上、下层面处的主动土压力强度。

（3）用直线连接上下层面的土压力强度值，即绘出每层土压力分布图形。

（4）求合力三要素（大小、方向、作用线位置）。

4. 库伦土压力理论

库伦土压力理论的适用条件是填土为无黏性土。

库伦土压力理论假定该滑动面与水平面夹角为α，分析单位墙长后滑动土楔体上的作用力，由外力极限平衡条件得到土压力合力计算公式。由于库伦土压力理论只适用于无黏性土，所以库伦土压力强度随着深度逐渐增加，呈直线关系。因此，主动土压力强度和被动土压力强度沿墙高的分布图形均为三角形。

库伦土压力分布图面积等于合力，两种土压力的合力作用线的位置都在距离墙底$H/3$处。但主动土压力合力E_a的方向在墙背法线上方，与法线成δ角，而被动土压力合力E_p的方向在墙背法线下方，与法线成δ角。

5. 无黏性土的滑动面法和黏性土的条分法。

复习思考题

1. 何谓静止土压力、主动土压力、被动土压力？
2. 静止土压力的产生条件是什么？
3. 朗金理论忽略了墙与土之间的摩擦，对土压力计算结果有何影响？
4. 为何要将压力分布图形分成三角形和矩形分别计算合力？
5. 工程中什么情况用主动土压力？什么情况用被动土压力？举例说明。
6. 主动土压力与被动土压力的分布图形是否相同？为什么？
7. 朗金土压力理论和库伦土压力理论的原理有何不同？

习　　题

1. 某挡土墙高10m，墙背铅直光滑，墙后填土表面水平，有均布荷载$q=15\text{kPa}$，土的重度为$\gamma=20\text{kN/m}^3$，$\varphi=30°$，$c=0$。试计算墙背的主动土压力。

2. 某挡土墙高7m，墙背铅直光滑，填土表面水平，并作用有均布荷载$q=25\text{kPa}$。墙后填土分两层，上层厚3m，土的重度为$\gamma_1=19\text{kN/m}^3$，$\varphi_1=20°$，$c_1=12\text{kPa}$。地下水位埋深3m，水位以下土的重度为$\gamma_{\text{sat}}=18.6\text{kN/m}^3$，$\varphi_2=25°$，$c_2=7\text{kPa}$。试计算墙背的主动土压力。

第8章　天然地基上刚性浅基础

本章的知识要点

1. 掌握基础工程设计原则与设计要求。
2. 掌握基础埋置深度的影响因素与浅基础的各项设计验算内容。
3. 了解刚性扩大基础的施工要点。

8.1　概述

8.1.1　地基与基础的概念

任何结构物都建造在一定的地层上，结构物的全部荷载都由下面的地层来承担。受结构物影响的那一部分地层称为地基，结构物与地基接触的部分称为基础。对于浅基础而言，从地基的层次和位置看，它有持力层和下卧层之分。如图8－1所示，持力层即直接承受基础作用的地层。持力层以下的地层称之为下卧层，即位于持力层以下，处于被压缩或可能被剪损的一定深度内的土层。

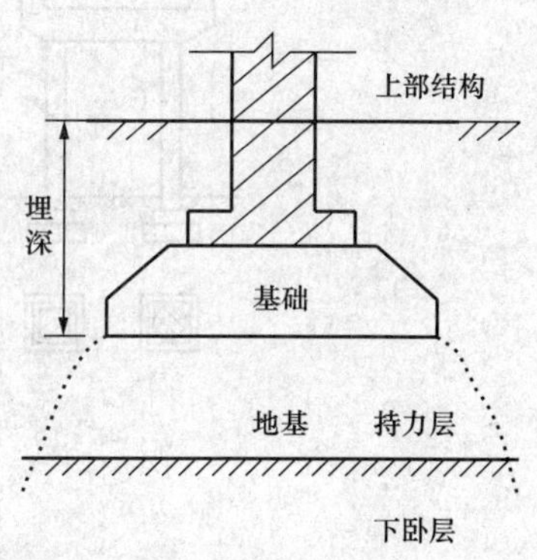

图8－1　地基、基础与上部结构关系

8.1.2　地基与基础的类型

地基可分为天然地基和人工地基。直接修筑基础的天然地层称之为天然地基；如果天然地层土质过于软弱或有不良的工程地质问题，则需要经过人工加固或处理后才能修筑基础，这种地基称之为人工地基。一般情况下，应尽量采用天然地基。

基础根据埋深分为浅基础和深基础。当浅层地基承载力较大时，可采用埋深较小的浅基础（5m以内）。浅基础施工方便，通常采用明挖法从地面开挖基坑后，直接在基坑底面修筑，是桥梁基础的首选方案。如果浅层土质不良，需要基础埋置于较深的良好土层上的，这种基础称之为深基础。深基础设计和施工较复杂，但具有良好的适应性和抗震性，因此在桥梁工程中普遍使用。常见的形式有桩基础、管柱和沉井。

天然地基浅基础，根据受力条件及构造可分为刚性基础和柔性基础两大类。基础受力后，不发生挠曲变形的基础称之为刚性基础，一般可用抗弯拉强度较差的圬工材料（如浆砌块石、片石、混凝土等）。这种基础不需要钢材，造价较低，但圬工体积较大，且支承面积受一定的限制。容许发生较大挠曲变形的基础称之为柔性基础，通常采用钢筋混凝土材料。由于钢筋可以承受较大的弯拉应力和剪应力，所以当地基承载力较小时，采用这种基础可以有较大的支承面积。在桥梁工程中，一般情况下，多数采用刚性基础，包括刚性扩大基础、单独和联合基础、条形基础，如图 8－2～图 8－5 所示。

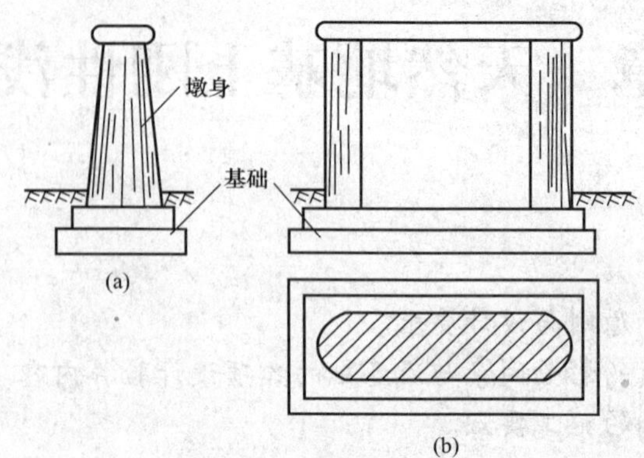

图 8－2 刚性扩大基础

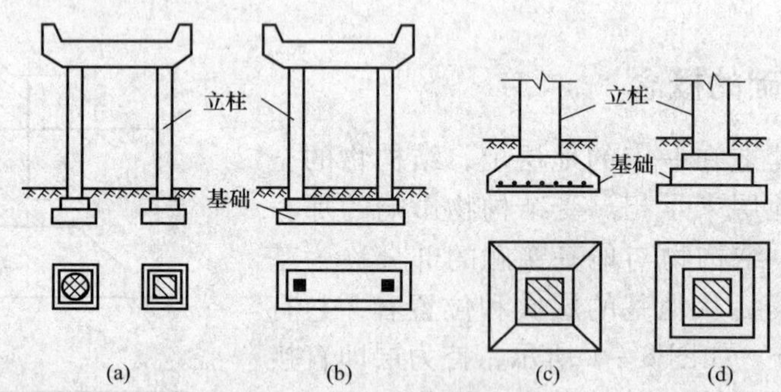

图 8－3 单独基础和联合基础

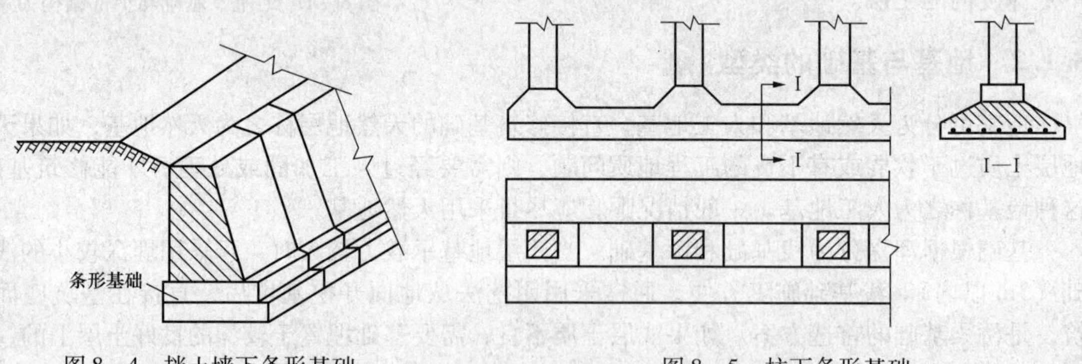

图 8－4 挡土墙下条形基础　　图 8－5 柱下条形基础

8.1.3 基础设计的原则、资料

1. 基础工程设计计算的原则

地基、基础、墩台和上部结构是共同工作且相互影响的，因此，基础工程设计应紧密结合上部结构、墩台特性和要求。上部结构的设计也应充分考虑地基的特点，把整个结构物作为一个整体，考虑其整体作用和各个组成部分的共同作用。全面分析结构物整体和各组成部分的设计可行性、安全性和经济性，把强度、变形和稳定性紧密地与现场条件、施工条件结

合起来，全面分析，综合考虑。

基础工程设计计算的目的是设计出安全、经济和可行的地基与基础，以保证结构物的安全和正常使用。因此，基础工程的设计计算的基本原则是：

（1）基础底面的压应力小于地基土的容许承载力。

（2）地基与基础的变形值小于结构物容许的沉降值。

（3）地基与基础的整体稳定性应得以保证。

（4）基础本身的强度应满足要求。

地基与基础方案的确定主要取决于地基土层的工程性质与水文地质条件、荷载特性、上部结构的形式及使用要求，以及材料的供应和施工技术等因素。方案选择的原则是力求使用上安全可靠，施工技术上简便可行和经济上合理。因此，必要时应作不同方案的比较，从中选择较为适宜合理的设计方案和施工方案。

2. 基础工程设计和施工所需资料

（1）建筑物情况。如上部结构形式和结构设计图、建筑物用途、桥梁和墩台的构造和尺寸等。选择基础的类型、形状和尺寸，必要时收集这方面资料。

（2）荷载作用情况。包括可能作用于建筑物上的各种荷载的大小、方向、作用位置、荷载性质等。

（3）水文资料。如桥梁所在江河水流上的高水位、低水位和常水位，水流流速及冲刷深度等。

（4）工程地质土质资料。主要是地质剖面图或柱状图。图上有各土层的分布状况、厚度、冻结深度、地下水位高度，土中有无大而硬的孤石或其他物质，岩面标高、倾斜度或其他的地质情况等，还必须有各种地基土必要的物理、力学性质指标。

（5）施工条件。包括施工队伍的人力、物力（主要是机具设备等）和技术水平（包括施工经验），投资和施工期限，以及附近的材料、水电供应和交通等情况。

桥梁的地基与基础在设计之前，应掌握有关全桥的资料，包括上部结构形式、跨径、作用、墩台结构等，以及国家颁布的有关桥梁设计和施工技术规范。同时，还应注意地质、水文资料的搜集和分析，重视土质和建筑材料的调查和试验。其中各项资料的内容范围可根据桥梁工程的规模、重要性及建桥地点的工程地质、水文条件的具体情况和设计阶段确定取舍。

8.1.4　计算作用的确定

桥梁的地基与基础承受着整个建筑物的自重及所传递的各种作用。这些作用有各自不同的特征，且各种作用出现的几率也不同。因此需将作用效应按几率和时间进行分类，并将实际与可能同时出现的作用效应组合起来，作为设计计算的依据。

1. 作用的分类

《公路桥涵设计通用规范》（JTG D60—2004）中规定：公路桥涵设计采用的作用分为永久作用、可变作用和偶然作用三类。

（1）永久作用是长期或恒定的作用。如结构物的重力、土的重力、土侧压力、水的浮力和基础变位作用力等。永久作用采用标准值，对结构自重可按结构构件的设计尺寸与材料的重力密度计算确定。

（2）可变作用。这类作用的时间和大小是可变的。如汽车荷载、汽车冲击力、汽车离心力、汽车引起的土侧压力、人群荷载、汽车制动力、风荷载、流水压力、支座摩擦阻力等。可变作用应根据不同的极限状态分别采用标准值、频遇值或准永久值。可变作用的标准值应按规范有关章节的规定采用，频遇值为可变作用标准值乘以频遇系数 ψ_1，准永久值为可变作用标准值乘以准永久值系数 ψ_2。

（3）偶然作用。偶然或极少出现的作用。如地震作用，船只或漂浮物的撞击作用等。偶然作用应根据调查、试验资料，结合工程经验确定其标准值。

作用的设计值规定为作用的标准值乘以相应的作用分项系数。

2. 作用效应组合

公路桥涵结构设计应按承载能力极限状态和正常使用极限状态进行作用效应组合，取其最不利效应组合进行设计。

公路桥涵结构按承载能力极限状态设计时，应采用以下两种作用效应组合。

（1）基本组合。永久作用的设计值效应与可变作用设计值效应相组合，其效应组合表达式为

$$\gamma_0 S_{ud} = \gamma_0 \left(\sum_{i=1}^{m} \gamma_{Gi} S_{Gik} + \gamma_{Q1} S_{Q1k} + \psi_C \sum_{j=2}^{n} \gamma_{Qj} S_{Qjk} \right) \tag{8-1}$$

或

$$\gamma_0 S_{ud} = \gamma_0 \left(\sum_{i=1}^{m} S_{Gid} + S_{Q1d} + \psi_C \sum_{j=2}^{n} S_{Qjd} \right) \tag{8-2}$$

式中 S_{ud}——承载能力极限状态下作用基本组合的效应组合设计值；

γ_0——结构重要性系数，对应于设计安全等级一级、二级和三级分别取 1.1、1.0、0.9；

γ_{Gi}——第 i 个永久作用效应的分项系数，应按表 8－1 的规定采用；

S_{Gik}、S_{Gid}——第 i 个永久作用效应的标准值和设计值；

γ_{Q1}——汽车荷载效应（含汽车冲击力、离心力）的分项系数，取 $\gamma_{Q1}=1.4$，当某个可变作用在效应组合中其值超过汽车荷载效应时，则该作用取代汽车荷载，其分项系数应采用汽车荷载的分项系数；对专为承受某作用而设置的结构或装置，设计时该作用的分项系数取与汽车荷载同值；计算人行道板和人行道栏杆的局部荷载，其分项系数也与汽车荷载同值；

S_{Q1k}、S_{Q1d}——汽车荷载效应（含汽车冲击力、离心力）的标准值和设计值；

γ_{Qj}——在作用效应组合中除汽车荷载效应（含汽车冲击力、离心力）、风荷载外的其他第 j 个可变作用效应的分项系数，取 $\gamma_{Qj}=1.4$，但风荷载的分项系数取 $\gamma_{Qj}=1.1$；

S_{Qjk}、S_{Qjd}——在作用效应组合中除汽车荷载效应（含汽车冲击力、离心力）外的其他第 j 个可变作用效应的标准值和设计值；

ψ_C——在作用效应组合中除汽车荷载效应（含汽车冲击力、离心力）外的其他可变作用效应的组合系数，当永久作用与汽车荷载和人群荷载（或其他一种可变作用）组合时，人群荷载（或其他一种可变作用）的组合系数取 $\psi_C=0.80$；当除汽车荷载（含汽车冲击力、离心力）外尚有两种其他可变作用参与组合时，其组合系数取 $\psi_C=0.70$；尚有三种可变作用参与组合时，其

组合系数取 $\psi_C=0.60$；尚有四种及多于四种的可变作用参与组合时，取 $\psi_C=0.50$。

设计弯桥时，当离心力与制动力同时参与组合时，制动力标准值或设计值按70%取用。

（2）偶然组合。永久作用标准值效应与可变作用某种代表值效应、一种偶然作用标准值效应相组合。偶然作用的效应分项系数取1.0。与偶然作用同时出现的可变作用，可根据观测资料和工程经验取用适当的代表值。地震作用标准值及其表达式按现行《公路工程抗震设计规范》规定采用。

表8－1　永久作用效应的分项系数

<table>
<tr><th rowspan="2">编号</th><th rowspan="2" colspan="2">作 用 类 别</th><th colspan="2">永久作用效应分项系数</th></tr>
<tr><th>对结构的承载能力不利时</th><th>对结构的承载能力有利时</th></tr>
<tr><td rowspan="2">1</td><td colspan="2">混凝土和圬工结构重力（包括结构附加重力）</td><td>1.2</td><td rowspan="2">1.0</td></tr>
<tr><td colspan="2">钢结构重力（包括结构附加重力）</td><td>1.1或1.2</td></tr>
<tr><td>2</td><td colspan="2">预应力</td><td>1.2</td><td>1.0</td></tr>
<tr><td>3</td><td colspan="2">土的重力</td><td>1.2</td><td>1.0</td></tr>
<tr><td>4</td><td colspan="2">混凝土的收缩及徐变作用</td><td>1.0</td><td>1.0</td></tr>
<tr><td>5</td><td colspan="2">土侧压力</td><td>1.4</td><td>1.0</td></tr>
<tr><td>6</td><td colspan="2">水的压力</td><td>1.0</td><td>1.0</td></tr>
<tr><td rowspan="2">7</td><td rowspan="2">基础变位作用</td><td>混凝土和圬工结构</td><td>0.5</td><td>0.5</td></tr>
<tr><td>钢结构</td><td>1.0</td><td>1.0</td></tr>
</table>

注：本表编号1中，当钢桥采用钢桥面板时，永久作用效应分项系数取1.1；当采用混凝土桥面板时，取1.2。

公路桥涵结构按正常使用极限状态设计时，应根据不同的设计要求，采用以下两种效应组合。

（1）作用短期效应组合。永久作用标准值效应与可变作用频遇值效应相组合，其效应组合表达式为

$$S_{sd}=\sum_{i=1}^{m}S_{Gik}+\sum_{j=1}^{n}\psi_{1j}S_{Qjk} \tag{8-3}$$

式中　S_{sd}——作用短期效应组合设计值；

ψ_{1j}——第 j 个可变作用效应的频遇值系数，汽车荷载（不计冲击力）$\psi_1=0.7$，人群荷载 $\psi_1=1.0$，风荷载 $\psi_1=0.75$，温度梯度作用 $\psi_1=0.8$，其他作用 $\psi_1=1.0$；

$\psi_{1j}S_{Qjk}$——第 j 个可变作用效应的频遇值。

（2）作用长期效应组合。永久作用标准值效应与可变作用准永久值效应相组合，其效应组合表达式为

$$S_{ld}=\sum_{i=1}^{m}S_{Gik}+\sum_{j=1}^{n}\psi_{2j}S_{Qjk} \tag{8-4}$$

式中　S_{ld}——作用长期效应组合设计值；

ψ_{2j}——第 j 个可变作用效应的准永久值系数，汽车荷载（不计冲击力）$\psi_2=0.4$，人群荷载 $\psi_2=0.4$，风荷载 $\psi_2=0.75$，温度梯度作用 $\psi_2=0.8$，其他作用

$\psi_2 = 1.0$；

$\psi_{2j}S_{Qjk}$——第 j 个可变作用效应的准永久值。

8.2 基础埋置深度的选择

从地面标高到基础底面的距离称为基础的埋置深度。选择基础的埋置深度是地基基础设计中的重要步骤，实质上就是选择合适的地基持力层。同时还要综合考虑地基的地质、地形条件、河流的冲刷程度、当地的冻结深度、上部结构形式，以及保证持力层稳定所需的最小埋深和施工技术条件等因素。基础埋置深度的确定，对桥梁的造价、施工工期、施工技术及桥梁的安全和正常使用等影响很大。

8.2.1 地基的地质条件

根据各土层界面情况及土的不同性质，可以大致估计出它们的容许承载力，同时结合桥梁荷载的大小，就可以大体上判断哪一层作为持力层，从而可初步确定埋置深度。有时可作为持力层的土层不止一个，且各有利弊，因此可以选择不同的基础类型。基础应尽量浅埋，这样可以使施工简单，造价降低。

对于覆盖层较薄的岩石地基，一般应清除覆盖土和风化层，将基础直接修建在新鲜的岩层上。如风化层较厚，清除有困难，在保证安全的条件下，基础可设在风化层内，但埋深要根据风化程度及相应的承载力予以确定。当岩层倾斜时，要切忌将基础一部分置于岩层上，而另一部分则置于土层上，以免发生不均匀沉降、倾斜甚至断裂。

8.2.2 河流的冲刷影响

桥梁墩台的修建，往往使流水面积缩小，流速增加，引起水流冲刷河床，特别是山区和丘陵地区的河流，更应注意考虑季节性洪水的冲刷作用。

对于涵洞基础，在无冲刷处（岩石地基除外），应设在地面或河床底以下埋深不小于1m处；如有冲刷，基底埋深应在局部冲刷线以下不小于1m；如河床上有铺砌层，基础底面宜设置在铺砌层顶面以下不小于1m。

非岩石河床桥梁墩台基底埋深安全值可按表8－2确定。

表8－2 基底埋深安全值 （单位：m）

桥梁类别 \ 总冲刷深度	0	5	10	15	20
大桥、中桥、小桥（不铺砌）	1.5	2.0	2.5	3.0	3.5
特大桥	2.0	2.5	3.0	3.5	4.0

注：1. 总冲刷深度为自河床面算起的河床自然演变冲刷、一般冲刷与局部冲刷深度之和。

2. 表列数值为墩台基础埋入总冲刷深度以下的最小值；若对设计流量、水位和原始断面资料无把握或不能获得河床演变准确资料时，其值宜适当加大。

3. 若桥位上下游有已建桥梁，应调查已建桥梁的特大洪水冲刷情况。新建桥梁墩台基础的埋置深度不宜小于已建桥梁的冲刷深度，且应根据具体情况酌加必要的安全值。

4. 如河床上有铺砌层时基础底面宜设置在铺砌层顶面以下不小于1m。

位于河槽的桥台，当其最大冲刷深度小于桥墩总冲刷深度时，桥台基底的埋深应与桥墩基底相同。当桥台位于河滩时，对河槽摆动不稳定的河流，桥台基底高程应与桥墩基底高程相同；在稳定河流上的，桥台基底高程可按照桥台冲刷结果确定。

8.2.3　冻结深度的影响

在寒冷地区，应考虑由于季节性的冰冻和融化对地基土引起的冻胀影响。产生冻胀的原因是由于冬季气温下降，当地面以下一定深度内土的温度达到冰冻温度时，土的孔隙中水分开始冻结，体积产生一定的膨胀；对于冻胀性土，如温度在较长时间内保持在冻结温度下，水分能从未冻结土层不断地向冻结区迁移，引起地基的冻胀和隆起，这些都可能使基础遭受损害。因此冻结深度对基础的影响应符合下列规定：

（1）当墩台基底设置在不冻胀土层中时，基底埋深可不受冻深的限制。

（2）上部为外超静定结构的桥涵基础，其地基为冻胀土层时，应将基底埋入冻结线以下不小于0.25m。

（3）当墩台基础设置在季节性冻胀土层中时，基底的最小埋置深度可按下式计算：

$$d_{min} = z_d - h_{max} \tag{8-5}$$

$$z_d = \psi_{zs}\psi_{zw}\psi_{ze}\psi_{zg}\psi_{zf}z_0 \tag{8-6}$$

式中　d_{min}——基底最小埋置深度，单位为m；

z_d——设计冻深，单位为m；

z_0——标准冻深，单位为m；无实测资料时，可按规范采用；

ψ_{zs}——土的类别对冻深的影响系数，按表8-3采用；

ψ_{zw}——土的冻胀性对冻深的影响系数，按表8-4采用；

ψ_{ze}——环境对冻深的影响系数，按表8-5采用；

ψ_{zg}——地形坡向对冻深的影响系数，按表8-6采用；

ψ_{zf}——基础对冻深的影响系数，取$\psi_{zf}=1.1$；

h_{max}——基础底面下容许最大冻层厚度，单位为m，按表8-7查取。

表8-3　土的类别对冻深的影响系数 ψ_{zs}

土的类别	黏性土	细砂、粉砂、粉土	中砂、粗砂、砾砂	碎石土
ψ_{zs}	1.00	1.20	1.30	1.40

表8-4　土的冻胀性对冻深的影响系数 ψ_{zw}

冻胀性	不冻胀	弱冻胀	冻胀	强冻胀	特强冻胀	极强冻胀
ψ_{zw}	1.00	0.95	0.90	0.85	0.80	0.75

表8-5　环境对冻深的影响系数 ψ_{ze}

周围环境	村、镇、旷野	城市近郊	城市市区
ψ_{ze}	1.00	0.95	0.90

注：当城市市区人口为20～50万时，按城市近郊取值；当城市市区人口大于50万、小于或等于100万时，按城市市区取值；当城市市区人口超过100万时，按城市市区取值；5km以内的郊区应按城市近郊取值。

表 8-6　　地形坡向对冻深的影响系数 ψ_{zg}

地形坡向	平坦	阳坡	阴坡
ψ_{zg}	1.0	0.9	1.1

表 8-7　　不同冻胀土类别在基础底面下容许最大冻层厚度 h_{max}

冻胀土类别	弱冻胀	冻胀	强冻胀	特强冻胀	极强冻胀
h_{max}	$0.38z_0$	$0.28z_0$	$0.15z_0$	$0.08z_0$	0

注：z_0 为标准冻深，单位为 m。

（4）涵洞基础设置在季节性冻土地基上，出入口和自两端洞口向内各 2～6m 的范围内（或可采用不小于 2m 的一段涵节长度）涵身基底的埋置深度可按式（8-5）计算确定。涵洞中间部分的基础埋深，可根据地区经验确定。严寒地区，当涵洞中间部分基础的埋深与洞口埋深相差较大时，其连接处应设置过渡段。冻结较深地区，也可采用将基底至冻结线处的地基土换填为粗颗粒土（包括碎石土、砾砂、粗砂、中砂，但其中粉黏粒含量不应大于 15%，或粒径小于 0.1mm 的颗粒不应大于 25%）的措施。

8.2.4 最小埋置深度的影响

地表土直接和大气接触，因气候的变化而经受剧烈的风化作用和雨水经常性的直接冲蚀，有时还会受动物的扰动。所以为了保证基础的稳定，一般不宜将基础直接放置在地面上。规范规定：涵洞基础，在无冲刷处（岩石地基除外），应设在地面或河床以下埋置不小于 1m 处；若有冲刷，基底埋深应在局部冲刷线以下不小于 1m；如河床上有铺砌层时，基础底面宜设置在铺砌层顶面以下不小于 1m。

8.2.5 施工条件

施工条件如机具设备、施工期限等，会影响基础类型的选择，而基础类型与基础的埋置深度有密切关系，故应考虑此项因素的影响。

8.3 刚性浅基础尺寸的拟定

基础尺寸的拟定是基础设计中的重要内容之一，拟定尺寸恰当，可以减少重复的计算工作。刚性浅基础尺寸的拟定包括基础的高度、基础的平面尺寸和基础的立面尺寸。

1. 基础高度的拟定

根据墩、台身的结构形式，所受作用的大小，选用的基础材料等因素来确定基础的高度。基底高程应符合基础埋置深度的要求。水中基础顶面一般不高于最低水位；在季节性河流或旱地上的桥梁墩、台基础，则不宜高出地面，以防碰损。这样基础高度可按上述要求所确定的基础底面和顶面标高求得。在一般情况下，大型桥梁的墩、台混凝土基础厚度不小于 1m，中小桥也不应小于 0.5m。如果采用台阶的基础形式，则各层台阶宜采用相同厚度。

2. 基础平面尺寸的拟定

基础平面形式一般应根据墩、台身底面的形状而确定，基础平面形状通常采用矩形。基础底面长度尺寸与高度有以下的关系式（如图 8－6 所示）。

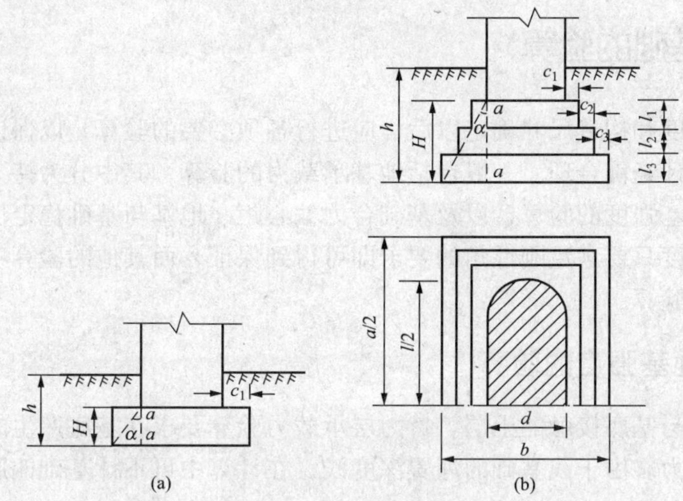

图 8－6　刚性扩大基础剖面、平面图

长度（横桥向）　$a = l + 2H\tan\alpha$　(8－7)

宽度（顺桥向）　$b = d + 2H\tan\alpha$　(8－8)

式中　l——墩、台身底截面横桥向长度，单位为 m；

d——墩、台身底截面宽度，单位为 m；

H——基础高度，单位为 m；

α——墩、台身底截面边缘至基础底面边缘与垂线间的夹角。

3. 基础立面尺寸的拟定

刚性扩大基础的立面形式一般为矩形或台阶形，如图 8－6 所示。自墩、台身底面边缘至基础顶面边缘距离 c_1 称为襟边。其功能一方面是扩大基底面积、增加基础承载力，同时也便于调整基础施工时在平面尺寸上可能发生的误差，也为了支立墩、台身模板的需要。其值应视基底面积的要求、基础厚度及施工方法而定。桥梁墩台基础襟边最小值为 20～50cm。

基础较厚（超过 1m 以上）时，可将基础的立面浇砌成台阶形，如图 8－6 所示。基础悬出部分（包括襟边与台阶宽度之和），应在基底反力作用下，在 $a-a$ 截面（图 8－6）所产生的弯曲拉力和剪应力不超过基础圬工的强度限值。所以满足上述要求时，就可得到自墩台身边缘处的垂线与基底边缘的联线间的最大夹角 α_{max}，称为刚性角。在设计时，应使每个台阶宽度 c_i 与高度 t_i 保持在一定比例内，使其夹角 $\alpha_i \leqslant \alpha_{max}$，这时可认为属刚性基础，不必对基础进行弯曲拉应力和剪应力的强度验算，在基础中也可不设置受力钢筋。刚性角 α_{max} 的数值是与基础所用的圬工材料强度有关。根据试验，常用的基础材料的 α_{max} 值可按下面提供的数值取用：

1）片石、块石、粗料石砌体，当用 M5 的砂浆砌筑时，$\alpha_{max} \leqslant 30°$。

2）片石、块石、粗料石砌体，当用 M5 以上的砂浆砌筑时，$\alpha_{max} \leqslant 35°$。

3）混凝土浇筑时，$\alpha_{max} \leqslant 40°$。

4）基础每层台阶高度 t_i，通常为 50～100cm。

所拟定的基础尺寸，应是在可能的最不利作用组合的条件下，能保证基础本身有足够的结构强度，并能使地基与基础的承载力和稳定性均能满足规定要求。

8.4 地基与基础的验算

在基础埋置深度和构造尺寸确定以后，应进行各项必要的验算，以保证结构物的安全和正常使用，并使设计经济合理。一般包括地基承载力的验算，其中分为持力层地基强度的验算、软弱下卧层地基强度的验算，以及基础合力偏心距、地基与基础稳定性、基础沉降的验算。基础本身的强度只要满足刚性角的要求即可得到保证，而其他的验算项目则应在不同作用效应组合下进行验算。

8.4.1 持力层地基强度的验算

持力层是直接与基底接触的土层。持力层承载力验算要求在基底产生的地基应力不超过持力层的容许承载力。由于浅基础的埋置深度浅，在计算中可不计基础四周的摩擦阻力和弹性抗力的作用。

（1）当基底只承受轴心荷载时。

$$P=\frac{N}{A}\leqslant[f_a] \tag{8-9}$$

式中 P——基底平均压应力，单位为 kPa；

N——作用短期效应组合在基底产生的竖向力，单位为 kN；

A——基础底面面积，单位为 m^2；

$[f_a]$——修正后的地基承载力容许值，单位为 kPa。

（2）当基底单向偏心受压，承受竖向力 N 和弯矩 M 共同作用时，当基底合力偏心距 $e_0=\frac{M}{N}\leqslant\rho$ 时，应符合下列条件：

$$P_{max}=\frac{N}{A}+\frac{M}{W}\leqslant\gamma_R[f_a] \tag{8-10}$$

式中 P_{max}——基底最大压应力，单位为 kPa；

M——作用短期效应组合产生于墩台的水平力和竖向力对基底重心轴的弯矩，单位为 kN·m，$M=\sum T_i h_i+\sum P_i e_i=Ne_0$，其中 T_i 为水平力，h_i 为水平力作用点至基底的距离，P_i 为竖向力，e_i 为竖向力 P_i 作用点至基底形心的偏心距，e_0 为合力偏心距；

W——基础底面偏心方向面积抵抗矩，如为矩形基底，$W=1/6ab^2=\rho A$，ρ 为基底核心半径；

γ_R——抗力系数，其规定见第 6 章地基承载力容许值提高的说明。

对设置在基岩上的墩台基础，当基底合力偏心距超出核心半径（$e_0>\rho$）时，仅按受压区计算基底最大压应力，不考虑基底承受拉力。

$$p_{max}=\frac{2N}{3da}=\frac{2N}{3\left(\frac{b}{2}-e_0\right)a} \tag{8-11}$$

（3）当基底双向偏心受压，承受竖向力 N 和绕 x 轴弯矩 M_x 与绕 y 轴弯矩 M_y 共同作用时，应符合下列条件：

$$p_{\max}=\frac{N}{A}+\frac{M_x}{W_x}+\frac{M_y}{W_y}\leqslant r_R[f_a] \tag{8-12}$$

式中　M_x，M_y——作用于基底的水平力和竖向力绕 x 轴和 y 轴对基底的弯矩；

W_x，W_y——基础底面偏心方向边缘绕 x 轴和 y 轴的面积抵抗矩。

规范规定，地基进行竖向承载力验算时，传至基底或承台底面的作用效应，应按正常使用极限状态的短期效应组合采用；同时尚应考虑作用效应的偶然组合（不包括地震作用）。作用效应组合值应小于或等于相应的抗力——地基承载力容许值或单桩承载力容许值。

当采用作用短期效应组合时，其中可变作用的频遇值系数均取 1.0，且汽车荷载应计入冲击系数。

8.4.2　软弱下卧层强度验算

当受压层范围内地基为多层土组成，且持力层以下有软弱下卧层（容许承载力小于持力层容许承载力的土层）时，还应验算软弱下卧层的承载力。

$$P_z=\gamma_1(h+z)+\alpha(p-\gamma_2 h)\leqslant\gamma_R[f_a]_{h+z} \tag{8-13}$$

式中　P_z——软弱地基或软土层的压应力；

h——基底的埋置深度，单位为 m；当基础受水流冲刷时，由一般冲刷线算起；当不受水流冲刷时，由天然地面算起；如位于挖方内，则由开挖后地面算起；

z——从基底到软弱地基或软土层地基顶面的距离，单位为 m，如图 8－7 所示；

γ_1——深度（$h+z$）范围内各土层的换算重度，单位为 kN/m^3；

α——土中附加压应力系数，参见表 8－8；

p——基底压应力，单位为 kPa；当 $z/b>1$ 时，p 采用基底平均压应力；当 $z/b\leqslant1$ 时，p 按基底压应力图形采用距最大压应力点 $b/3$ ~ $b/4$ 处的压应力（对于梯形图形前后端压应力差值较大时，可采用上述 $b/4$ 点处的压应力值；反之，则采用上述 $b/3$ 处压应力值），以上 b 为矩形基底宽度；

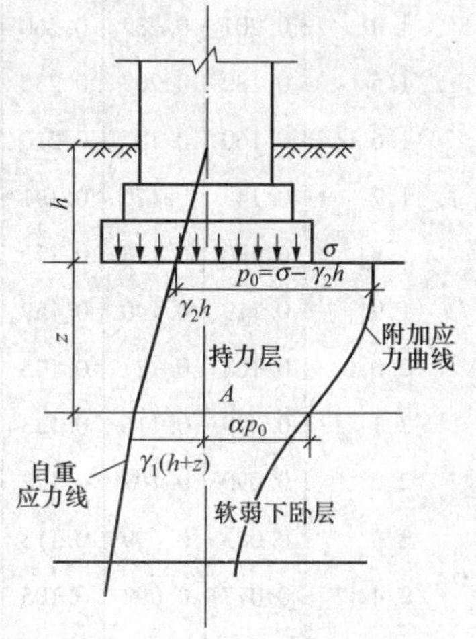

图 8－7　软弱下卧层压应力分布图

$[f_a]_{h+z}$——软弱地基或软土层地基顶面土的承载力容许值。参照地基承载力容许值规范方法计算。

$$[f_a]_{h+z}=[f_{a0}]_{h+z}+k_1\gamma_1(b-2)+k_2\gamma_2(h+z-3) \tag{8-14}$$

$[f_{a0}]_{h+z}$——软弱下卧层地基承载力基本容许值，参考第五章内容，根据软弱下卧层地基参数查规范确定。

表 8-8　桥涵基底中点下卧层附加压力系数 α

z/b \ l/b	1.0	1.2	1.4	1.6	1.8	2.0	2.4	2.8	3.2	3.6	4.0	5.0	≥10（条形）
0.0	1.000	1.000	1.000	1.000	1.000	1.000	1.000	1.000	1.000	1.000	1.000	1.000	1.000
0.1	0.980	0.984	0.986	0.987	0.987	0.988	0.988	0.989	0.989	0.989	0.989	0.989	0.989
0.2	0.960	0.968	0.972	0.974	0.975	0.976	0.976	0.977	0.977	0.977	0.977	0.977	0.977
0.3	0.880	0.899	0.910	0.917	0.920	0.923	0.925	0.928	0.928	0.929	0.929	0.929	0.929
0.4	0.800	0.830	0.848	0.859	0.866	0.870	0.875	0.878	0.879	0.880	0.880	0.881	0.881
0.5	0.703	0.741	0.765	0.781	0.791	0.799	0.810	0.812	0.814	0.816	0.817	0.818	0.818
0.6	0.606	0.651	0.682	0.703	0.717	0.727	0.737	0.746	0.749	0.751	0.753	0.754	0.755
0.7	0.527	0.574	0.607	0.630	0.648	0.660	0.674	0.685	0.690	0.692	0.694	0.697	0.698
0.8	0.449	0.496	0.532	0.558	0.578	0.593	0.612	0.623	0.630	0.633	0.636	0.639	0.642
0.9	0.392	0.437	0.473	0.499	0.520	0.536	0.559	0.572	0.579	0.584	0.588	0.592	0.596
1.0	0.334	0.378	0.414	0.441	0.463	0.482	0.505	0.520	0.529	0.536	0.540	0.545	0.550
1.1	0.295	0.336	0.369	0.396	0.418	0.436	0.462	0.479	0.489	0.496	0.501	0.508	0.513
1.2	0.257	0.294	0.325	0.352	0.374	0.392	0.419	0.437	0.449	0.457	0.462	0.470	0.477
1.3	0.229	0.263	0.292	0.318	0.339	0.357	0.384	0.403	0.416	0.424	0.431	0.440	0.448
1.4	0.201	0.232	0.260	0.284	0.304	0.321	0.350	0.369	0.383	0.393	0.400	0.410	0.420
1.5	0.180	0.209	0.235	0.258	0.277	0.294	0.322	0.341	0.356	0.366	0.374	0.385	0.397
1.6	0.160	0.187	0.210	0.232	0.251	0.267	0.294	0.314	0.329	0.340	0.348	0.360	0.374
1.7	0.145	0.170	0.191	0.212	0.230	0.245	0.272	0.292	0.307	0.317	0.326	0.340	0.355
1.8	0.130	0.153	0.173	0.192	0.209	0.224	0.250	0.270	0.285	0.296	0.305	0.320	0.337
1.9	0.119	0.140	0.159	0.177	0.192	0.207	0.233	0.251	0.263	0.278	0.288	0.303	0.320
2.0	0.108	0.127	0.145	0.161	0.176	0.189	0.214	0.233	0.241	0.260	0.270	0.285	0.304
2.1	0.099	0.116	0.133	0.148	0.163	0.176	0.199	0.220	0.230	0.244	0.255	0.270	0.292
2.2	0.090	0.107	0.122	0.137	0.150	0.163	0.185	0.208	0.218	0.230	0.239	0.256	0.280
2.3	0.083	0.099	0.113	0.127	0.139	0.151	0.173	0.193	0.205	0.216	0.226	0.243	0.269
2.4	0.077	0.092	0.105	0.118	0.130	0.141	0.161	0.178	0.192	0.204	0.213	0.230	0.258
2.5	0.072	0.085	0.097	0.109	0.121	0.131	0.151	0.167	0.181	0.192	0.202	0.219	0.249
2.6	0.066	0.079	0.091	0.102	0.112	0.123	0.141	0.157	0.170	0.184	0.191	0.208	0.239
2.7	0.062	0.073	0.084	0.095	0.105	0.115	0.132	0.148	0.161	0.174	0.182	0.199	0.234
2.8	0.058	0.069	0.079	0.089	0.099	0.108	0.124	0.139	0.152	0.163	0.172	0.189	0.228
2.9	0.054	0.064	0.074	0.083	0.093	0.101	0.177	0.132	0.144	0.155	0.163	0.180	0.218
3.0	0.051	0.060	0.070	0.078	0.087	0.095	0.110	0.124	0.136	0.146	0.155	0.172	0.208
3.2	0.045	0.053	0.062	0.070	0.077	0.085	0.098	0.111	0.122	0.133	0.141	0.158	0.190
3.4	0.040	0.048	0.055	0.062	0.069	0.076	0.088	0.100	0.110	0.120	0.128	0.144	0.184
3.6	0.036	0.042	0.049	0.056	0.062	0.068	0.080	0.090	0.100	0.109	0.117	0.133	0.175
3.8	0.032	0.038	0.044	0.050	0.056	0.062	0.072	0.082	0.091	0.100	0.107	0.123	0.166

续表

z/b \ l/b	1.0	1.2	1.4	1.6	1.8	2.0	2.4	2.8	3.2	3.6	4.0	5.0	≥10（条形）
4.0	0.029	0.035	0.040	0.046	0.051	0.056	0.066	0.075	0.084	0.090	0.095	0.113	0.158
4.2	0.026	0.031	0.037	0.042	0.048	0.051	0.060	0.069	0.077	0.084	0.091	0.105	0.150
4.4	0.024	0.029	0.034	0.038	0.042	0.047	0.055	0.063	0.070	0.077	0.084	0.098	0.144
4.6	0.022	0.026	0.031	0.035	0.039	0.043	0.051	0.058	0.065	0.072	0.078	0.091	0.137
4.8	0.020	0.024	0.028	0.032	0.036	0.040	0.047	0.054	0.060	0.067	0.072	0.085	0.132
5.0	0.019	0.022	0.026	0.030	0.033	0.037	0.044	0.050	0.056	0.062	0.067	0.079	0.126

注：l，b 为矩形基础边缘的长边和短边，单位为 m；z 为基底至下卧层土面的距离，单位为 m。

8.4.3　基底合力偏心距验算

墩台基础的设计计算，必须控制基底合力偏心距，其目的是尽可能使基底应力分布比较均匀，以避免基底两侧应力相差过大，使基础产生较大的不均匀沉降，墩台发生倾斜，影响正常使用。故在计算中应对基底合力偏心距 e_0 加以控制，并满足《公路桥涵地基与基础设计规范》（JTG D63—2007）的规定（表 8－9）。

表 8－9　墩台基底的合力偏心距容许值 [e_0]

作用情况	地基条件	合力偏心距	备注
墩台仅承受永久作用标准值效应组合	非岩石地基	桥墩 [e_0] ≤0.1ρ	拱桥、刚构桥墩台，其合力作用点应尽量保持在基底重心附近
		桥台 [e_0] ≤0.75ρ	
墩台承受作用标准值效应组合或偶然作用（地震作用除外）标准值效应组合	非岩石地基	[e_0] ≤ρ	拱桥单向推力墩不受限制，但应符合规范表 4.4.3 规定的抗倾覆稳定系数
	较破碎—极破碎岩石地基	[e_0] ≤1.2ρ	
	完整、较完整岩石地基	[e_0] ≤1.5ρ	

基底以上外力作用点对基底重心轴的偏心距 e_0 按下式计算：

$$e_0=\frac{M}{N}\leqslant[e_0] \tag{8-15}$$

式中　M，N——作用于基底的竖向力和所有外力（竖向力、水平力）对基底截面重心的弯矩。

基底承受单向或双向偏心受压的 ρ 值可按下式计算：

$$\rho=\frac{e_0}{\left(1-\frac{p_{\min}A}{N}\right)} \tag{8-16}$$

式中　$p_{\min}$——基底最小压应力，当为负值时表示拉应力；

e_0——N 作用点距截面重心的距离。

8.4.4 基础稳定性验算

基础稳定性验算包括基础的抗倾覆稳定性验算和基础抗滑动稳定性验算。

（1）桥梁墩台基础的抗倾覆稳定（图8－8），按下式计算。

$$K_0=\frac{S}{e_0} \tag{8-17}$$

$$e_0=\frac{\sum P_ie_i+\sum H_ih_i}{\sum P_i} \tag{8-18}$$

式中 K_0——磩台基础抗倾覆稳定性系数；

S——在截面重心至合力作用点的延长线上，自截面重心至验算倾覆轴的距离，单位为m；

e_0——所有外力的合力 R 在验算截面的作用点对基底重心轴的偏心距；

P_i——不考虑其分项系数和组合系数的作用标准值组合或偶然作用（地震除外）标准值组合引起的竖向力，单位为kN；

e_i——竖向力 P_i 对验算截面重心的力臂，单位为m；

H_i——不考虑其分项系数和组合系数的作用标准值组合或偶然作用（地震除外）标准值组合引起的水平力，单位为kN；

h_i——水平力对验算截面的力臂，单位为m。

其中：① 弯矩应视其绕验算截面重心轴的不同方向取正负号；② 对于矩形凹缺的多边形基础，其倾覆轴应取基底截面的外包线。

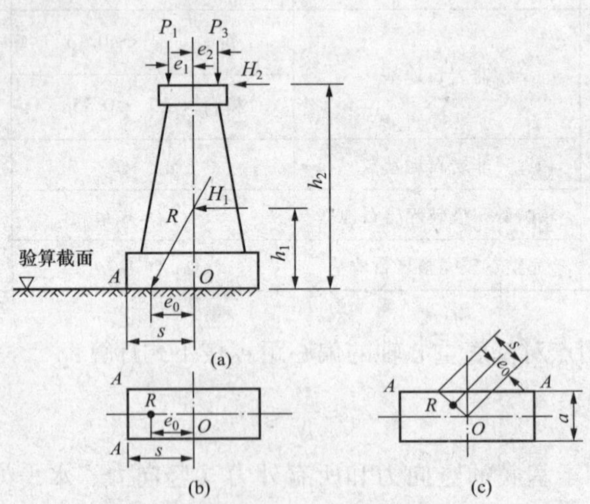

图8－8 磩台基础的稳定验算示意图

（a）立面；（b）平面（单向偏心）；（c）平面（双向偏心）

O—截面重心；R—合力作用点；$A-A$—验算倾覆轴

（2）桥涵墩台基础的抗滑稳定性系数 K_c 按下式计算。

$$K_c=\frac{\mu\sum P_i+\sum H_{ip}}{\sum H_{ia}} \tag{8-19}$$

式中 K_c——桥涵墩台基础的抗滑动稳定性系数；

$\sum P_i$——竖向力总和；

$\sum H_{ip}$——抗滑稳定水平力总和；

$\sum H_{ia}$——滑动水平力总和；

μ——基础底面与地基土之间的摩擦系数，通过试验确定；当缺少实际资料时，可参照表8－10采用。

其中，$\sum H_{ip}$ 和 $\sum H_{ia}$ 分别为两个相对方向的各自水平力总和，绝对值较大者为滑动水平力 $\sum H_{ia}$，另一为抗滑稳定力 $\sum H_{ip}$；$\mu \sum P_i$ 为抗滑动稳定力。

表8－10 基底摩擦系数

地基土分类	μ	地基土分类	μ
黏土（流塑～坚硬）、粉土	0.25	软岩（极软岩～较软岩）	0.40～0.60
砂土（粉砂～砾砂）	0.30～0.40	硬岩（较硬岩～坚硬岩）	0.60，0.70
碎石土（松散～密实）	0.40～0.50		

验算墩台抗倾覆和抗滑动的稳定性时，稳定性系数不应小于表8－11的规定。

表8－11 抗倾覆和抗滑动的稳定性系数

作用组合		验算项目	稳定性系数
使用阶段	永久作用（不计混凝土收缩及徐变、浮力）和汽车、人群的标准值效应组合	抗倾覆 抗滑动	1.5 1.3
	各种作用（不包括地震作用）的标准值效应组合	抗倾覆 抗滑动	1.3 1.2
施工阶段作用的标准值效应组合		抗倾覆 抗滑动	1.2

8.4.5 基础沉降验算

基础的沉降验算包括沉降量、相邻基础沉降差、基础由于不均匀沉降而发生的倾斜等。基础的沉降主要是由竖向荷载作用下土层的压缩变形引起的。沉降量过大将影响结构物的正常使用和安全，应加以限制。在确定一般土质的地基容许承载力时，已考虑了这一变形的因素，所以修建在一般土质条件下的中、小型桥梁基础，只要满足地基强度要求，地基（基础）的沉降也就满足了要求。但对于下列情况，则必须验算基础的沉降。

（1）修建在地质情况复杂、地层分布不均或强度较小的软黏土地基及湿陷性黄土的基础。

（2）修建在非岩石地基上的拱桥、连续梁桥等超静定结构的基础。

（3）当相邻基础下地基土强度有显著不同或相邻跨度相差悬殊而必须考虑其沉降时。

（4）对于跨线桥、跨线渡槽要保证桥（槽）下净空高度时。

对于公路桥梁，基础上结构重力和土重作用对沉降影响是主要的，汽车等活载作用时间短暂，对沉降影响小，所以在沉降计算中不予考虑。

计算基础沉降时，传至基础底面的作用效应应按正常使用极限状态下作用长期效应组合采用。该组合仅为直接施加于结构上的永久作用标准值（不包括混凝土收缩及徐变作用、基础变位作用）和可变作用准永久值（仅按汽车荷载和人群荷载）引起的效应。

【例题 8－1】 某桥墩为混凝土实体墩，刚性扩大基础，作用短期效应组合产生作用力：支座反力为 840kN 及 930kN；桥墩及基础自重为 5480kN；设计水位以下墩身及基础浮力 1200kN；制动力 84kN；墩帽与墩身风力分为 2.1kN 和 16.8kN。结构尺寸及地质、水文资料如图 8－9 所示，基础宽 3.1m，长 9.9m。要求验算：① 地基承载力；② 基底合力偏心距；③ 基础稳定性。

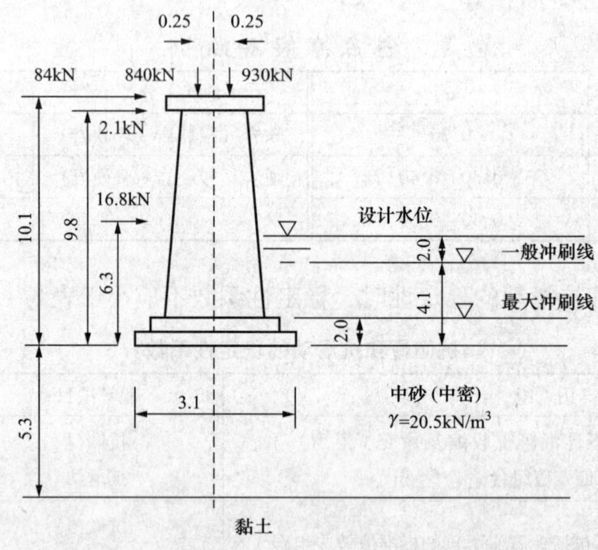

$\gamma = 19.5\text{kN/m}^3$；$e_0 = 0.8$；$I_1 = 1.0$

图 8－9　结构尺寸及地质、水文资料（尺寸单位：m）

解：（1）地基强度验算。

1）持力层强度验算。持力层为中砂 $[f_{a_0}] = 370\text{kPa}$，宽度、深度修正系数 $K_1 = 2.0$，$K_2 = 4.0$；则修正后的地基承载力容许值 $[f_a]$ 为

$$[f_a] = [f_{a_0}] + K_1\gamma_1(b-2) + K_2\gamma_2(h-3)$$

$$= 370 + 2.0 \times (20.5-10) \times (3.1-2)\text{kPa} + 4.0 \times (20.5-10) \times (4.1-3)\text{kPa} = 439.3\text{kPa}$$

根据《公路桥涵设计通用规范》（JTG D60—2004）规定，基础底面位于透水性地基上的桥梁墩台，当验算稳定时，应考虑设计水位的浮力；当验算地基应力时，可仅考虑低水位的浮力，或不考虑水的浮力。

基底竖向力 $N = 840\text{kN} + 930\text{kN} + 5480\text{kN} = 7250\text{kN}$

水平力 $T = 84\text{kN} + 2.1\text{kN} + 16.8\text{kN} = 102.9\text{kN}$

基底重心轴弯距 M：

$$M = 84 \times 10.1\text{kN} + 2.1 \times 9.8\text{kN} + 16.8 \times 6.3\text{kN} + 930 \times 0.25\text{kN} - 840 \times 0.25\text{kN} = 997.32\text{kN}\cdot\text{m}$$

基底最大压应力为

$$p_{\max} = N/A + M/W$$

$$=7250/(3.1\times 9.9)\text{kPa}+997.32/(9.9\times 3.1\times 3.1/6)\text{kPa}$$
$$=299.11\text{kPa}$$

因为 $299.11\leqslant 1.25\times 439.3$

所以 $p_{max}\leqslant rR\ [f_a]$，满足要求。

2）软弱下卧层强度验算。下卧层为黏土，$I_1=1.0$，$e_0=0.8$，查表 $[f_{a_0}]_{h+z}=150\text{kPa}$，小于持力层 $[f_{a_0}]=370\text{kPa}$，故为软弱下卧层。

$I_1=1.0>0.5$，宽度、深度修正系数 $K_1=0$，$K_2=1.5$；则修正后的软弱下卧层的承载力为

$$[f_a]=[f_{a_0}]_{h+z}+K_1\gamma_1(b-2)+K_2\gamma_2(h+z-3)$$
$$=150+1.5\times(20.5-10)(4.1+5.3-3)$$
$$=250.8\text{kPa}$$

下卧层顶面应力为　　$P_z=\gamma_1(h+z)+\alpha(p-\gamma_2 h)$

其中 γ_1 为（$h+z$）范围内的容重，且为浮容重，故 $\gamma_1=10.5\text{kN/m}^3$；$\gamma_2$ 为 h 范围内的容重，则 $\gamma_2=10.5\text{kN/m}^3$。

因 $z/b=5.3/3.1=1.71>1$，则 p 为基底平均压应力 236.23kPa，$a/b=9.9/3.1=3.194$，查表 8－8 经内插 $\alpha=0.305$

$$P_z=10.5\times(4.1+5.3)+0.305\times(236.23-10.5\times 4.1)=157.62\text{kPa}$$

$P_z\leqslant 1.25\ [f_a]$，因此软弱下卧层满足要求。

（2）基底合力偏心距验算。基底合力偏心距 $e_0=M/N$，其中 N 为考虑了墩身和基础浮力 1200 作用影响，则

$$N=(7250-1200)=6050\text{kN}$$
$$e_0=997.32/6050=0.16$$
$$\rho=1/6\times b=3.1/6=0.52\text{m}$$

$e_0=M/N\leqslant[e_0]=\rho$，满足要求。

（3）基础稳定性验算。

1）抗倾覆稳定性验算。

$$K_0=\frac{s}{e_0}$$

$$e_0=\frac{\sum P_i e_i+\sum H_i h_i}{\sum P_i}$$

其中，$s=b/2=3.1/2=1.55$，$e_0=997.32/6.50=0.16$。

查表 8－11 抗倾覆稳定性系数为 1.3，

则 $K_0=1.55/0.16=9.69>1.3$，符合要求。

2）抗滑动稳定性验算。

$$K_c=\frac{\mu\sum P_i+\sum H_i}{\sum H_{ia}}$$

其中 $\sum P_i=6050\text{kN}$，$\sum H_i=0$，$\sum H_{ia}=102.9\text{kN}$，查表 8－10 $\mu=0.4$，查表 8－11 抗

滑动稳定性系数为 1.2，则 $K_c = 0.4 \times 6050/102.9 = 23.52 > 1.2$，符合要求。

8.5 天然地基刚性浅基础的施工

基础作为桥梁结构物的一个重要组成部分，它起着支承桥跨结构，保持体系稳定，把上部结构、墩台自重及车辆荷载传递给地基的重要作用。基础的施工质量直接决定着桥梁的强度、刚度、稳定性、耐久性和安全度。而且基础属于隐蔽工程，若出现质量问题不易发现和进行修补处理，因此，必须高度重视桥梁基础施工，严格按照规范办事，确保工程质量。

基础施工前应做好以下几点的准备工作：

（1）首先要认真阅读施工图纸，领会设计意图，与现场情况进行核对，必要时进行补充调查，对基底标高、基础尺寸、桩位坐标、工程数量进行复核计算。

（2）根据地层、地质、水文情况、结构形式及现场环境状况，制定施工方案，编制施工组织计划。

（3）认真进行施工放样测量，控制基础桩位中心、平面位置和高程，同时放出相邻几个墩台基础，对其相对位置和坐标进行复核，确保准确无误。

（4）准备好基础施工所需的设备、材料、相应的配套设施，例如便道要畅通，砂石、水泥、钢材等要运至现场，电力供应等。

天然地基刚性浅基础的施工，根据地质情况，旱地土质采用明挖法，既可以采用人工开挖也可以机械开挖，若为岩石地基，还需进行适当的爆破施工。水中明挖基础必须设置围堰或采取临时改河措施。其施工顺序和主要工作包括基础定位放样、基坑的开挖、坑壁支撑、基坑排水、基坑检验和基底土的处理、基础砌筑及基坑的回填。

8.5.1 旱地浅基础的施工

1. 基础的定位放样

基础的定位放样，就是将设计图纸上的墩、台位置和尺寸标定到实际工地上去。如图 8－10 所示，一般首先定出桥梁的主轴线 Ⅰ—Ⅰ，然后定出墩台轴线 1—1、2—2、3—3、4—4，最后详细定位，确定基础各部分的尺寸。同时注意钉立定位桩的护桩。

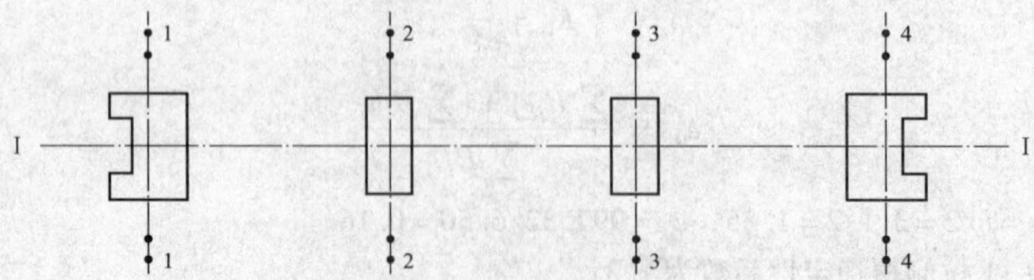

图 8－10　桥梁墩台基础定位

2. 基坑的开挖

基坑的大小应满足基础施工的要求，一般基底应比设计平面尺寸各边增加 50～100cm，以便在基底外设置排水沟、集水坑和基础模板。基坑采用机械挖土，挖至距设计标高约 0.3m 时，应采用人工补挖修整，以保证地基土结构不被扰动破坏。

基坑深度在 5m 以内，施工期较短，坑底在地下水位以上，土的湿度正常，土层构造均匀时，坑壁坡度可参考表 8－12 确定。

表 8－12　基坑坑壁坡度表

坑壁土类别	坑壁坡度		
	基坑顶缘无荷载	基坑顶缘有静载	基坑顶缘有动载
砂类土	1∶1	1∶1.25	1∶1.5
碎卵石类土	1∶0.75	1∶1	1∶1.25
亚砂土	1∶0.67	1∶0.75	1∶1
亚黏土、黏土	1∶0.33	1∶0.5	1∶0.75
板软岩	1∶0.25	1∶0.33	1∶0.67
软质岩	1∶0	1∶0.1	1∶0.25
硬质岩	1∶0	1∶0	1∶0

注：挖基经过不同土层时，边坡可分层决定，并酌情设置平台。

为了保证坑壁边坡稳定，当基坑深度较大时，应在边坡中段加设宽为 0.5～1.0m 的平台。如图 8－11 所示。坑顶周围必要时应设排水沟，以免地面水流入。当基坑顶缘有动载时，顶缘与动载之间至少应留 1m 宽的护道。

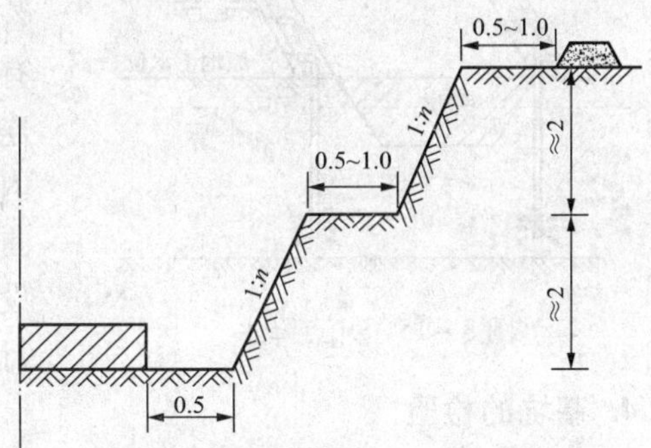

图 8－11　基坑放坡开挖

当坑壁土质松软，边坡不稳定，或放坡开挖受到现场的限制，或放坡开挖造成土方量过大时，宜采用加设围护结构的竖直坑壁基坑，如图 8－12 所示的挡板支撑、图 8－13 和图 8－14 所示的板桩支撑，还有适用于圆形基坑维护的混凝土护壁。

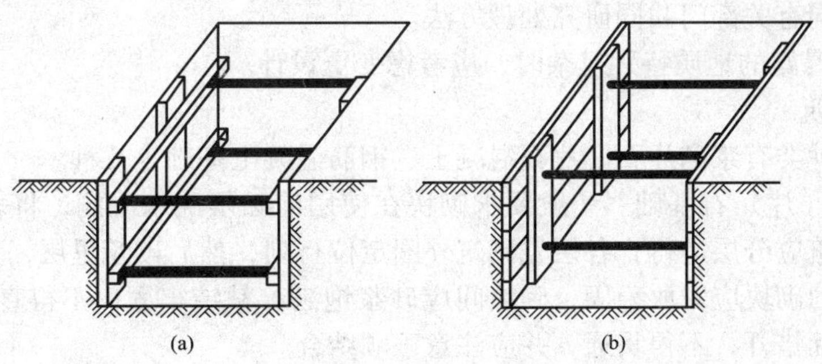

图 8－12　挡板支撑

3. 基坑排水

（1）表面排水法。它是施工中应用最普遍的排水方法。在基坑开挖时，坑底四周挖好边沟，并挖 1～2 个集水井，使坑内积水由边沟流至集水井，然后由集水井用水泵向外排水。

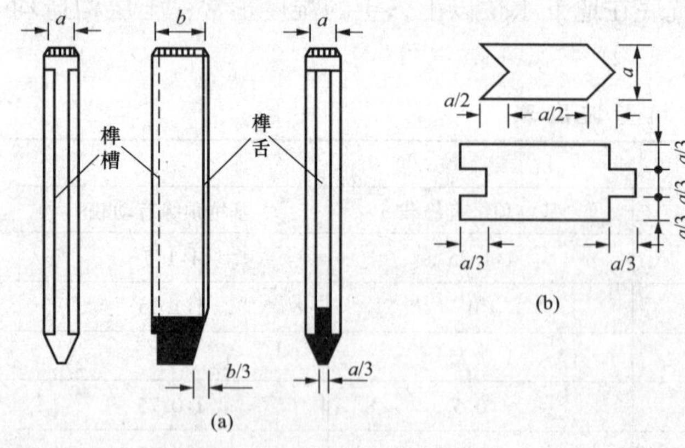

图 8 - 13 木板桩支撑

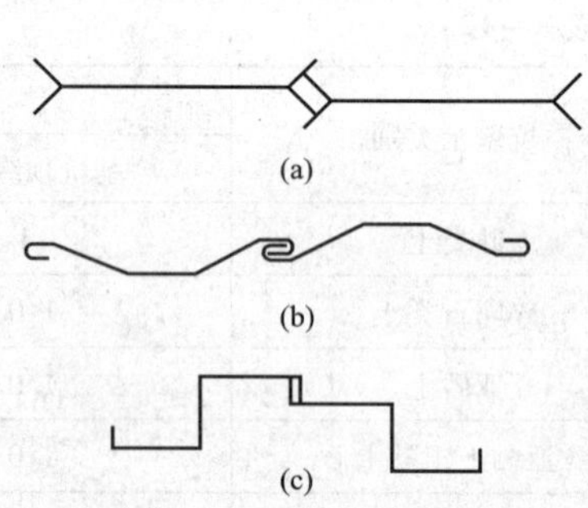

图 8 - 14 钢板桩支撑

（a）一字形；（b）槽形；（c）Z 字形

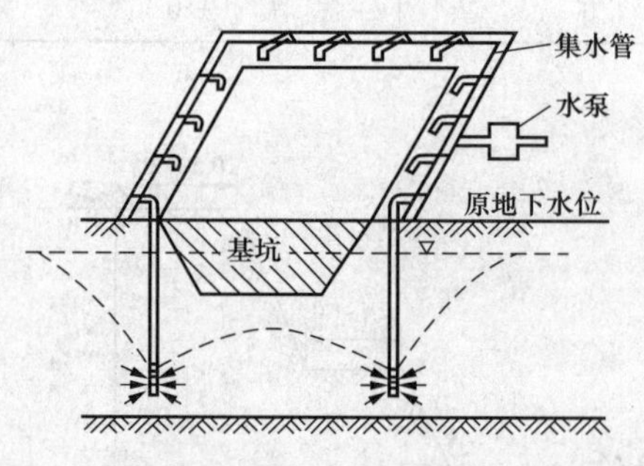

图 8 - 15 井点降水

（2）井点降水法。此法主要利用“下降漏斗”降低地下水位。基坑开挖前在基坑四周打入若干根井管，井管下端 1.5m 左右为滤管，上面钻有若干直径约 2mm 的滤水孔，各个井管用集水管连接，并不断抽水。由于抽水使井管两侧一定范围内的水位逐渐下降，形成了向井管附近弯曲的下降曲线，即“下降漏斗”。地下水位逐渐降低到坑底设计标高以下，使施工能在干燥无水的情况下进行，如图 8 - 15 所示。

4. 基坑的检验

基坑挖好后，在基础浇筑前应进行验坑，检查是否符合设计要求，其内容包括：

（1）基坑底面标高和平面位置及平面尺寸是否与原设计相符。

（2）检查基底土质与设计资料是否相符，如有出入，应取样作土质分析试验，同时由施工单位及时会同有关部门共同研究处理方法。

（3）当坑底暴露的地质特别复杂时，应考虑变更设计。

5. 基础的浇筑

扩大基础的种类有浆砌片石、片石混凝土、钢筋混凝土基础等几种。

（1）浆砌块（片）石基础。一般要求砌块在使用前必须浇水湿润，将表面的泥土、水锈清洗干净。砌筑应分层进行，各层先砌筑外圈定位行列，然后砌筑里层，并使里外层砌块交错一体。各层的砌块应安放稳固，砌块间应砂浆饱满、粘结牢固，不得直接贴靠或脱空。各层的竖缝应相互错开，不得贯通，并应注意丁顺结合。

（2）加石混凝土和片石混凝土。埋放的石块数量不宜超过混凝土结构体积的 25%。当设计为片石混凝土砌体时，石块可增加为 50% ~ 60%。应选用无裂纹、夹层且高度小于 15cm、具有抗冻性能的石块。石块的抗压强度应不小于 25MPa。石块应清洗干净，应在捣实的混凝土中埋入一半以上。石块应分布均匀，净距不小于 10cm，距结构侧面和顶面净距不小于 15cm。对于片石混凝土，石块净距可以不小于 4 ~ 6cm。石块不得挨靠钢筋或预埋体。

(3) 钢筋混凝土基础。应在对基底及基坑验收完成后尽快绑扎、放置钢筋；在底部放置垫块，同时安放预埋体，位置准确；对全部钢筋进行检查验收，保证根数、直径、间距、位置满足设计文件和技术规范的要求，即可浇筑混凝土。拌制好的混凝土运输至现场后，若高差不大，可直接倒入基坑内。浇筑应分层进行，并应连续施工，在下层混凝土开始凝结之前，应将上层混凝土灌注捣实完毕。基础全部浇筑凝结后，要立即覆盖，并洒水养护。

8.5.2　水中浅基础的施工

桥梁墩台基础经常位于地表水位以下，有时流速较大，施工时希望在无水或静水条件下进行，因此需要围堰。围堰的种类很多，包括土围堰、草（麻）袋围堰、钢板桩围堰、双壁钢板桩围堰及地下连续墙围堰等。各种围堰应符合以下要求：

(1) 围堰顶标高至少应高出施工期间可能出现的最高水位 0.5m 以上。

(2) 围堰平面形状应与基础平面形状相符，迎水面应为流线型，减少水流压力。

(3) 围堰的断面不应超过流水断面的 30%。

(4) 围堰内面积应考虑坑壁放坡和浇筑基础时的要求。

1. 土围堰

土围堰适用于水流深度 1.5m 以内，流速 0.5m/s 以内，河床渗水性较小的情况。土围堰宜用黏土填筑，顶宽一般为 1~2m，每填土 20~30cm 铺一层草；分层铺筑，但要均匀分散，防止集中成团，造成泄漏。缺少黏土时，也可用砂土填筑，但必须加宽堰身以加大渗流长度，砂土颗粒越大，堰身越要加厚。围堰断面应根据使用的土质、渗水程度及围堰本身在水压力作用下的稳定性而定。如图 8-16 所示。

2. 草（麻）袋围堰

水深 3.0m 以内，流速 1.5m/s 以内，河床上土质渗水较小，可筑草（麻）袋围堰（如图 8-17 所示）。堰顶宽度为 1~2m，有黏土心墙时为 2~2.5m，堰外边坡为 1∶0.5~1∶1，堰内边坡为 1∶0.2~1∶0.5。土袋装土量为袋容量的 1/2 ~ 2/3，袋口缝合。堆码在水中的土袋，其上下层和内外层应相互错缝，尽量堆码密实整齐。

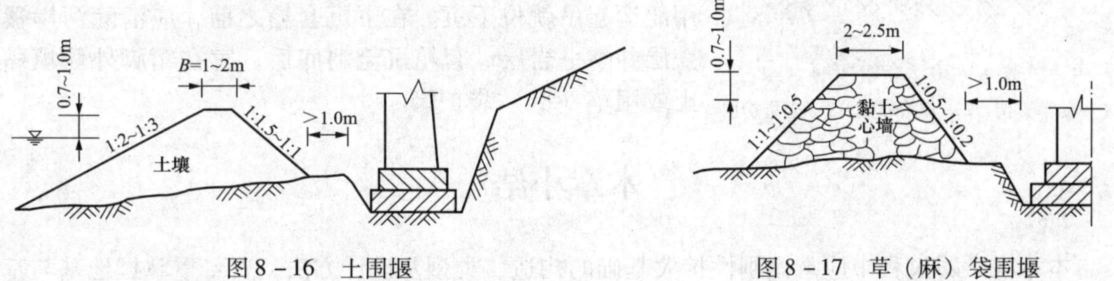

图 8-16　土围堰　　图 8-17　草（麻）袋围堰

以上两种围堰均利用自重维持稳定，故又称为重力式围堰。它主要是挡地面水。若河床土质为粉砂或细砂，则在排水开挖基坑时，可能会引起流砂现象，所以就不宜用这类围堰。

3. 钢板桩围堰

钢板桩围堰适用于砂类土、碎卵石类土、硬黏性土和风化岩等地层，它具有材料强度高，防水性能好，穿透土层能力强，堵水面积小，可重复使用的优点。因此，当水深超过 5m 或土质较硬时，可选用这种围堰。

当钢板桩围堰较高且水深较大时，常用围囹（即以钢或钢木构成的框架）作为板桩定位和支撑。先在岸上或驳船上拼装好围囹，托运至基础位置定位后，在围囹中插打定位桩（图8－18）使围囹挂在定位桩上，即可在围囹四周的导桩间插打钢板桩。在插打时应先从上游分两头插向下游合龙。插打前在锁口内涂上黄油、锯末等混合物，组拼桩时用油灰和棉花捻缝，以防渗水。插打前应在两岸设置观测点控制插打定位。在插打过程中，应随时检查其平面是否正确，桩身是否垂直，发现倾斜应立即纠正或拔起重插。

在深水处修筑围堰，为确保围堰不渗水，或基坑范围大不便设置支撑时，可采用双层钢板桩围堰。如图8－19所示。

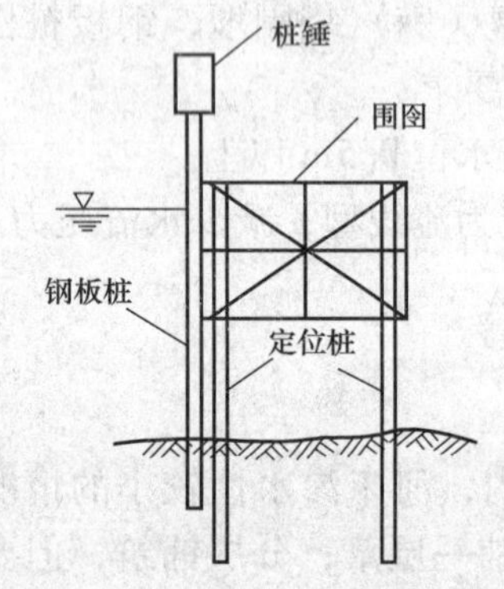

图8－18 在围囹中插打定位桩

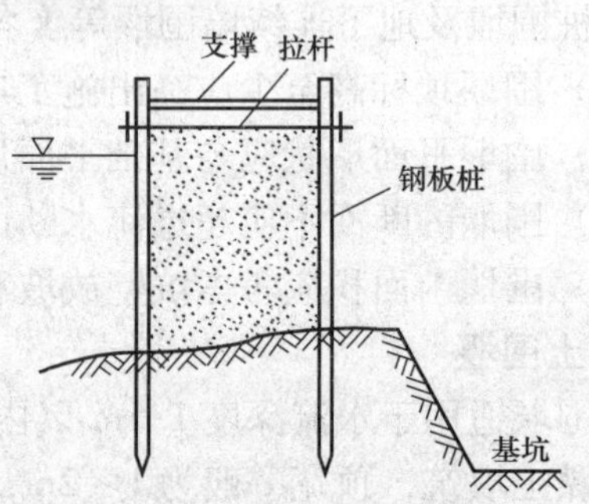

图8－19 双层钢板桩围堰

4. 套箱围堰

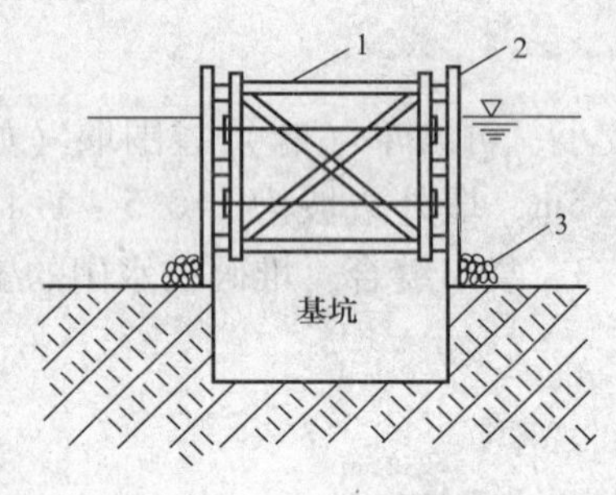

图8－20 套箱围堰

1—套箱支架；2—套箱外壁；3—土袋护脚

如图8－20所示，这种围堰适用于无覆盖层或覆盖层较薄的水中基础。套箱为无底的围套，内部设木或钢支撑，组成支架。木板套箱在支架外面钉装两层企口木板，用油灰捻缝以防渗水；钢套箱则设焊接或铆合而成的钢板外壁。

木套箱采用浮运就位，然后加重下沉；钢套箱则利用船运起吊就位下沉。在下沉套箱之前，应清除河岸覆盖层并整平岩层。套箱沉至河底后，宜在箱脚外侧填黏土或用草（麻）袋护脚。

本章小结

本章在学习过程中应掌握刚性扩大基础的构造、类型及设计方法，要着重掌握地基与基础的验算，包括持力层、软弱下卧层的强度验算、基础偏心距验算、基础稳定性验算，了解基础沉降计算的方法，了解刚性扩大基础的施工情况。

复习思考题

1. 简述地基与基础的概念。

2. 什么是持力层？什么是下卧层？
3. 什么是襟边？它有什么作用？
4. 什么是刚性基础？什么是柔性基础？在使用材料上有何区别？
5. 什么是刚性角？如何确定？
6. 基础的埋深受哪些因素影响？
7. 基础的尺寸如何确定？
8. 基础验算包括哪几项？
9. 天然地基刚性浅基础施工的顺序和主要工作内容有哪些？

习　题

有一桥墩墩底为矩形 2m × 8m，刚性扩大基础顶面设在河床下 1m，短期荷载效应组合的作用力为：轴心重力 $N=5200\text{kN}$，弯矩 $M=840\text{kN}\cdot\text{m}$，水平力 $H=96\text{kN}$。地基土为一般黏性土，第一层厚 2m（自河床算起），$\gamma=19.0\text{kN/m}^3$，$e=0.9$，$I_1=0.8$；第二层厚 5m，$\gamma=19.5\text{kN/m}^3$，$e=0.45$，$I_1=0.35$。低水位在河床以上 1m（第二层下为泥质页岩），请确定基础埋置深度及尺寸，并进行验算。

第9章　桩基础及其他深基础

本章的知识要点

1. 掌握桩基础的适用条件、桩和桩基础的分类与构造。
2. 根据静载试验法、规范法确定单桩轴向容许承载力。
3. 了解桩基础的施工工序和施工方法。

9.1　桩基础概述

9.1.1　桩基础组成与特点

当地基浅层土质不良，采用浅基础无法满足建筑对地基承载力、变形和稳定性方面的要求时，往往采用深基础。桩基础是一种常用的深基础类型，由埋于土中的若干根桩及将所有桩联成整体的承台（或盖梁）两部分组成，如图9-1所示。桩基中的桩通常称基桩。桩身可以全部或部分埋入地基土中，当桩身外露在地面上较高时，在桩之间还应加横系梁，以加强各桩之间的横向联系。桩可以先预制好，再将其运至现场沉入土中；也可以就地钻孔（或人工挖孔），然后在孔中浇筑混凝土或放置入钢筋骨架后再浇灌混凝土而成桩。

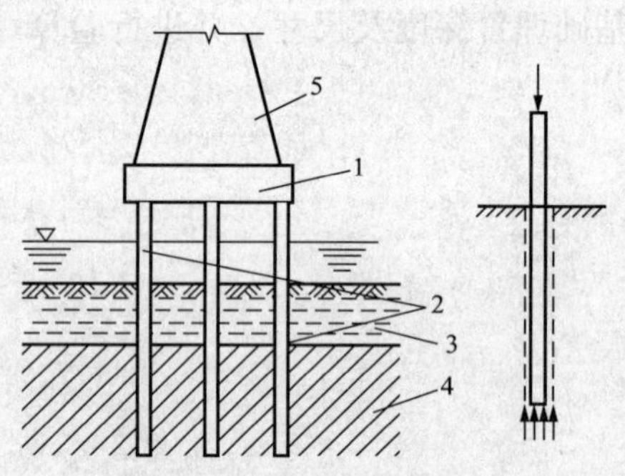

图9-1　桩基础
1—承台；2—基桩；3—松软土层；4—持力层；5—墩身

桩基础的作用是将承台以上结构物传递的外力通过承台，由桩传至较深的地基中去，承台将桩联成整体，共同承受荷载。

桩基础具有承载力高、稳定性好、沉降量小、造价低、施工简便，在深水河道中可避免水下施工的特点。

桩基础最适宜于下列条件：

（1）荷载较大，地基上部土层软弱，适宜的地基持力层位置较深，采用浅基础或人工地基在技术上、经济上不合理时。

（2）河床冲刷较大，河道不稳定或冲刷深度不易计算正确，如采用浅基础施工困难或不能保证基础安全时。

（3）地基计算沉降过大或结构物对不均匀沉降敏感时，采用桩基础穿过松软（高压缩性）土层，将荷载传到较坚实（低压缩性）土层，减少结构物沉降并使沉降较均匀。另外，桩基础还能增强结构物的抗震能力。

（4）施工水位或地下水位较高时。

当上层软弱土层很厚使得基桩很长，或当覆盖层很薄时，这时桩的基础稳定性较差，沉降量比较大，桩基础就不一定是最佳的基础形式。这种情况下，应经过多方面的技术经济比较和研究，确定合理、可行的方案。

9.1.2　桩和桩基础的类型

1. 根据桩基承台底面位置分类

根据桩基承台底面位置的不同可将桩基础分为高桩承台基础和低桩承台基础。高桩承台的承台底面位于地面（或局部冲刷线）以上，基桩部分桩身沉入土中，可避免或减少水下作业，减少墩台的圬工数量，施工较为方便。低桩承台的承台底面位于地面（或局部冲刷线）以下，基桩全部沉入土中，其受力性能好，能承受较大的水平外力，如图9－2所示。一般对旱桥和季节性河流或冲刷深度较小的河床大多采用低桩承台；对常年有水且水位较高，施工时不宜排水或河床冲刷较深，则多采用高桩承台。

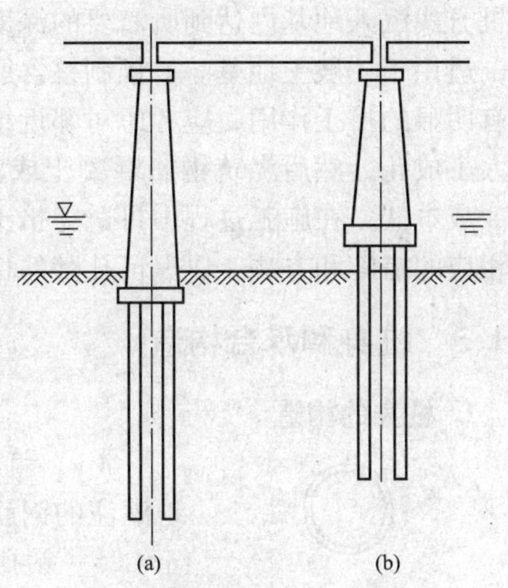

图9－2　高桩承台和低桩承台

（a）低桩承台；（b）高桩承台

2. 根据桩的受力条件分类

根据桩的受力条件可分为端承桩（或柱桩）与摩擦桩。端承桩主要依靠桩底土层抵抗力支承垂直荷载，如图9－3（a）所示。桩穿过较软弱土层时，桩底支承在岩层或硬土层（如密实的大块卵石层）等实际非压缩性土层上，沉降量甚微，大部分垂直荷载由桩底岩层抵抗力承受。摩擦桩主要依靠桩侧土的摩擦阻力支承垂直荷载，如图9－3（b）所示。桩穿过并支承在各种压缩性土层中。通常，柱桩承载力较大，基础沉降小，较安全可靠。但若岩层埋置很深，沉桩困难时，则可采用摩擦桩。

根据桩基所承受水平外力的大小不同，还可设置成竖直桩和斜桩，如图9－4所示。一般来说，当作用于承台板底面处的水平外力和外力力矩不大，或桩的自由长度不长，或桩身

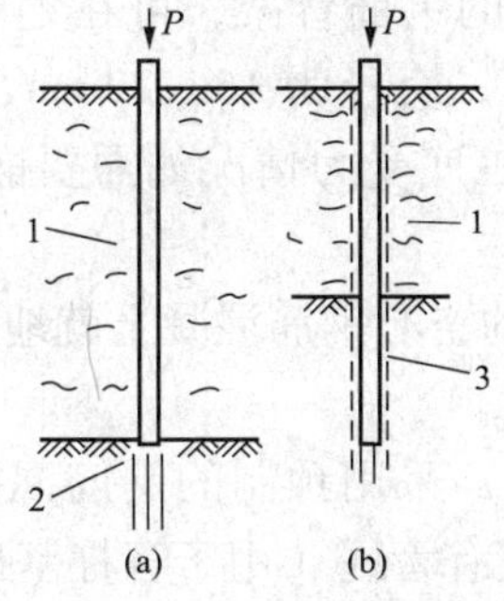

图9－3　柱桩和摩擦桩

1—软弱土层；2—岩层或硬土层；3—中等土层

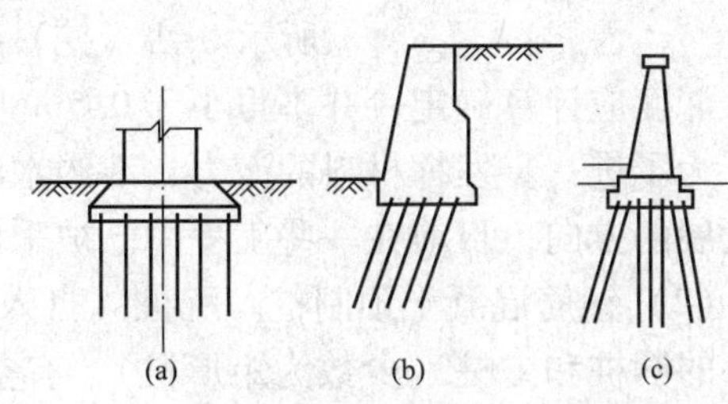

图9－4　竖直桩和斜桩

（a）竖直桩；（b）单向斜桩；（c）多向斜桩

截面较大时，考虑采用竖直桩桩基础；反之，宜采用带有斜桩的桩基础。目前，广泛采用的大直径钻（挖）孔灌注桩具有一定抗弯、抗剪强度，所以桥梁桩基础通常均采用竖直桩，只有预制桩才可采用斜桩。预制桩桩基础中可以有单向斜桩，也可以有双向斜桩，斜桩的斜度（桩轴线与铅直线所夹角的正切）不宜太大，否则会给施工带来困难。

3. 根据桩的施工方法分类

根据桩的施工方法通常可分为预制桩、灌注桩。预制桩是将各种预先制好的桩以不同的沉桩方式沉入地基内达到所需要的深度。预制桩桩体质量高，可工厂化大量生产，施工速度快，适用于一般土地基。但预制桩含筋量大，成本高，较难沉入坚实地层，接桩截桩困难，并有明显的挤土作用，应考虑对邻近结构的影响。灌注桩是在现场地基中采用钻、挖孔机械或人工成孔，然后浇筑钢筋混凝土或混凝土而成的桩。灌注桩桩径大、承载力高、用钢量小、成本低，在施工过程中可避免挤土及噪声等对周围环境的影响，但在成孔成桩过程应采取相应的措施和方法，以保证孔壁的稳定和提高桩体的质量。

9.1.3 桩身和承台构造

1. 桩身的构造

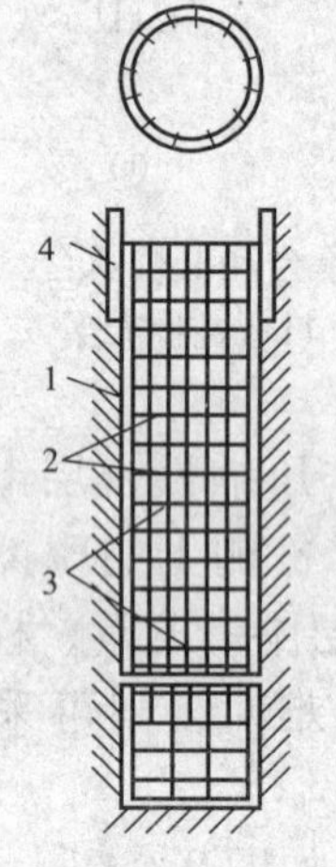

图 9-5 就地灌注钢筋混凝土桩

1—主筋；2—箍筋；3—加劲箍；4—护筒

（1）就地灌注钢筋混凝土桩的构造。钻（挖）孔桩是采用就地灌注的钢筋混凝土桩，桩身常为实心断面，混凝土强度等级不低于 C25。钻孔桩设计直径一般为 0.8 ~ 3.2m，挖孔桩的直径或最小边宽度不宜小于 1.2m。桩内钢筋应按照内力和抗裂性的要求布设。长摩擦桩应该根据桩身弯矩分布情况分段配筋，短摩擦桩和柱桩也可按桩身最大弯矩通长均匀配筋，当按内力计算桩身不需要配筋时，应在桩顶 3 ~ 5m 内设置构造钢筋。为了保证钢筋骨架有一定的刚性，便于吊装及保证主筋受力后的纵向稳定，主筋不宜过细过少（直径不宜小于 16mm），每根桩不宜少于 8 根，主筋净距不宜小于 80mm 且不大于 350mm；配筋较多时，可成束布置。保护层厚度不宜小于 60mm。主筋若需焊接，焊接长度应符合规定：双面缝大于 $5d$（d 为钢筋直径），单面缝大于 $10d$。箍筋应适当加强。箍筋直径一般不小于 8mm，且不小于主筋直径的 1/4，中距为 20 ~ 40cm。对于直径较大的桩或较长的钢筋骨架，可在钢筋骨架上每隔 2.0 ~ 2.5m 设置一道加劲箍筋，直径为 16 ~ 22mm，如图 9-5 所示。钻（挖）孔桩的柱桩根据桩底受力情况如需要嵌入岩层时，嵌入深度应计算确定，并不得小于 0.5m。

为了进一步发挥材料的潜力，节约水泥用量，大直径的空心钢筋混凝土就地灌注桩是今后发展的方向，目前在一些工程中已被采用。

（2）钢筋混凝土预制桩。沉桩（打入桩和振动下沉桩）采用预制的钢筋混凝土桩，有实心的圆桩和方桩（少数为矩形桩），有空心的管桩，另还有管柱（用于管柱基础）。

钢筋混凝土方桩可以就地预制。通常方桩横断面为（20cm × 20cm） ~ （50cm × 50cm），桩身混凝土强度等级不低于 C25。桩身配筋应考虑制造、运输、施工和使用各阶段的受力要求配筋。主筋直径一般为 12 ~ 25mm，主筋净距不小于 5cm；箍筋直径为 6 ~ 8mm，其间距一般不大于 40cm。桩的两端和接桩区箍筋的间距须加密，其值可取 40 ~ 50mm。为了便于吊运，应在桩顶预设吊耳，一般由直径为 20 ~ 25mm 的圆钢制成，如图 9 - 6 所示。

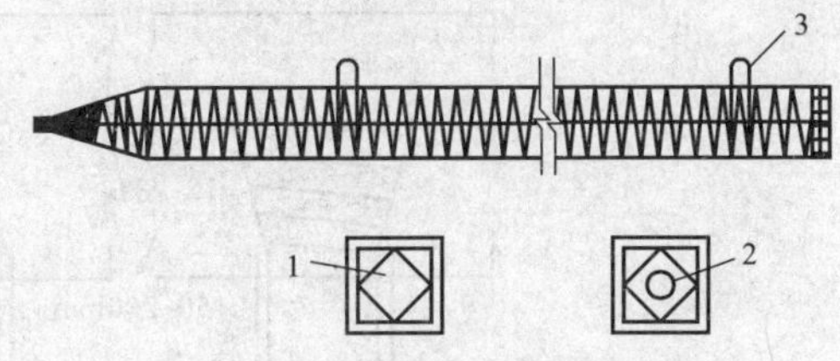

图 9 - 6　预制钢筋混凝土方桩

1—实心方桩；2—空心方桩；3—吊环

钢筋混凝土预制桩的分节长度应根据施工条件决定，并应尽量减少接头数量。接头强度不应低于桩身强度，接头法兰盘不应突出于桩身之外，在沉桩时和使用过程中接头不应松动和开裂。

2. 桩的布置和间距

桩基础内基桩的布置应根据受力大小和施工条件决定。采用大直径钻孔灌注桩的中小桥梁常用单排式，如图 9 - 7（a）所示；在大型桥梁或水平力较大时，则采用行列式［图 9 - 7（b）］或梅花式［图 9 - 7（c）］。如果考虑施工方便，宜采用行列式布置；若承台板的平面面积不大，而需要排列的桩数较多，按行列式布置不下时，可考虑梅花式布置，但桥台桩基础中基桩的布置以行列式为好。

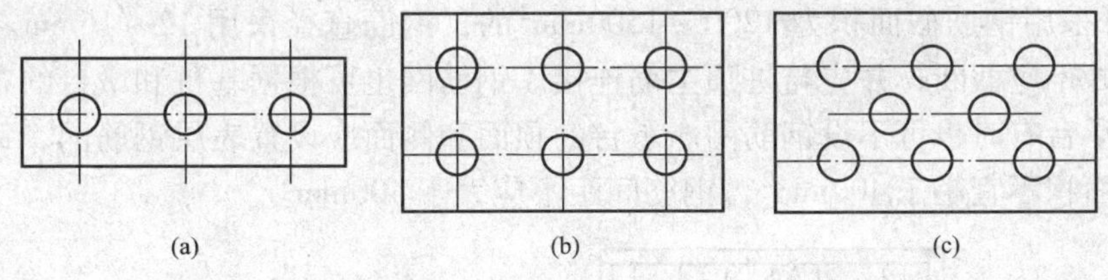

图 9 - 7　桩的平面布置

考虑桩与桩侧土的共同工作条件和施工的需要，锤击、静压沉桩，在桩端处的中心距不应小于桩径（或边长）的 3 倍，在软土地区还需适当增加。振动法沉入砂土内的桩，在桩尖处的中心距不小于桩径的 4 倍；桩在承台底面处的中距不小于桩径的 1.5 倍；钻（挖）孔桩的摩擦桩中心距不得小于桩径的 2.5 倍；支撑或嵌固在岩层上的柱桩不应小于桩径的 2.0 倍。

为了避免承台边缘距桩身过近而发生破裂，边桩外侧到承台边缘的距离，对桩径小于或等于 1.0m 的桩不应小于桩径的 0.5 倍且不小于 250mm；对于桩径大于 1.0m 的桩不应小于 0.3 倍桩径并不小于 500mm。

3. 承台的构造，桩与承台的连接

承台的平面尺寸和形状应根据上部结构（墩台身）底部尺寸和形状以及基桩的平面布置而定，一般采用矩形和圆端形。

承台厚度应保证承台有足够的强度和刚度。公路桥梁墩台多采用钢筋混凝土或混凝土刚性承台，其厚度宜为桩径的 1.0 倍以上，且不宜小于 1.5m。混凝土强度等级不宜低于 C25。桩和承台的连接，钻（挖）孔灌注桩现都采取将桩顶主筋伸入承台，桩身嵌入承台的深度可取 100mm，如图 9 - 8（a）、（b）所示。伸入承台的桩顶主筋可做成喇叭形，约与竖直线倾斜 15°；伸入承台内的主筋长度，光圆钢筋不应小于钢筋直径的 30 倍（设弯钩），带肋钢筋不应小于钢筋直径的 35 倍（不设弯钩）。

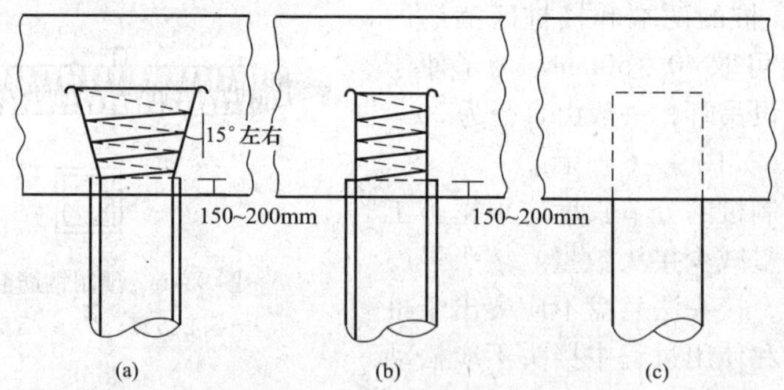

图 9－8　桩和承台的连接

桩顶直接埋入承台的长度，对于普通钢筋混凝土桩及预应力混凝土桩，当桩径（或边长）小于 0.6m 时，不应小于桩径的 2 倍（或边长）；当桩径（或边长）在 0.6～1.2m 时，不应小于 1.2m；当桩径大于 1.2m 时，埋入长度不应小于桩径。

当桩顶直接伸入承台连接时，应在每根桩的顶面上设 1～2 层钢筋网。当桩顶主筋伸入承台时，承台在桩顶混凝土顶端平面内须设一层钢筋网如图 9－9 所示，纵桥向和横桥向每 1m 宽度内可采用钢筋截面积为 1200～1500mm^2 的，钢筋直径采用 12～16mm。钢筋网在越过桩顶钢筋处不应截断，并应与桩顶主筋连接。钢筋网也可根据基桩和墩台的布置，按带状布设。低桩承台有时也可不设钢筋网。承台的顶面和侧面应设置表层钢筋网，每个面在两个方向的截面面积不宜小于 400mm^2，钢筋间距不应大于 400mm。

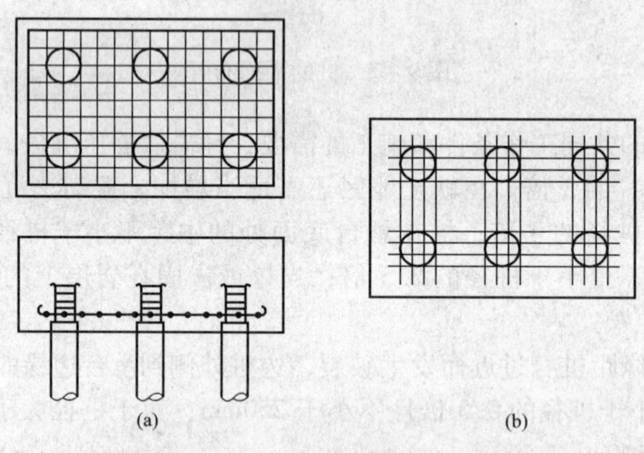

图 9－9　承台底钢筋网

墩（台）身与承台边缘的襟边尺寸一般按刚性角要求确定。当边桩中心位于墩（台）身底面以外时，应验算承台襟边的强度。

9.2　单桩容许承载力的确定

单桩容许承载力是指单桩在荷载作用下，地基土和桩本身的强度和稳定性均能得到保证，变形也在容许范围之内，以保证结构物的正常使用所能承受的荷载。一般情况下，桩受到轴向力、横向力及弯矩作用，因此单桩容许承载力包括单桩的轴向容许承载力和横轴向容许承载力。本节主要介绍单桩轴向容许承载力的确定和负摩擦阻力问题。

9.2.1　单桩轴向容许承载力的确定

单桩轴向容许承载力的确定方法有静载试验法、经验公式（规范法）、静力触探法、动力公式及按桩身材料确定单桩轴向容许承载力等方法。

1. 用静载试验确定单桩容许承载力

静载试验法即在现场对一根沉入设计深度的桩在桩顶逐级施加轴向荷载，直至桩达到破坏状态为止，并在试验过程中测量每级荷载下的桩顶沉降，根据沉降与荷载及时间的关系，分析确定单桩轴向容许承载力。

静载试验可在现场作试桩或利用基础中已浇筑的基桩进行试验。试桩数目应不少于基桩总数的2%，且不应少于2根。试桩的施工方法以及试桩材料和尺寸、入土深度均应与设计桩相同。

（1）试验装置。锚桩法试验装置是常用的一种加荷装置，主要设备由锚梁、横梁和液压千斤顶组成，如图9－10所示。锚桩可根据需要布设4～6根。锚桩的入土深度等于或大于试桩的入土深度。锚桩与试桩的间距应大于试桩桩径的3倍，以减小对试桩的影响。桩顶沉降常用百分表或位移计量测。观测装置的固定点（如基准桩）应与试、锚桩保持适当的距离，见表9－1。

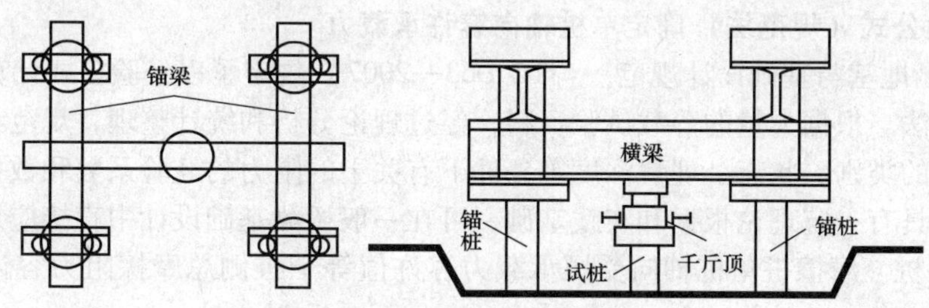

图9－10　锚桩法试验装置

表9－1　观测装置的固定点与试桩、锚桩的最小距离

锚桩数目	观测装置的固定点与试桩、锚桩的最小距离/m	
	与试桩	与锚桩
4	2.4	1.6
6	1.7	1.0

（2）测试方法。试桩加载应分级进行，每级荷载约为极限荷载预估值的1/10～1/15；有时也采用递变加载方式，开始阶段每级荷载取极限荷载预估值的1/2.5～1/5，终了阶段取1/10～1/15。

测读沉降时间，在每级加荷后的第一个小时内，每隔15min测读一次，以后每隔30min测读一次，至沉降稳定为止。沉降稳定的标准通常规定为：对砂性土为30min内不超过0.1mm；对黏性土为1h内不超过0.1mm。待沉降稳定后，方可施加下一级荷载。循此加载观测，直至桩达到破坏状态，终止试验。

当出现下列情况之一时，一般认为桩已达破坏状态，所相应施加的荷载即为破坏荷载：

1）桩的沉降量突然增大，总沉降量大于40mm，且本级荷载下的沉降量为前一级荷载下沉降量的5倍以上。

2）总位移量大于或等于40mm，本级荷载加上24h后桩的沉降未趋稳定。

（3）极限荷载和轴向容许承载力的确定。破坏荷载求得以后，可将其前一级荷载作为极限荷载。单桩轴向受压承载力容许值等于极限荷载除以安全系数（一般取2）。

对于大块碎石类、密实砂类土及硬黏性土，总沉降量值小于40mm。但荷载已大于或等于设计荷载与设计规定的安全系数乘积时，可取终止加载时的总荷载为极限荷载。

根据试验测得资料所作成的试桩曲线来分析，确定试桩的破坏荷载。可以在静载试验绘制的$P—S$曲线上，以曲线出现明显下弯转折点所对应的作用荷载作为极限荷载，但有时$P—S$曲线的转折点不明显，此时极限荷载就难以确定，因此需借助其他方法辅助判定，例如绘制各级荷载下的沉降—时间（$S-t$）曲线或用对数坐标绘制$\lg P-\lg S$曲线，可能使转折点显得明确些。

采用静载试验法确定单桩容许承载力比较符合实际情况，是较可靠的方法，但需要较多的人力、物力和较长的试验时间，工程投资较大。因此《公路桥涵地基与基础设计规范》（JTG D63—2007）规定，对于：① 桩的入土深度远超过常用桩；② 地质情况复杂，难以确定桩的承载力；③ 有其他特殊要求的桥梁用桩的大桥、特大桥，应通过静载试验确定单桩容许承载力。

2. 按经验公式（规范法）确定单桩轴向容许承载力

《公路桥涵地基与基础设计规范》（JTG D63—2007）规定了以经验公式计算单桩轴向容许承载力的方法。根据大量的静载试验资料，经过理论分析和统计整理，规范给出了不同类型的桩，按土的类别、状态、埋置深度等条件下有关土的阻力的经验系数和数据，列出了公式。这种方法具有一定理论根据和实践基础，可在一般桥梁基础设计中直接应用。

（1）摩擦桩。摩擦桩单桩轴向受压承载力容许值等于桩侧总摩擦阻力容许值与桩端总承载力容许值之和。

由于沉桩与灌注桩的施工方法和埋在土中的条件不同，由试验所得的桩侧摩擦阻力和桩尖承载力的数据也不同，所以计算式也有所区别，现分述如下：

1）钻（挖）孔灌注桩。

$$[R_a]=\frac{1}{2}u\sum_{i=1}^{n}q_{ik}l_i+A_Pq_r \tag{9-1}$$

$$q_r=m_0\lambda\{[f_{a_0}]+K_2\gamma_2(h-3)\} \tag{9-2}$$

式中 $[R_a]$——单桩轴向受压承载力容许值，单位为kN，桩身自重与置换土重（当自重计入浮力时，置换土重也计入浮力）的差值作为荷载考虑；

u——桩身周长，单位为m；

A_P——桩端截面面积，单位为m^2，对于扩底桩，取扩底截面面积；

n——桩所穿过的土层数；

l_i——对低桩承台，为承台底面以下桩所穿过的各层土的厚度，单位为m；对高桩承台，为局部冲刷线以下桩所穿过的各土层的厚度，单位为m，扩孔部分不计；

q_{ik}——与l_i对应的各土层和桩侧的摩擦阻力标准值，单位为kPa，宜采用单桩摩擦阻力试验确定，当无试验条件时按表 9－2 选用；

q_r——桩端处土的承载力容许值，单位为 kPa，当持力层为砂土、碎石土时，若计算值超过下列值，宜按下列值采用：粉砂 1000kPa；细砂 1150kPa；中砂、粗砂、砾砂 1450kPa；碎石土 2750kPa；

$[f_{a_0}]$——桩端处土的承载力基本容许值，单位为 kPa，可查地基承载力表确定；

h——桩端的埋置深度，单位为 m，对有冲刷的基桩，由一般冲刷线起算；对无冲刷的桩基，埋深由天然地面线或实际开挖后的地面线算起，h 的计算值不大于 40m，当大于 40m 时，按 $h=40$m 计算；

K_2——容许承载力随深度的修正系数，可按桩端尖处持力层土类查表确定；

γ_2——桩端以上各层土的加权平均重度，单位为 kN/m^3，若持力层在水位面以下且不透水时，不论桩端以上土的透水性如何，一律用饱和重度；当持力层透水时则水中部分土层取浮重度；

λ——修正系数，见表 9－3；

m_0——清底系数，按表 9－4 选用。

表 9－2　钻孔桩桩侧土的摩擦阻力标准值 q_{ik}

土类		q_{ik}/kPa	土类		q_{ik}/kPa
中密炉渣、粉煤灰		40～60	中砂	中密	45～60
黏性土	流塑 $I_L>1$	20～30		密实	60～80
	软塑 $0.75<I_L\leqslant1$	30～50	粗砂、砾砂	中密	60～90
	可塑、硬塑 $0<I_L\leqslant0.75$	50～80		密实	90～140
	坚硬 $I_L\leqslant0$	80～120	圆砾、角砾	中密	120～150
粉土	中密	30～55		密实	150～180
	密实	55～80	碎石、卵石	中密	160～220
粉砂、细砂	中密	35～55		密实	220～400
	密实	55～70	漂石、块石		400～600

注：挖孔桩的摩擦阻力标准值可参照本表采用。

表 9－3　修正系数 λ 值

桩端土情况 \ h/d	4～20	20～25	>25
透水性土	0.7	0.70～0.85	0.85
不透水性	0.65	0.65～0.72	0.72

表 9－4　清底系数 m_0 值

t/d	0.3～0.1
m_0	0.70～1.0

注：1. t，d 为桩端沉渣的厚度和桩的直径。

2. $d<1.5$m 时，$t\leqslant300$mm；$d>1.5$m 时，$t\leqslant500$mm；且 $0.1<t/d<0.3$。

2）沉桩的承载力容许值。

$$[R_a] = \frac{1}{2}\left(u\sum_{i=1}^{n}\alpha_i l_i q_{ik} + \alpha_r A_P q_{rk}\right) \quad (9-3)$$

式中 $[R_a]$——单桩轴向受压承载力容许值，单位为kN，桩身自重与置换土重（当自重计入浮力时，置换土重也计入浮力）的差值作为荷载考虑；

u——桩身周长，单位为m；

n——桩所穿过的土层数；

l_i——承台底面或局部冲刷线以下各层土的厚度；

q_{ik}——与 l_i 对应的各土层和桩侧的摩擦阻力标准值，单位为kPa，宜采用单桩摩擦阻力试验确定，当无试验条件时按表9-5选用；

q_{rk}——桩端处土的承载力标准值，宜采用单桩试验确定或通过静力触探试验测定，当无试验条件时按表9-6选用；

α_i，α_r——分别为振动沉桩对各土层桩侧摩擦阻力和桩端承载力的影响系数，按表9-7采用，对于锤击静压沉桩其值均取为1.0。

表9-5　沉桩桩侧土的摩擦阻力标准值 q_{ik}

土类	状态	τ_i/kPa	土类	状态	τ_i/kPa
黏性土	$1 \leqslant I_L \leqslant 1.5$	15~30	粉细砂	稍密	20~35
	$0.75 \leqslant I_L < 1$	30~45		中密	35~65
	$0.5 \leqslant I_L < 0.75$	45~60		密实	65~80
	$0.25 \leqslant I_L < 0.5$	60~75	中砂	中密	55~75
	$0 \leqslant I_L < 0.25$	75~85		密实	75~90
	$I_L < 0$	85~95	粗砂	中密	70~90
粉土	稍密	20~35		密实	90~105
	中密	35~65			
	密实	65~80			

注：表中土的液性指数 I_L 系按76g平衡锥测定的数值算得。

表9-6　沉桩桩端处土的承载力标准值 q_{rk}

土类	状态	桩尖进入持力层的相对深度		
		$1 > h_c/d$	$4 > h_c/d \geqslant 1$	$h_c/d \geqslant 4$
		桩端承载力标准值 q_{rk}/kPa		
黏性土	$1 \leqslant I_L$	1000		
	$0.65 \leqslant I_L < 1$	1600		
	$0.35 \leqslant I_L < 0.65$	2200		
	$I_L < 0.35$	3000		
粉土	中密	1700	2000	2300
	密实	2500	3000	3500
粉砂	中密	2500	3000	3500
	密实	5000	6000	7000

续表

土　类	状　态	桩尖进入持力层的相对深度		
		$1>h_c/d$	$4>h_c/d\geq 1$	$h_c/d\geq 4$
		桩端承载力标准值 q_{rk}/kPa		
细砂	中密	3000	3500	4000
	密实	5500	6500	7500
中、粗砂	中密	3500	4000	4500
	密实	6000	7000	8000
圆砾石	中密	4000	4500	5000
	密实	7000	8000	9000

注：表中 h_c 为桩端进入持力层的深度（不包括桩靴），d 为桩的直径或边长。

表9-7　　系数 α_i，α_r 值

桩径或边长 d/m ＼ 土类	黏土	亚黏土	亚砂土	砂土
$d\leq 0.8$	0.6	0.7	0.9	1.1
$0.8<d\leq 2.0$	0.6	0.7	0.9	1.0
$d>2.0$	0.5	0.6	0.7	0.9

（2）柱桩（支承桩）。支承在基岩上或嵌入基岩内的钻（挖）孔桩、沉桩的单桩轴向受压承载力容许值［R_a］由嵌岩段总侧阻力、总端阻力和桩周土总侧阻力三部分组成，按下式计算：

$$[R_a]=c_1A_Pf_{rk}+u\sum_{i=1}^{m}c_{2i}h_if_{rki}+\frac{1}{2}\zeta_s u\sum_{i=1}^{n}l_iq_{ik} \tag{9-4}$$

式中　［R_a］——单桩轴向受压承载力容许值，单位为kN，桩身自重与置换土重（当自重计入浮力时，置换土重也计入浮力）的差值作为荷载考虑；

c_1——根据清孔情况、岩石破碎程度等因素而定的端阻发挥系数，按表9-8采用；

A_P——桩端截面面积，单位为 m^2，对于扩底桩，取扩底截面面积；

f_{rk}——桩端岩石饱和单轴抗压强度标准值，单位为kPa，黏土质岩取天然湿度单轴抗压强度标准值，当 f_{rk} 小于2MPa时按摩擦桩计算（f_{rki} 为第 i 层的 f_{rk} 值）；

c_{2i}——根据清孔情况、岩石破碎程度等因素而定的侧端阻发挥系数，按表9-8采用；

u——各土层或各岩层部分的桩身周长，单位为m；

h_i——桩嵌入各岩层部分的厚度，单位为m，不包括强风化岩和全风化岩；

m——岩层的层数，不包括强风化岩和全风化岩；

ζ_s——覆盖层土的侧阻力发挥系数，根据桩端 f_{rk} 确定：当 $2MPa\leq f_{rk}<15MPa$ 时，$\zeta_s=0.8$，当 $15MPa\leq f_{rk}<30MPa$ 时，$\zeta_s=0.2$；

l_i——各土层的厚度；

q_{ik}——桩侧第 i 层土的侧阻力标准值，单位为 kPa，宜采用单桩摩擦阻力试验值，当无试验条件时，对于钻（挖）孔桩按表 9－2 选用，对于沉桩按表 9－5 采用；

n——土层的层数，强风化和全风化岩层按土层考虑。

表 9－8　系数 c_1，c_2 值

岩石层情况	c_1	c_2
完整、较完整	0.6	0.05
较破碎	0.5	0.04
破碎、极破碎	0.4	0.03

注：1. 当入岩深度小于或等于 0.5m 时，c_1 乘以 0.75 的折减系数，$c_2=0$；

2. 对于钻孔桩，系数 c_1，c_{2i} 值应降低 20% 采用；桩端沉渣厚度 t 应满足以下要求：$d<1.5$m 时，$t\leqslant 50$mm；$d>1.5$m 时，$t\leqslant 100$mm；

3. 对于风化层作为持力层的情况，c_1，c_{2i} 应分别乘以 0.75 的折减系数。

【例题 9－1】 某桥台基础采用钻孔灌注桩基础，设计桩径为 1.20m，采用冲抓锥成孔。桩穿过土层情况如图 9－11 所示，桩长 $L=20$m，桩身材料重度为 25kN/m³，试按土的阻力求单桩轴向承载力。

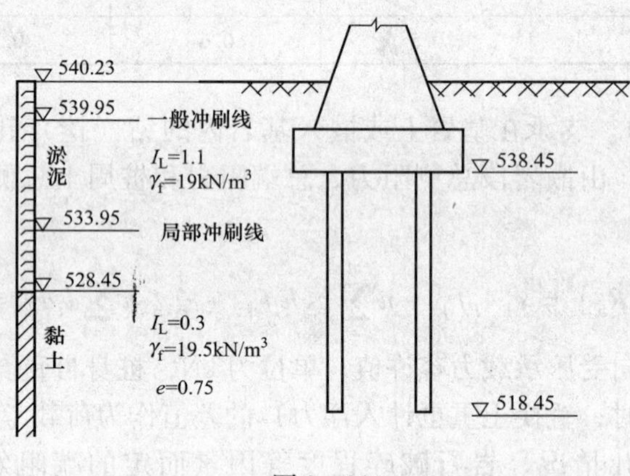

图 9－11

解：由式（9－1）和式（9－2）可知：

$$[R_a]=\frac{1}{2}u\sum_{i=1}^{n}q_{ik}l_i+A_Pq_r$$

$$q_r=m_0\lambda\{[f_{a_0}]+K_2\gamma_2(h-3)\}$$

桩身周长　$U=\pi\times 1.2=3.77\text{m}$

桩的截面面积　$A=\dfrac{\pi\times 1.2^2}{4}=1.13\text{m}^2$

桩穿过各土层厚：$l_1=10$m，$l_2=10$m。桩侧土的摩擦阻力标准值查表 9－2，淤泥 $I_L=1.1>1$ 处于流塑状态，取 $q_{1k}=28$kPa；黏土 $I_L=0.3$ 属于硬塑状态，取 $q_{2k}=68$kPa。桩端处黏土的承载力容许值 $[f_{a_0}]$ 按 $I_L=0.3$，$e=0.75$ 的黏土可查表得 $[f_{a_0}]=305$kPa，$K_2=2.5$。桩尖埋置深度应从一般冲刷线算起，桩尖埋深为 21.5m。清底系数按一般要求取 $t/d=$

0.3，查表9－4得 $m_0=0.7$。假设 $l/d=4\sim20$，λ 值由桩底土不透水，查表9－3得 $\lambda=0.65$，因此：

$$
\begin{aligned}
[R_a] &= \frac{1}{2}u\sum_{i=1}^{n}q_{ik}l_i + A_P q_r \\
&= 0.5\times3.77\times(10\times28+10\times68)+0.7\times0.65\times1.13 \\
&\quad\times\left[305+2.5\times\frac{11.5\times19+10\times19.5}{11.5+10}\times(21.5-3)\right] \\
&= 2423.76\text{kN}
\end{aligned}
$$

【例题9－2】上题中，若桩长未知，已知单根桩桩顶所受的最大竖向力为 $P=2619.36\text{kN}$，桩身容重按 25kN/m^3，其他条件相同，试按土的阻力求桩长。

解：由式（9－1）反算桩长，该桩埋入最大冲刷线以下深度为 l，一般冲刷线以下深度为 h，则

$$N=[R_a]=\frac{1}{2}u\sum_{i=1}^{n}q_{ik}l_i+A_P m_0\lambda\{[f_{a_0}]+K_2\gamma_2(h-3)\}$$

式中　N——一根桩受到的全部竖直荷载，单位为kN，其余符号同前，最大冲刷线以下桩重按桩身自重与置换土重的差值作为荷载考虑。

桩身周长　$U=\pi\times1.2=3.77\text{m}$

桩的截面面积　$A=\dfrac{\pi\times1.2^2}{4}\text{m}^2=1.13\text{m}^2$

桩每延米自重　$q=\dfrac{\pi\times1.2^2}{4}\times25\text{kN}=28.26\text{kN}$

置换土重

$$\sigma=\frac{\pi\times1.2^2}{4}\times(533.95-528.45)\times19+\frac{\pi\times1.2^2}{4}\times19.5\times(l-5.5)=118.13+22.04l$$

桩侧土的摩擦阻力标准值查表9－2，淤泥 $I_L=1.1>1$ 处于流塑状态，取 $q_{1k}=28\text{kPa}$，黏土 $I_L=0.3$ 属于硬塑状态，取 $q_{2k}=68\text{kPa}$。桩端处黏土的承载力容许值 $[f_{a_0}]$ 按 $I_L=0.3$，$e=0.75$ 的黏土可查表得 $[f_{a_0}]=305\text{kPa}$，$K_2=2.5$。桩尖埋置深度 h 应从一般冲刷线算起。清底系数按一般要求取 $t/d=0.34$，查表9－4得 $m_0=0.7$，λ 值由 $l/d=16.7$ 桩底土不透水，查表9－3得 $\lambda=0.65$，因此

$$P+l_0q+lq-\sigma=\frac{1}{2}\mu\sum_{i=1}^{n}q_{ik}l_{i_i}+\lambda m_0 A\{[f_{a_0}]+K_2\gamma_2(h-3)\}$$

式中　l_0——局部冲刷线以上桩的长度，单位为m。

故上式即为

$$
\begin{aligned}
&2619.36+28.26\times4.5+28.26l-118.13-22.04l \\
&=\frac{1}{2}\times3.77\times[10\times28+(l-5.5)\times68]+0.65\times0.7\times1.13 \\
&\quad\times\left[305+2.5\times\frac{11.5\times19+(l-5.5)\times19.5}{11.5+l-5.5}(3.0+l)\right]
\end{aligned}
$$

解得取 $l=15.67$ m，取16 m，故桩长 $L=20.5\text{m}$，与假设相近，否则重新进行桩长计算。

9.2.2 桩的负摩擦阻力

在一般情况下，桩受轴向荷载作用后，桩相对于桩侧土体作向下位移，使土对桩产生向上作用的摩擦阻力，称正摩擦阻力［如图9－12（a）所示］。但是，当桩周土体因某种原因发生下沉，其沉降速率大于桩的下沉时，则桩侧土就相对于桩作向下位移，而使土对桩产生向下作用的摩擦阻力，即称其为负摩擦阻力［如图9－12（b）所示］。

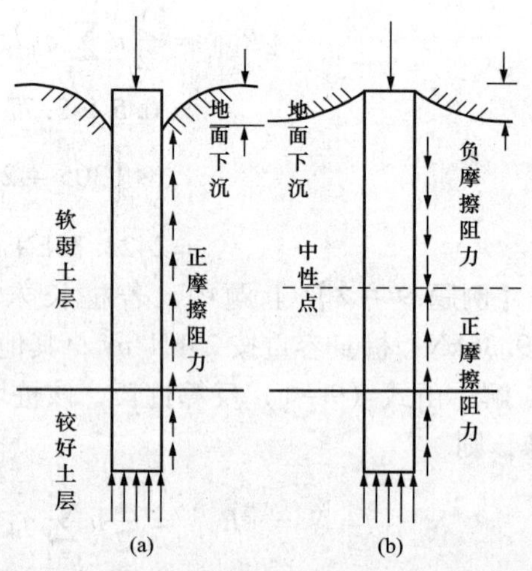

图9－12　桩的正负摩擦阻力

桩的负摩擦阻力的发生将使桩侧土的部分重力传递给桩。因此，负摩擦阻力不但不能成为桩承载力的一部分，反而变成施加在桩上的外荷载，桩基沉降加大，这在桩基设计中应予以注意。桩的负摩擦阻力产生的原因有：

（1）在桩基础附近地面有大面积堆载，引起地面沉降，对桩产生负摩擦阻力。对于桥头路堤高填土的桥台桩基础，地坪大面积堆放重物的车间、仓库建筑的桩基础，均要特别注意负摩擦阻力问题。

（2）土层中抽取地下水或其他原因，地下水位下降，使土层产生自重固结下沉。

（3）桩穿过欠固结土层（如填土）进入硬持力层，土层产生自重固结下沉。

（4）桩数很多的密集群桩打桩时，使桩周土中产生很大的超孔隙水压力，打桩停止后桩周土的再固结作用引起下沉。

（5）在黄土、冻土中的桩，因黄土湿陷、冻土融化产生地面下沉。

从上述可知，当桩穿过软弱高压缩性土层而支承在坚硬的持力层上时，最易发生桩的负摩擦阻力问题。在确定桩的承载力和桩基设计中应予以注意。如何降低和克服桩的负摩擦阻力？以下措施在桩基设计时可予以考虑：

（1）对于填土场地，应保证填土的密实度，且要待填土地面沉降基本稳定后才可成桩。

（2）对于地面大面积堆载的建筑物，采取预压等处理措施，减少地面堆载引起的地面沉降。

（3）桩周换土法。在松砂或其他粗粒土内设置桩基，待打好桩后，挖去桩周的粗粒土，换成摩擦角小的土。

（4）涂层法，在桩上涂具有黏弹性质的特殊沥青或聚氯乙烯作为滑动层，也可涂抹1.8～2mm的合成树脂作为保护层，这种方法可以有效地降低负摩擦阻力，材料消耗和施工费用可节约20%。

9.3 基桩内力和位移计算

桩基础上的作用荷载首先是通过承台传给桩，然后再由桩传递给地基。承台传递给基桩桩顶的作用力包括轴向力、横向力和弯矩。桩在受力后要发生变形，包括轴向变形和桩的挠曲所引起的横向变位。由于埋入土中的桩受到桩侧土的约束，所以桩在发生横向变位时，将受桩侧土横向抗力的作用。在计算时，一般将作用于桩上的力分为轴向受力和横向受力两部分。

9.3.1　基本概念

1. 土的横向抗力及地基系数

桩基础在轴向荷载、横向荷载和力矩作用下产生竖向位移、水平位移和转角。桩的竖向位移引起桩侧摩擦阻力和桩端阻力。桩身的水平位移及转角使桩挤压桩侧土体，桩侧土对桩产生的约束称土的横向抗力 σ_{zx}。横向抗力 σ_{zx} 起抵抗外力和稳定桩基础的作用，假定土的横向抗力符合文克尔假设，将桩作为弹性构件考虑，不考虑桩土之间的黏着力和摩擦阻力，桩作为弹性构件考虑，当桩受到水平外力作用后，桩土协调变形，任一深度 z 处所产生的桩侧土水平抗力与该点水平位移 x_z 成正比

$$\sigma_{zx} = Cx_z \tag{9-5}$$

式中　σ_{zx}——横向抗力，单位为 kN/m^2；

C——地基系数，单位为 kN/m^3，表示单位面积土在弹性限度内产生单位变形时所需加的力；

x_z——深度 z 处桩的横向位移，单位为 m。

地基系数是反映地基土抗力性质的指标。当桩的横向位移一定时，C 值越大，土的横向抗力越大。C 的大小不仅与土的类别及其性质有关，而且也随着深度的变化而变化。由于实测的客观条件和分析方法不尽相同等原因，所采用的 C 值随深度的分布规律也各有不同。常采用的地基系数分布规律（如图9－13所示）有几种形式，因此相应产生几种基桩内力和位移计算的方法。

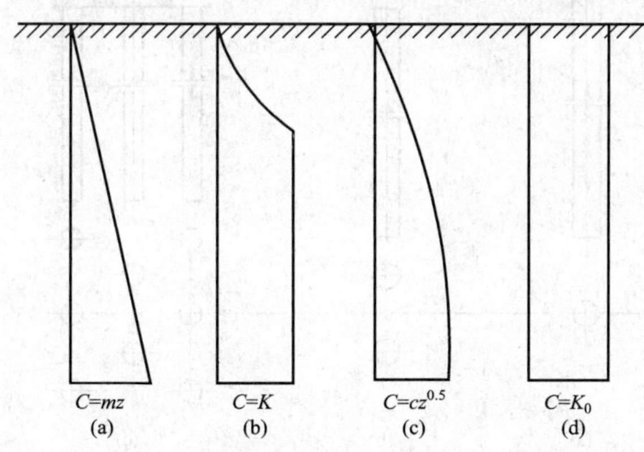

图9－13　地基系数的几种分布形式

①“m”法，假定地基系数 C 值随深度成正比例地增长，即 $C=mz$，如图9－13（a）所示，m 称为地基比例系数，单位为 kN/m^4。

②“K”法，假定在桩身挠曲曲线第一挠曲零点以上地基系数 C 随深度增加呈凹形抛物线变化。在第一挠曲零点以下，地基系数 $C=K$，单位为 kN/m^3，不再随深度变化而为常数，

如图 9－13（b）所示。

③“C 值”法，假定地基系数 C 随着深度成抛物线规律增加，即 $C = cz^{0.5}$，如图 9－13（c）所示。

④“C”法又称“张有龄法”，假定地基系数 C 沿深度均匀分布，不随深度而变化，即 $C = K_0$，单位为 kN/m^3，为常数，如图 9－13（d）所示。现只介绍目前应用较广的“m”法。

2. 单桩、单排桩和多排桩

计算基桩内力应该先根据作用在承台底面的外力 N、H、M 计算出作用在每根桩顶的荷载 P_i、Q_i 和 M_i 值，然后才能计算各桩在荷载作用下的各截面的内力与位移。桩基础按其作用力 H 与基桩的布置方式之间的关系可归纳为单桩、单排桩及多排桩两类来计算各桩顶的受力。

（1）单桩或与横向外力作用方向相垂直的单排桩，如图 9－14（a）、（b）所示。对于单桩来说，上部荷载全由它承担。对于单排桩，桥墩作纵向验算时，若作用于承台底面中心的荷载为 N、H、M，当 N 在承台横桥向无偏心时，则可以假定各荷载是平均分配在各桩上，即

$$P_i = N/n; Q_i = H/n; M_i = M/n \tag{9-6}$$

（2）多排桩或顺横向外力作用方向的单排桩，如图 9－14（c）所示。多排桩指在水平外力作用平面内有一根以上桩的桩基础，这类桩基础属于一个超静定的结构或平面钢架，其内力分析和变位计算需用超静定方法求解。

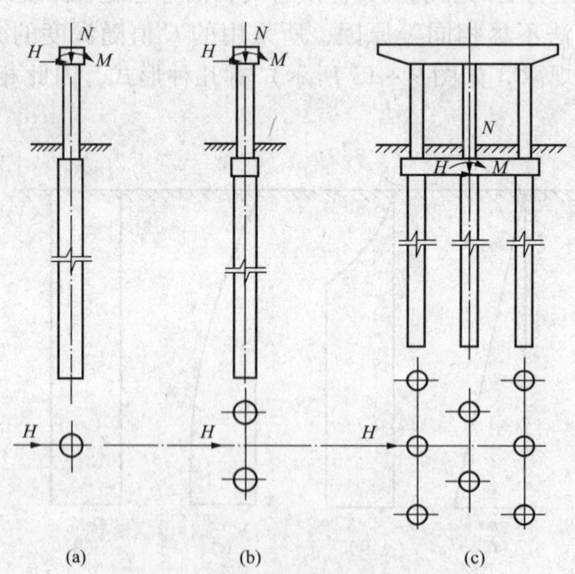

图 9－14 单桩、单排桩、多排桩

3. 桩的计算宽度

桩在水平外力作用下，除了桩身范围内桩侧土受挤压外，在桩身宽度以外一定范围内的土体也会受到一定程度的影响，且对不同截面形状的桩，土受到的影响范围大小不同。在计算各种不同情况下，桩侧的实际作用范围时，用桩的计算宽度 b_1 来代替桩的设计宽度（直

径)，根据规范桩的计算宽度如下：

1）当 $d \geq 1.0m$ 时，$b_1 = kk_f(d+1)$。

2）当 $d < 1.0m$ 时，$b_1 = kk_f(1.5d+0.5)$。 (9-7)

式中 b_1——桩的计算宽度，单位为m，$b_1 \leq 2d$；

d——桩径或垂直于水平外力作用方向桩的宽度；

k_f——形状换算系数，视水平作用面（垂直于水平力作用方向）而定，圆形或圆端截面 $k_f=0.9$；矩形截面 $k_f=1.0$；对圆端形与矩形组合截面 $k_f=(1-0.1a/d)$，如图9-15所示；

k——平行于水平力作用方向的桩间相互影响系数，单排桩 $k=1.0$，多排桩见《公路桥梁地基与基础设计规范》(JTG D63—2007)。

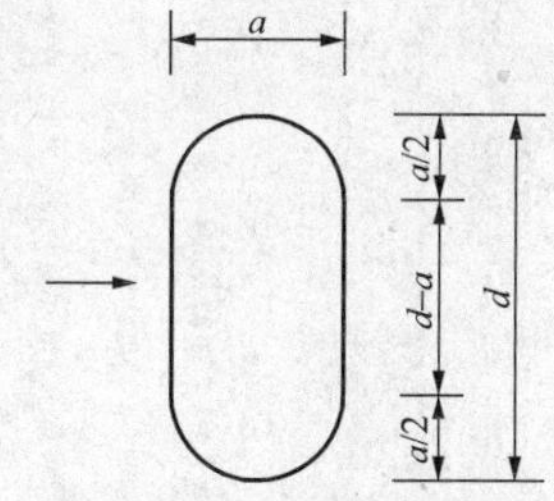

图9-15 计算圆端形与矩形组合截面 k_f 示意图

4. 刚性构件与弹性构件

"m"法计算中常将埋入土中的桩分为刚性构件和弹性构件。在水平外力作用下，如果桩只发生转动和位移，不产生变形，这种桩属于刚性构件；如果桩本身出现挠曲变形，则这种桩属于弹性构件。桩身是否出现挠曲变形，主要与桩长、截面形状、尺寸、桩的刚度等因素有关。"m"法计算中引入基础变形系数 α 来反映这些因素对桩变形的影响：

$$\alpha = \sqrt[5]{\frac{mb_1}{EI}} \tag{9-8}$$

式中 b_1——桩的计算宽度，单位为m；

E——桩的弹性模量，单位为MPa；

I——截面惯性矩，单位为 m^4；

m——地基系数，单位为 MN/m^4。

若桩柱底面置于地面或局部冲刷线以下的深度为 l，根据经验，当 $\alpha l \leq 2.5$ 时，将桩视为刚性构件，一般沉井、大直径管柱及其他实体深基础都属于这一类；当 $\alpha l > 2.5$ 时，则将桩视为弹性构件，一般沉桩与灌注桩多属这一类。根据不同的构件，可采用不同的公式计算变形、内力和土的横向抗力。本节只研究弹性构件。

9.3.2 "m"法弹性单排桩内力和位移计算

当一根计算宽度为 b_1 的弹性桩埋在土中，桩顶若与地面平齐（$z=0$），且已知桩顶作用有水平荷载 Q_0 和力矩 M_0 时，桩将发生挠曲，桩侧土将产生横向抗力 σ_{zx}（如图9-16所示），得桩的挠曲微分方程为

$$EI\frac{d^4x}{dz^4} = -q = -\sigma_{zx}b_1 = -mzx_zb_1$$

整理后可得

$$\frac{d^4x}{dz^4} + \alpha^5 zx_z = 0 \tag{9-9}$$

式中 E——桩的弹性模量，单位为MPa；

I——截面惯性距，单位为 m^4；

σ_{zx}——桩侧土横向抗力，$\sigma_{zx} = Cx_z = mzx_z$，$C$ 为地基系数；

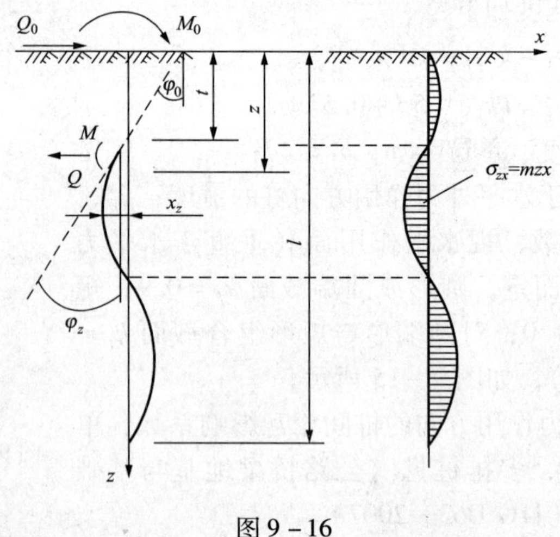

图 9-16

b_1——桩的计算宽度；

x_z——桩在深度 z 处的横向位移（即桩的挠度）；

α——桩的变形系数，$\alpha=\sqrt[5]{\frac{mb_1}{EI}}$，见式（9-8）。

根据边界条件求解获得桩身任意截面上的变位（水平位移 x_z 及转角 φ_z）和内力（弯矩 M_z 及剪力 φ_z）公式。

$$
\begin{aligned}
x_z &= \frac{Q_0}{\alpha^3 EI}A_x + \frac{M_0}{\alpha^2 EI}B_x \\
\varphi_z &= \frac{Q_0}{\alpha^2 EI}A_\varphi + \frac{M_0}{\alpha EI}B_\varphi \\
M_z &= \frac{Q_0}{\alpha}A_m + M_0 B_m \\
Q_z &= Q_0 A_Q + \alpha M_0 B_Q
\end{aligned}
\tag{9-10}
$$

式中 A_x，B_x，A_φ，B_φ，A_m，B_m，A_Q，B_Q 为无量纲系数，均为 αl 和 αz 的函数，有关手册已将其制成表格，以供查用。Q_0，M_0 是桩在地面或局部冲刷线处的横向荷载，可按下式求得：

$$
\begin{aligned}
Q_0 &= Q_i \\
M_0 &= M_i + Q_i l_0
\end{aligned}
\tag{9-11}
$$

式中 Q_i，M_i——作用于桩顶上的横向荷载；

l_0——桩顶到地面或局部冲刷线处的长度。

当桩顶露出地面或局部冲刷线的长度为 l_0 时，可进一步导出桩顶的水平位移 x_1 和转角 φ_1：

$$
\begin{aligned}
x_1 &= \frac{Q}{\alpha^3 EI}A_{x1} + \frac{M}{\alpha^2 EI}B_{x1} \\
\varphi_1 &= -\left(\frac{Q}{\alpha^2 EI}A_{\varphi_1} + \frac{M}{\alpha EI}B_{\varphi 1}\right)
\end{aligned}
\tag{9-12}
$$

式中　Q，M——作用于桩顶上的剪力和弯矩；

A_{x1}、$A_{\varphi1}$、B_{x1}、$B_{\varphi1}$——无量纲系数，为 αz 和 αl_0 的函数。

以上对桩的内力和位移的符号作如下规定：Q 和 x 以顺 x 轴正方向为正值；φ 以逆时针方向为正值；M 以使左侧纤维受拉时为正值，反之则为负。

9.4　桩基础设计计算步骤

桩基础的设计方法与步骤一般先根据收集的必要设计资料，拟定出设计方案（包括选择桩基类型、桩长、桩径、桩数、桩的布置、承台位置与尺寸等），然后进行基桩和承台以及桩基础整体的强度、稳定、变形检验，经过计算、比较、修改直至符合技术、经济和安全、使用等各项要求，最后确定较佳的设计方案。

9.4.1　桩基础类型的选择

选择桩基础类型时应根据设计要求和现场条件，同时要考虑各种类型桩和桩基础具有的不同特点，注意扬长避短，给予综合考虑选定。

1. 承台底面标高的考虑

承台底面的标高应根据桩的受力情况，桩的刚度、地形、地质、水流、施工等条件确定。承台低，稳定性则好，但在水中施工难度较大，因此可用于季节性河流，冲刷小的河流或岸滩上墩台及旱地上其他结构物的基础。当承台埋于冻胀土层中时，为了避免由于土的冻胀引起桩基础的损坏，承台底面应位于冻结线以下不少于 0.25m。对于常年有流水、冲刷较深，或水位较高，施工排水困难，在受力条件允许时，应尽可能采用高桩承台。承台如在水中、在有流冰的河道时，承台底面应位于最低冰层底面以下不少于 0.25m；在有其他漂流物或通航的河道时，承台底面也应适当放低，以保证基桩不会直接受到撞击。

2. 端承桩和摩擦桩的考虑

端承桩与摩擦桩的选择主要根据地质和受力情况确定。端承桩基础承载力大，沉降量小，较为安全可靠，因此当基岩埋深较浅时应考虑采用端承桩。若适宜的岩层埋置较深或受到施工条件的限制不宜采用柱桩时，则可采用摩擦桩，但在同一桩基础中不宜同时采用柱桩和摩擦桩，同时也不宜采用不同材料、不同直径和长度相差过大的桩，以避免桩基产生不均匀沉降或丧失稳定性。

当采用端承桩时，除桩底支承在基岩上外，如覆盖层较薄或水平荷载较大时，还需将桩底端嵌入基岩中一定深度成为嵌岩桩，以增加桩基的稳定性和承载能力。为保证嵌固牢靠，嵌入新鲜岩层最小深度不应小于 0.5m，若新鲜岩层埋藏较深，微风化层、弱风化层厚度较大，需计算其嵌入深度。

3. 单排桩和多排桩的考虑

单排桩与多排桩的确定主要根据受力情况，并与桩长、桩数的确定密切相关。多排桩稳定性好，抗弯刚度较大，能承受较大的水平荷载，水平位移小，但多排桩的设置将会增大承台的尺寸，增加施工困难，有时还影响航道；单排桩与此相反，能较好地与柱式墩台结构形式配用，可节省圬工，减小作用在桩基的竖向荷载。因此，当桥跨不大、桥高较矮时，或单桩承载力较大，需用桩数不多时常采用单排排架式基础。公路桥梁自采用了具有较大刚度的钻孔灌注桩后，选用盖梁式承台双柱或多柱式单排墩台桩柱基础也较广泛，对较高的桥台、拱桥桥台、制动墩和单向水平推力墩基础则常需用多排桩。在桩基受有较大水平力作用时，无论是单排桩还是多排桩，若能选用斜桩或竖直桩配合斜桩的形式则将明显增加桩基抗水平力的能力和稳定性。

4. 施工方式的选择

设计时将桩基施工方式拟定为打入桩、振动下沉桩、钻（挖）孔灌注桩、管柱基础等。桩型的选择应根据地质情况、上部结构要求和施工技术设备条件等确定。

9.4.2 桩径、桩长的拟定和单桩容许承载力的确定

1. 桩径拟定

当桩基类型选定后，桩的横截面可根据各类桩的特点与常用尺寸，并考虑工程地质情况和施工条件选择确定。如钻孔桩，则以钻头直径作为设计直径，钻头直径常用规格为 0.8m、1.0m、1.25m 和 1.5m 等。

2. 桩长拟定

桩长确定的关键在于选择桩底持力层。设计时可先根据地质条件选择适宜的桩底持力层初步确定桩长，并应考虑施工的可能性（如打桩设备能力或钻进的最大深度等）。

一般总希望把桩底置于岩层或坚实的土层上，以得到较大的承载力和较小的沉降量。如在施工条件容许的深度内没有坚实土层的存在，应尽可能选择压缩性较低、强度较高的土层作为持力层，要避免把桩底坐落在软土层上或离软弱下卧层的距离太近，以免桩基础发生过大的沉降。

对于摩擦桩，有时桩底持力层可能有多种选择，此时确定桩长与桩数两者相互牵连，遇此情况，可通过试算比较，选用较合理的桩长。摩擦桩的桩长不应太短，因为桩长过短则达不到设置的桩基能把荷载传递到深层或减小基础下沉量的目的，且必然增加桩数、扩大承台尺寸，最终影响施工的进度。此外，为保证发挥摩擦桩桩底土层支承力，桩底端部应插入桩底持力层一定深度（插入深度与持力层土质、厚度及桩径等因素有关）一般不宜小于1m。

3. 单桩轴向受压承载力容许值的确定

桩径、桩长确定后，应根据地质资料确定单桩容许承载力，进而估算桩数和进行桩基验算。单桩轴向受压承载力容许值的确定，对于一般性桥梁和结构物，或在各种工程的初步设计阶段可按经验（规范）公式计算；而对于大型、重要桥梁或复杂地基条件还应通过静载试验或其他方法，并作详细分析比较，较准确合理地确定。

9.4.3 确定基桩的根数及其在平面的布置

1. 桩的根数估算

一个基础所需桩的根数可根据承台底面上的竖向荷载和单桩容许承载力估算。估算的桩数是否合适，应待验算各桩的受力状况后确定。

2. 确定桩的平面布置

桩数确定后，可根据桩基受力情况选用单排桩桩基或多排桩桩基。桩的排列形式考虑到：一般墩（台）基础，多以纵向荷载控制设计，控制方向上桩的布置应尽可能使各桩受力相近，且考虑施工的可能和方便。当荷载偏心较大时，承台底面的应力分布呈梯形，若

$\sigma_{man}/\sigma_{min}$值比较大，宜用不等距排列（两侧密，中间疏）；若$\sigma_{man}/\sigma_{min}$值不大，宜用等距排列；而非控制方向上一般均采用等距排列。当作用于桩基的弯矩较大时，宜尽量将桩布置在离承台形心较远处，采用外密内疏的布置方式，以增大基桩对承台形心或合力作用点的惯性矩，提高桩基的抗弯能力。相邻桩的间距不宜过大，间距大，承台平面尺寸和重量相应增大；间距小，摩擦桩桩尖处应力重叠现象严重，会加大基础的沉降。桩的间距要求详见本章9.1有关内容。

9.4.4　桩基础设计方案检验

根据上述原则所拟定的桩基础设计方案应进行检验，即对桩基础的强度、变形和稳定性进行必要的验算，以验证所拟定的方案是否合理，是否需要修改，能否优选成为较佳的设计方案。为此，应计算基础及其组成部件（基桩与承台）产生的内力与位移。

1. 验算桩的受力

（1）单桩轴向承载力检验。

$$N_{max}+G\leqslant\gamma_R[R_a] \tag{9-13}$$

式中　N_{max}——作用于桩顶上的最大轴向力；

G——桩重，地面或局部冲刷线以下的桩身自重等于这段桩身自重与置换土重之差。

$[R_a]$——单桩轴向受压承载力容许值；

γ_R——单桩轴向受压承载力的抗力系数，根据桩的受荷情况按表9-9确定。

表9-9　单桩轴向受压承载力的抗力系数

受荷阶段	作用效应组合		抗力系数 γ_R
使用阶段	短期效应组合	永久作用与可变作用组合	1.25
		结构自重、预加力、土重、土侧压力和汽车、人群组合	1.00
	作用效应偶然组合（不含地震作用）		1.25
施工阶段	施工荷载效应组合		1.25

（2）验算桩身截面强度或考虑配筋。判断基桩属于弹性构件还是刚性构件，验算桩身截面强度考虑配筋参照教材《桥梁工程》。在单桩轴向力验算中如果不能满足公式（9-13）的要求，则应增加桩数n或调整桩的平面布置，减少N_{max}值；也可以加大桩的截面尺寸，重新确定桩数、桩长和布置直到符合验算要求为止。

2. 承台强度的验算

承台强度验算包括桩顶处局部压应力、承台抗弯、抗剪强度及桩对承台的冲剪等内容。验算可参阅结构设计原理教材及有关内容。

3. 群桩基础承载力和沉降量的检验

群桩基础是根据桩在传力时的扩散作用，将桩基础视为宽为b，长为a，范围为$cdef$内的实体刚性基础，桩尖平面作为基底，从而验算地基轻度和沉降变形。如图9-17所示。

《公路桥涵地基与基础设计规范》（JTG D63—2007）规定9根桩及9根以上的多排摩擦桩群桩在桩端平面内桩距小于6倍桩径时，群桩作为整体基础验算桩端面处土的承载力。当

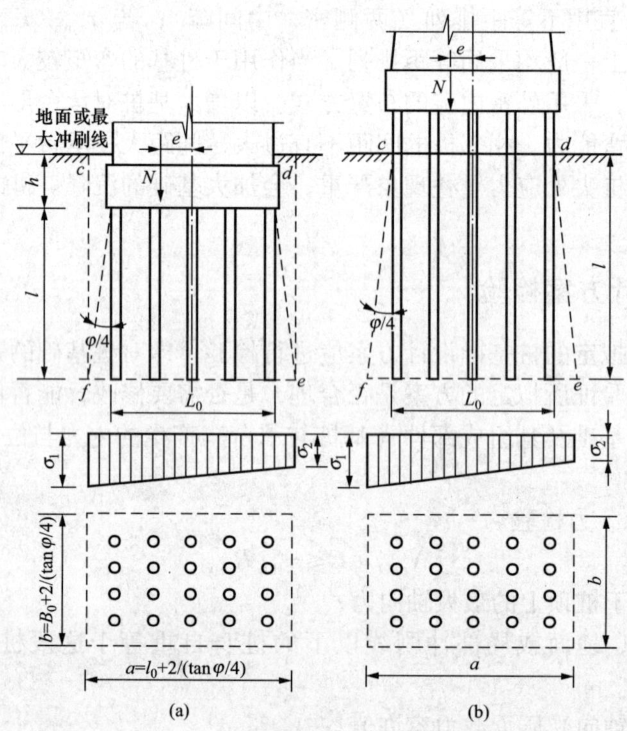

图 9－17 群桩基础作为整体基础

桩端面以下有软弱下卧层或软弱地基时，还应验算该土层的承载力。当桩基为端承桩或在桩端平面内桩的间距大于桩径（或边长）的 6 倍时，桩基的总沉降可取单桩的总沉降。在其他情况下，墩台基础采用分层总和法计算群桩的沉降量，并应计入桩身压缩量。

4. 计算墩台顶的水平位移

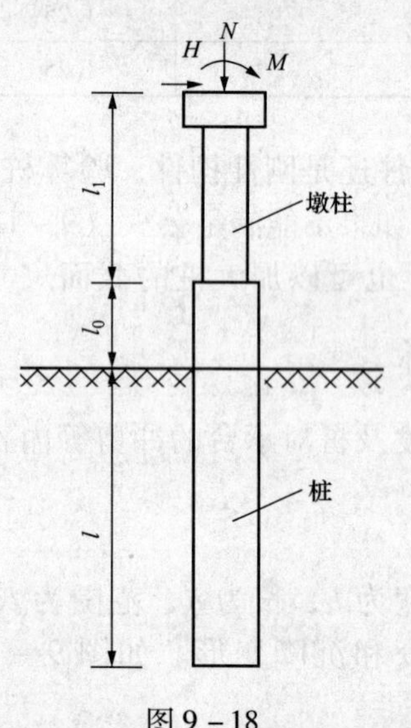

图 9－18

《公路桥涵地基与基础设计规范》（JTG D63—2007）规定需作墩台顶水平位移验算，在荷载作用下，墩台水平位移值的大小，除了与墩台本身材料受力变位有关外，还与基桩的水平位移及转角有关。若为桥墩墩顶（即桩顶），可直接用公式计算出桩顶位移 x_1［式（9－12）］，墩顶位移 $\Delta = x_1$；若桩顶上有截面不同于桩身的墩（台）柱，如图 9－18 所示，则可按下式计算墩（台）顶的水平位移：

$$\Delta = x_1 - \varphi_1 l_1 + \Delta_0 \qquad (9-14)$$

式中 x_1、φ_1——桩顶的水平位移和截面转角，按式（9－12）计算得；

l_1——墩（台）顶到桩顶的高度；

Δ_0——墩柱部分由弹性挠曲所引起的墩顶水平位移，一般按桩顶处为固定端的悬臂梁计算。

针对图 9－18 的受力情况，由材料力学计算挠度公式，Δ_0可用下式计算：

$$\Delta_0 = \frac{Hl_1^3}{3E_1 I_1} + \frac{Ml_1^2}{2E_1 I_1} \tag{9-15}$$

式中　E_1——墩柱的弹性模量；

I_1——截面惯性矩。

在荷载作用下，墩台顶水平位移 Δ 不应超过规定的容许值［Δ］，即 $\Delta \leqslant [\Delta] = 0.5\sqrt{L}$（cm），其中 L 为桥孔跨径（以 m 计）。

9.5　桩基础的施工

桩基础施工前应根据已定出的墩台纵横中心轴线直接定出桩基础轴线和各基桩桩位。目前，已普遍应用全站仪直接定位，并设置好固定桩标志或控制桩，以便施工时随时校核。

9.5.1　预制沉桩的施工

1. 桩的预制

沉桩一般在预制厂制造，但当工地附近没有预制厂时，从远处工厂将桩运往工地往往不经济，宜在工地选择合适的场地进行预制。这时要注意：

（1）场地布置要紧凑，尽量靠近打桩地点，但地势要考虑到防止被洪水所淹没。

（2）地基要平整密实，并应铺设混凝土地坪或专设桩台。

（3）制桩材料的进场路线与成桩运往打桩地点的路线，不应互受干扰。

预制桩的混凝土必须连续一次浇筑完成，宜用机械搅拌和振捣，以确保桩的质量。桩上应标明编号，制作日期，并填写制桩记录。桩的混凝土强度必须大于设计强度的70%时，方可吊运；达到设计强度等级后方可使用。校验沉桩的尺寸和质量，并在每根桩的一侧用油漆画上长度标记（以便于随时检查沉桩入土的深度）。

2. 立桩和桩定位

预制的钢筋混凝土桩由预制场地吊运到桩架内，在起吊、运输、堆放时，都应该按照设计计算的吊点位置起吊（一般吊点应在桩内预埋直径 20～25mm 的钢筋吊环，或以油漆在桩身标明），否则桩身受力情况与计算不符，可能引起桩身混凝土开裂。

桩位定线时，应将所有的纵横向位置固定牢固，如桩的轴线位置于水中，应在岸上设置控制桩。打钢筋混凝土桩时，应采用与桩的断面尺寸相适应的桩帽。桩就位后如发现桩顶不平，应以麻袋等垫平。桩锤压住桩顶后，检查锤与桩的中心线是否一致，桩位、桩帽有无移动，桩的垂直度或倾斜度是否符合规定；检查所有机具，做到安全、可靠；选用桩锤。

3. 沉桩

沉桩工艺随沉桩机械而变，主要有三种：锤击式、振动式和静压式。

（1）锤击沉桩是采用蒸汽锤、柴油锤、液压锤等，依靠沉重的锤芯自由下落以及部分包含液压产生的冲击力，将桩体贯入土中，直至设计深度。采用该法，桩径不能太大（在一般土质中桩径不大于 0.6m），桩的入土深度也不宜太深（在一般土质中不超过 40m），否则打桩设备要求较高，打桩效率很差。一般适用于松散、中密砂土、黏性土。所用的基桩主要为预制的钢筋混凝土桩或预应力混凝土桩。锤击沉桩常用的设备是桩锤和桩架。此外，还有射水装置、桩帽和送桩等辅助设备（图9－19、图9－20）。锤击沉桩会产生较大的振动、挤土和噪声，引起邻近建筑物或地下管线的附加沉降或隆起。

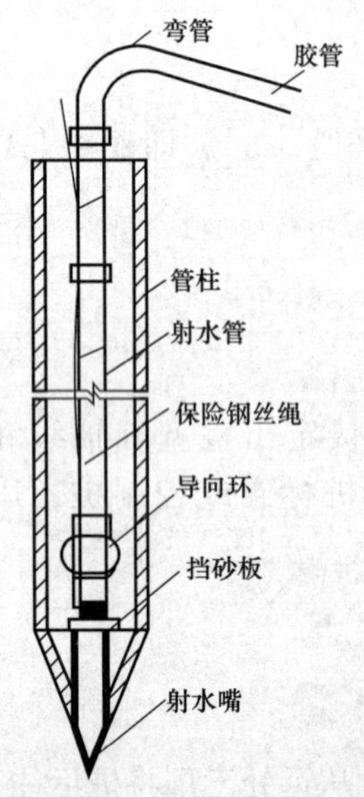

图9－19 空心管桩中的射水装置

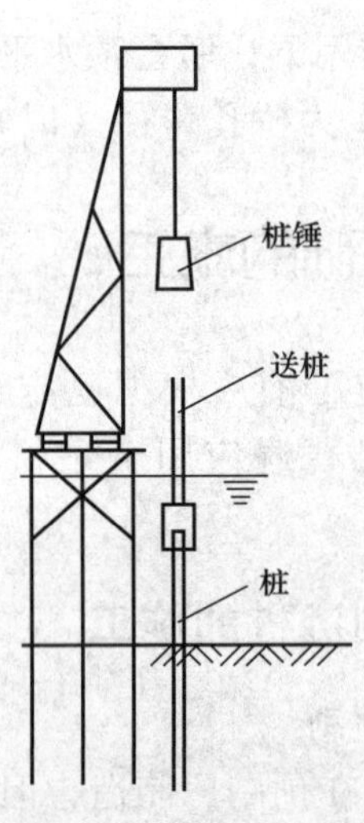

图9－20 送桩构造

（2）振动沉桩是用振动打桩机（振动桩锤）将桩打入土中的施工方法。其原理是由振动打桩机使桩产生上下振动，在清除桩与周围土层间摩擦力的同时使桩尖地基松动，桩贯入或拔出。振动沉桩一般适用于砂土，硬塑及软塑的黏性土和中密及较软的碎石土。振动法施工不仅可有效地用于打桩，也可用以拔桩；虽然振动下沉，但噪声较小；在砂性土中最为有效，硬地基中难以打进；施工速度快，不会损坏桩头，不用导向架也能打进，移位操作方便，需要的电源功率大。桩的断面大和桩身长者，桩锤重量应大；随地基的硬度加大，桩锤的重量也应增大；振动力大则桩的贯入速度快。

（3）静力压桩是在标准贯入度 $N<20$ 的软黏性土中，用液压千斤顶或桩头加重物以施加顶进力将桩压入土层中的施工方法。其特点是：施工时产生的噪声和振动较小；桩头不易损坏；桩在贯入时相当于给桩作静载试验，故可准确知道桩的承载力；压入法不仅可用于竖直桩，也可用于斜桩和水平桩；但机械的拼装移动等均需要较多的时间。

沉桩完毕基坑开挖后，应对桩位、桩顶标高进行检查，方可浇筑承台。

9.5.2 钻孔灌注桩的施工

钻孔灌注桩施工应根据土质、桩径大小、入土深度和机具设备等条件选用适当的钻具和钻孔方法，以保证能顺利成孔，然后清孔、吊放钢筋笼架、灌注水下混凝土。

1. 准备工作

（1）准备场地。施工前应将场地平整好，以便安装钻架进行钻孔。当墩台位于无水岸滩时钻架位置处应整平夯实，清除杂物，挖换软土；当场地有浅水时，宜采用土或草袋围堰筑岛（图9－21）；当场地为深水或陡坡时，可用木桩或钢筋混凝土桩搭设支架，安装施工平台支承钻机（架）。深水中在水流较平稳时，也可将施工平台架设在浮船上，就位锚固稳定后在水上钻孔。水中支架的结构强度、刚度和船舶的浮力、稳定都应事前进行验算。

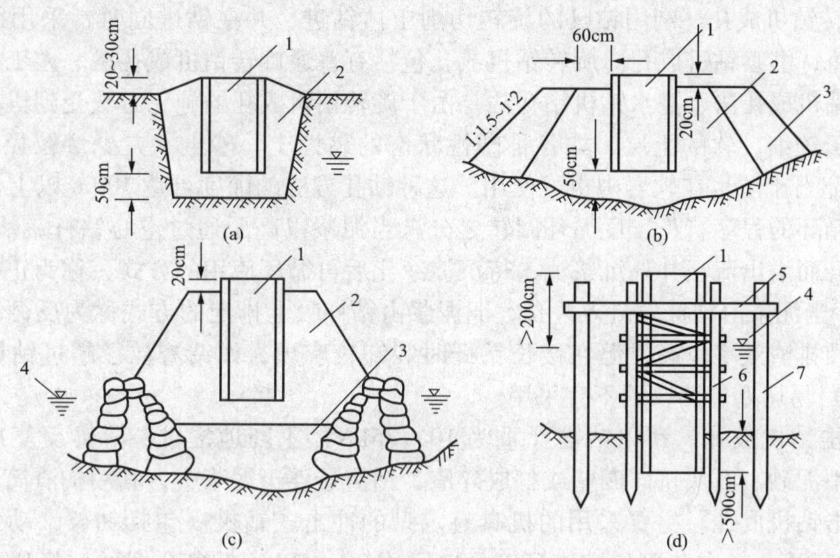

图9－21 护筒的埋置

1—护筒；2—夯实黏土；3—砂土；4—施工水位；5—工作平台；6—导向架；7—脚手桩

（2）埋置护筒。护筒的作用是：① 固定钻孔位置；② 开始钻孔时对钻头起导向作用；③ 保护孔口防止孔口土层坍塌；④ 隔离孔内孔外表层水，并保持钻孔内水位高出施工水位以产生足够的静水压力稳固孔壁。因此埋置护筒要求稳固、准确；护筒制作要求坚固、耐用、不易变形、不漏水、装卸方便和能重复使用；一般用木材、薄钢板或钢筋混凝土制成；护筒内径应比钻头直径稍大，旋转钻必须增大0.1～0.2m，冲击或冲抓钻增大0.2～0.3m；护筒埋设可采用下埋式［适于旱地埋置，如图9－21（a）所示］、上埋式［适于旱地或浅水筑岛埋置，如图9－21（b）、（c）所示］和下沉埋设［适于深水埋置，如图9－21（d）所示］。

（3）制备泥浆。泥浆在钻孔中的作用是：在孔内产生较大的静水压力，可防止坍孔；泥浆向孔外土层渗漏，在钻进过程中，由于钻头的活动，孔壁表面形成一层胶泥，具有护壁作用；同时将孔内外水流切断，能稳定孔内水位；泥浆密度大，具有挟带钻渣作用，利于钻渣的排出。因此在钻孔过程中，孔内应保持一定稠度的泥浆，一般密度以1.1～1.3g/cm^3 为宜，在冲击钻进大卵石层时泥浆密度可用1.4g/cm^3 以上，黏度为20s，含砂率小于3%。在较好的黏性土层中钻孔，也可灌入清水，使钻孔时孔内自造泥浆，达到固壁效果。调制泥浆的黏土塑性指数不宜小于15，粒径大于0.1mm的砂粒不宜超过6%。

（4）安装钻机或钻架。钻架是钻孔、吊放钢筋笼、灌注混凝土的支架。我国生产的定型旋转钻机和冲击钻机都附有定型钻架，其他还有木制的和钢制的四脚架、三脚架或人字扒杆。在钻孔过程中，成孔中心必须对准桩位中心，钻机（架）必须保持平稳，不发生位移、倾斜和沉陷。钻机（架）安装就位时，应详细测量，底座应用枕木垫实塞紧，顶端应用缆风绳固定平稳，并在钻进过程中经常检查。

2. 成孔

成孔是钻孔灌注桩施工过程中的关键工序，应根据土质、桩径大小、入土深度和机具设备等条件选用适当的钻具和钻孔方法，常见的钻孔方法介绍如下：

（1）旋转钻机成孔。利用钻具的旋转切削土体钻进，并在钻进同时常采用循环泥浆的方法护壁排渣，继续钻进成孔。旋转钻机成孔包括有普通旋转钻机成孔法、人工机动推钻与全叶式螺旋钻机成孔法、潜水钻机钻孔法。由于旋转钻机成孔的施工方法受到机具和动力的限制，适用于较细、软的土层，如各种塑性状态的黏性土、砂土、夹少量粒径小于100～200mm的砂卵石土层，在软岩中也可使用。这种钻孔方法的深度可达100m以上。旋转钻机成孔按泥浆循环的程序有正、反循环回转之分。当泥浆以高压通过空心钻杆，从底部射出，随着泥浆上升而溢出流至井外沉浆池，待沉淀净化后再循环使用的方式，称为正循环，如图9－22所示。当泥浆由钻杆外流入井孔，旧泥浆由钻杆吸上排走的方式称为反循环。反循环钻机的钻进及排渣效率较高，但在接长钻杆时装卸较麻烦，如钻渣粒径超过钻杆内径（一般为120mm）易堵塞管路，则不宜采用。

（2）冲击钻机成孔。利用钻锥（重为10～35kN）不断地提锥、落锥反复冲击孔底土层，把土层中泥砂、石块挤向四壁或打成碎渣，钻渣悬浮于泥浆中，利用掏渣筒取出，重复上述过程冲击钻机成孔。主要采用的机具有定型的冲击式钻机（包括钻架、动力、起重装置等）、冲击钻头、转向装置和掏渣筒等，也可用30～50kN带离合器的卷扬机配合钢、木钻架及动力组成简易冲击机，如图9－23所示。冲击钻孔适用于含有漂卵石、大块石的土层及岩层，也能用于其他土层。成孔深度一般不宜大于50m。

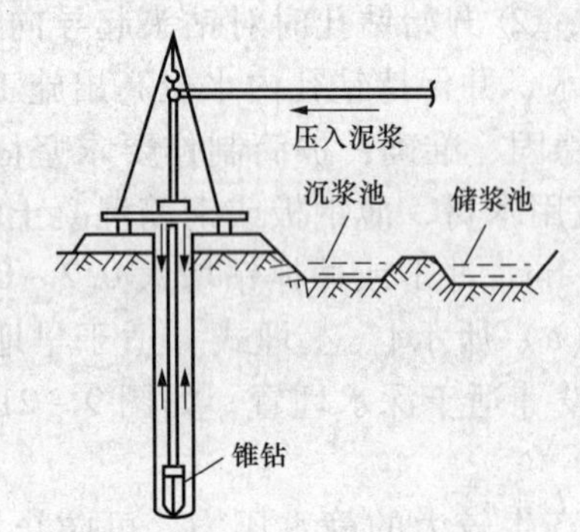

图9－22 旋转钻机成孔

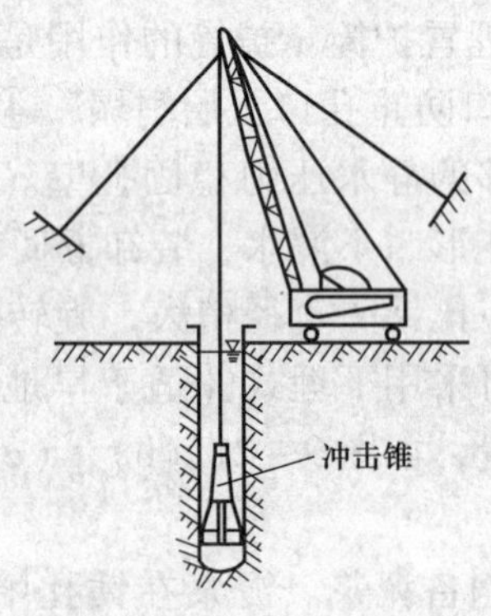

图9－23 冲击钻机成孔

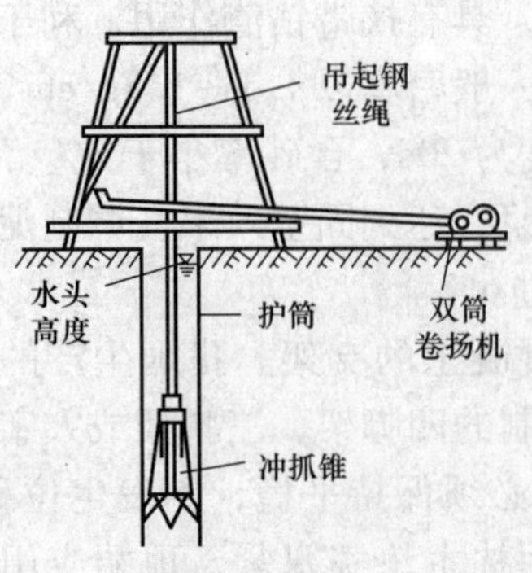

图9－24 冲抓钻机成孔

（3）冲抓钻机成孔。利用冲抓锥张开的锥瓣向下冲击切入土石中，收紧锥瓣将土石抓入锥中，提升出孔外卸去土石，然后再向孔内冲击抓土，如此循环钻进的成孔方法。如图9－24所示。施工时，泥浆仅起护壁作用，当土层较好时，可不用泥浆，而用水头护壁。冲抓成孔适用于较松或紧密黏性土、砂性土及夹有碎卵石的砂砾土层，成孔深度一般小于30m。用冲抓钻钻进时，应以小冲程稳而准的开孔，待锥具全部进入护筒后，再松锥进行正常冲抓。提锥应缓慢，冲击高度一般为1.0～2.5m。

在钻孔过程中应防止坍孔、孔形扭歪或孔斜，钻孔漏水、钻杆折断，甚至把钻头埋住或掉进孔内等事故，因此钻孔时应注意下列各点：

1）在钻孔过程中，始终要保持孔内外既定的水位差和泥浆浓度，以起到护壁、固壁的作用，防止坍孔。若发现有漏水（漏浆）现象，应找原因及时处理。如为护筒本身漏水或因护筒埋置太浅而发生漏水，应堵塞漏洞或用黏土在护壁周围夯实加固，或重埋护筒。若因孔壁土质松散，泥浆加固孔壁作用较差，应在孔内重新回填黏土，待沉淀后再钻进，以加强泥浆护壁。

2）在钻孔过程中，应根据土质等情况控制钻进速度，调整泥浆稠度，以防止坍孔及钻孔偏斜，卡钻和旋转钻机负荷超载等情况发生。

3）钻孔宜一气呵成，不宜中途停钻以避免坍孔，若坍孔严重应回填重钻。

4）钻孔过程中应加强对桩位、成孔情况的检查工作。终孔时应对桩位、孔径、形状、深度、倾斜度及孔底土质等情况进行检验，合格后立即清孔，吊放钢筋笼，灌注混凝土。钻孔完毕后为了除去孔底沉淀的钻渣和泥浆，以保证灌注的钢筋混凝土质量，保证桩的承载力，应立即进行清孔。

3. 清孔及吊装钢筋笼骨架

清孔目的是除去孔底沉淀的钻渣和泥浆，以保证灌注的钢筋混凝土质量，保证桩的承载力。清孔的方法有以下几种：

（1）抽浆清孔。用空气吸泥机吸出含钻渣的泥浆而达到清孔。由风管将压缩空气输进排泥管，使泥浆形成密度较小的泥浆空气混合物，在水柱压力下沿排泥管向外排出泥浆和孔底沉渣，同时用水泵向孔内注水，保持水位不变直至喷出清水或沉渣厚度达到设计要求为止。此法清孔较彻底，适用于孔壁不易坍塌的各种钻孔方法的柱桩和摩擦桩。

（2）掏渣清孔。用抽渣筒、大锅锥或冲抓锥清掏孔底粗钻渣。适用于机动推钻、冲抓、冲击钻孔的各类土层摩擦桩的初步清孔。

（3）换浆清孔。适用于正循环钻孔法的摩擦桩。在钻孔完成后，提升钻锥距孔底 10～20cm，继续循环，以相对密度较低（$1.1\sim1.2g/cm^3$）的泥浆压入，把钻孔内的悬浮钻渣和相对密度较大的泥浆换出。

钻孔桩的钢筋应按设计要求预先焊成钢筋骨架，整体或分段就位，吊入钻孔。钢筋骨架吊放前应检查孔底深度是否符合设计要求，孔壁有无妨碍骨架吊放和正确就位的情况。钢筋骨架吊装可利用钻架或另立扒杆进行。吊放时应避免骨架碰撞孔壁，并保证骨架外混凝土保护层的厚度，应随时校正骨架位置。钢筋骨架达到设计标高后，即将骨架牢固定位于孔口，立即灌注混凝土。

4. 灌注水下混凝土

目前我国多采用直升导管法灌注水下混凝土。

（1）灌注水下混凝土。施工过程如图 9－25 所示。将导管居中插入到离孔底 0.30～0.40m（不能插入孔底沉积的泥浆中），导管上口接漏斗，在接口处设隔水栓，以隔绝混凝土与导管内水的接触。在漏斗中贮备足够数量的混凝土后，放开隔水栓，贮备的混凝土连同隔水栓向孔底猛落，这时孔内水位骤涨外溢，说明混凝土已灌入孔内。若落下有足够数量的混凝土则将导管内的水全部压出，并使导管下口埋入孔内混凝土内 1～1.5m 深，保证钻孔内的水不可能重新流入导管。随着混凝土不断通过漏斗、导管灌入钻孔，钻孔内初期灌注的混凝土及其上面的水或泥浆不断被顶托升高，相应地不断提升导管和拆除导管，这时应保持导管的埋入深度为 2～4m，最大不宜大于 4m，拆除导管时间不超过 15min，直至钻孔灌注混凝土完毕。

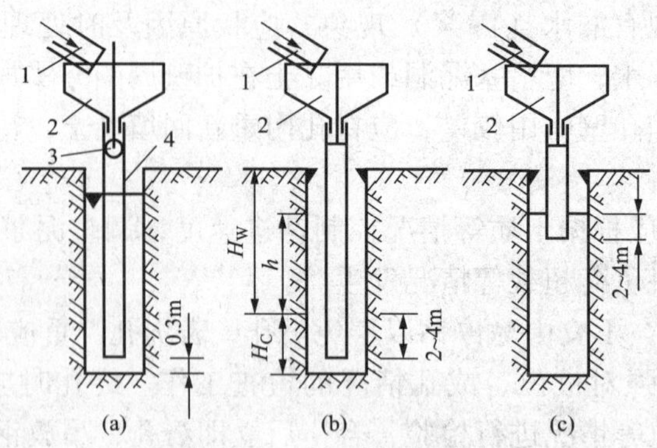

图 9-25 灌注水下混凝土

1—通混凝土贮料槽；2—漏斗；3—隔水栓；4—导管

为了首批灌注桩的混凝土数量能保证将导管内水全部压出并满足导管初次埋入深度的需要，应计算漏斗应有的最小容量从而确定漏斗的尺寸大小。漏斗顶端应比桩顶（桩顶在水面以下时应比水面）高出至少3m，以保证灌注混凝土最后阶段时，管内混凝土重量满足顶托管外混凝土及其上水压或泥浆重量的需要。

（2）对混凝土材料的要求。为了保证水下灌注混凝土的重量，混凝土的配合比按设计强度的混凝土强度等级提高20%进行设计；混凝土应有必要的流动性，以坍落度表示，宜在180~220mm范围内；每立方米混凝土用量不少于350kg，水灰比宜用0.5~0.6，并可适当提高含砂率（宜采用40%~50%）使混凝土有较好的和易性；为防卡管，石料尽可能用卵石，适宜粒径为5~30mm，最大粒径不应超过40mm。

在混凝土灌注过程中，为了随时掌握钻孔内混凝土顶面的实际高度，可用测绳和测深锤直接测定。测深锤一般用锥形锤，锤底直径为15cm左右，高20cm，重量为5kg，外壳可用钢板焊制，内装铁砂配重后密封。为保证灌注桩成桩后的质量，现在可用超声波法等进行无损检测。

9.5.3 挖孔灌注桩的施工

挖孔灌注桩适用于无地下水或少量地下水，且较密实的土层或风化岩层。桩的直径（或边长）不宜小于1.4m，孔深一般不宜超过20m。若孔内产生的空气污染物超过规定的浓度限值时，必须采用通风措施，方可采用人工挖孔施工。施工时必须在保证安全的前提下不间断地快速进行。每一桩孔开挖、提升出土、排水、支撑、立模板、吊装钢筋骨架、灌注混凝土等作业都应事先准备好，紧密配合。

1. 开挖桩孔

一般采用人工开挖。开挖之前应清除现场四周及山坡上悬石、浮土等，排除一切不安全的因素，做好孔口四周临时围护和排水设备。孔口应采取措施防止土石掉入孔内，并安排好排土提升设备（卷扬机或木绞车等），布置好弃土通道，必要时孔口应搭雨棚。

挖孔过程中要随时检查桩孔尺寸和平面位置，防止误差；注意施工安全，下孔人员必须佩戴安全帽和安全绳，提取土渣的机具必须经常检查；孔深超过10m时，应经常检查孔内二氧化碳浓度，如超过0.3%应增加通风措施。

2. 护壁和支撑

挖孔桩开挖过程中，开挖和护壁两个工序，必须连续作业，以确保孔壁不坍；应根据地质、水文条件、材料来源等情况因地制宜选择支撑及护壁方法。现护壁多采用混凝土浇筑，应用于桩孔较深、土质较差、出水量较大或遇流砂等情况时，其特点是整体性和防渗性更好，构造形式灵活多变，并可作成扩底，如图9－26所示。每下挖1～2m灌注一次，随挖随支。

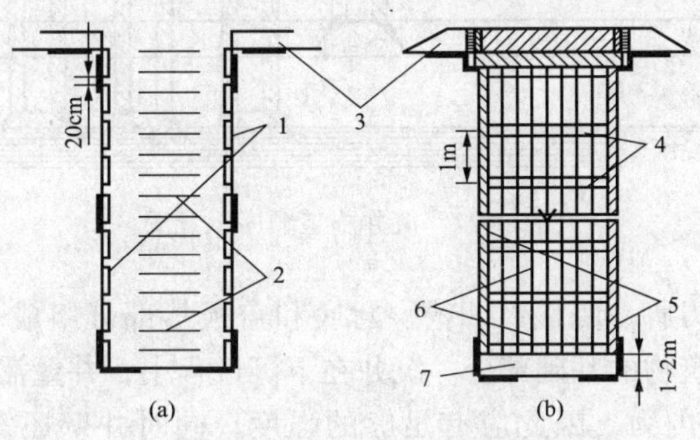

图9－26　护壁与支撑

1—就地灌注混凝土护壁；2—固定在护壁上供人上下用的钢筋；3—孔口围护；4—木框架支撑；5—支撑木板（满铺或间隔铺）；6—木框架间支撑；7—不设支撑地段

3. 排水

孔内如渗水量不大，可采用人工排水（手摇木绞车或小卷扬机配合提升）；渗水量较大时，可用高扬程抽水机或将抽水泵吊入孔内抽水。若同一墩台有几个桩孔同时施工，可以安排一孔超前开挖，使地下水集中在一孔排除。

4. 吊装钢筋骨架及灌注桩身混凝土

挖孔达到设计深度后，应进行孔底处理；必须做到孔底表面无松渣、泥、沉淀土，以保证桩身混凝土与孔壁及孔底密贴，受力均匀。如地质复杂，应钎挖了解孔底以下地质情况是否能满足设计要求，否则应与监理、设计单位研究处理。吊装钢筋骨架及灌注水下混凝土的有关方法及注意事项与钻孔灌注桩基本相同。

9.6　其他深基础简介

深基础的种类很多，除桩基础外，墩基、沉井、沉箱和地下连续墙等都属于深基础。深基础的主要特点是需采用特殊的施工方法，解决基坑开挖、排水等问题，减小对邻近建筑物的影响。

9.6.1　沉井基础

沉井通常是用钢筋混凝土或砖石、混凝土等材料制成的井筒状结构物，一般分数节制作。施工时，先在场地上平整地面，铺设砂垫层，设支承枕木，制作第一节沉井。然后在井筒内挖土（或水力吸泥），使沉井失去支承下沉，边挖边排水边下沉，再逐节接长井筒。当井筒下沉达设计标高后，用素混凝土封底。最后浇筑钢筋混凝土底板，构成地下结构物，或在井筒内用素混凝土或砂砾石填充，构成深基础。沉井施工顺序如图9－27所示。

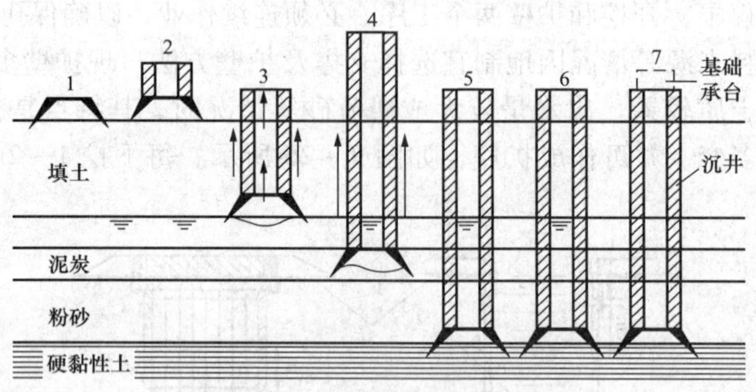

图9－27 沉井施工顺序示意图

沉井主要由井壁、刃脚、隔墙、凹槽、封底和盖板等部分组成。井壁是沉井的主要部分，施工完毕后也是建筑物的基础部分。沉井在下沉过程中，井壁需挡土、挡水，承受各种最不利荷载组合产生的内力，因此应有足够的强度；同时井壁还需有足够的厚度和重量（一般壁厚0.5～1.8m），以便在自重作用下克服侧壁摩擦阻力下沉至设计标高。刃脚位于井壁的最下端，其作用是使沉井易于切土下沉，并防止土层中的障碍物损坏井壁。刃脚应有足够的强度，以免挠曲或破坏，靠刃脚处应设置约0.15～0.25m深1.0m高的凹槽，使封底混凝土嵌入井壁形成整体结构。必要时，井筒内可设置隔墙以减少外壁的净跨距，加强沉井的刚度，同时把沉井分成若干个取土小间，以便于施工时掌握挖土的位置以控制沉降和纠偏。当沉井下沉到设计标高后，在井底用混凝土封底，以防止地下水渗入井内。封底混凝土强度等级一般不低于C15。当井孔内不填料或填以砂砾等时，还应在井顶浇筑钢筋混凝土盖板。

沉井的横截面形状，根据使用要求可做成方形、矩形、圆形、椭圆形等多种。井筒内的井孔有单孔、单排多孔及多孔等。当沉井下沉很困难时，其立面也可作成台阶形。

沉井的优点是占地面积小，井筒在施工过程中可作支承围护，不需另外的挡土结构，技术上操作简便，不需放坡，挖土量少，节约投资，施工稳妥可靠。通常适用于地基深层土承载力大，而上部土层比较松软、易于开挖的地层；或由于建筑物的使用要求，基础埋深很大；或因施工原因，例如在已有浅基础邻近修建深埋较大的设备基础时，为了避免基坑开挖对已有基础的影响，也可采用沉井法施工。

沉井在下沉过程中常会发生各种问题：如遇到大块石、残留基础或大树根等障碍物下沉；穿过地下水位以下的细、粉砂层时，大量砂土涌入井内，使沉井倾斜等。这些都会对施工造成很大的困难，甚至无法进行。因此，对于准备用沉井法施工的场地，必须事先做好地基勘探工作，并对可能发生的问题事先加以预防。当问题发生时，要及时采取措施进行处理。

9.6.2 墩基础

墩是一种利用机械或人工在地基中开挖成孔后灌注混凝土形成的大直径桩基础，由于其直径粗大如墩（一般直径 d 大于1500mm），故称为墩基础。

墩基础功能与桩相似，底面可扩大成钟形，形成扩底墩。墩底直径最大已达7.5m；深度一般为20～40m，最大可达60～80m。当支承于基岩上时，竖向承载力可达60～70MN，且沉降量极小。

墩基能较好地适应复杂的地质条件，常用于高层建筑中柱基础。墩身可穿越浅部不良地基达到深部基岩或坚实土层，并可通过扩底工艺获得很高的单墩承载力。但其混凝土用量大，施工时有一定的难度，故不宜用于荷载较小、地下水位较高、水量较大的小型工程及相当深度内无坚硬持力层的地区。

与其他深基础相比较，墩基具有如下特点：

（1）墩基承载力高，原则上应采用一柱一墩。扩底墩的中心距宜大于或等于 $1.5d_b$（如图9－28所示），d_b/d 宜小于或等于3.0，扩大头斜面高宽比 h/b 不宜小于1.5，具体数值应根据持力层土体稳定条件确定。

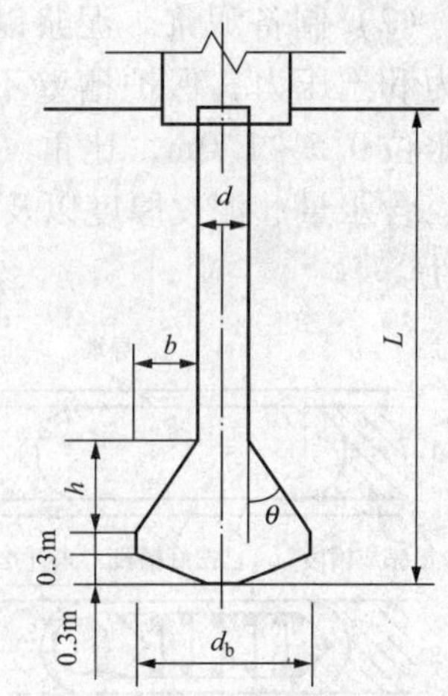

图9－28　扩底墩的基本尺寸

（2）墩基持力层必须承载力较高且具有一定厚度，其厚度不得小于 $(1.5\sim2.0)d_b$，并保证土层在扩底施工时具有足够的稳定性。墩底一般可做成锅底状，进入持力层深度不宜小于0.5m。当持力层为基岩时，应嵌入岩层一定深度；当岩面倾斜时宜做成台阶形，并进行稳定性验算，以防止滑动失稳。

（3）墩基的混凝土强度等级一般大于或等于C20，钢筋不少于Φ10@200，最小配筋率当受压时应大于或等于0.2%，受弯时大于或等于0.4%。箍筋不少于Φ8@300，墩顶1.5m范围内应加密至@100，并设置Φ14@200加劲筋。主筋保护层不小于35mm，水下浇筑混凝土时不小于50mm。墩顶应嵌入承台不小于100mm，承台厚度大于或等于300mm，墩边至承台边的距离不小于200mm。此外，还宜在墩的双向设置拉梁，拉梁配筋可按所联柱子轴力值的10%设置。

（4）墩基承载力高，多为一柱一墩，发生质量问题，其后果严重且难以处理。故设计时必须明确规定施工和质检方案，提出监控指标及安全、技术措施，并预计到可能出现的不利变化及人为因素的影响，以确保墩基的施工质量。

9.6.3　地下连续墙

地下连续墙是20世纪50年代由意大利米兰ICOS公司首先开发成功的一种新的支护型式。它是在泥浆护壁条件下，使用专门的成槽机械，在地面开挖一条狭长的深槽，然后在槽内设置钢筋笼，浇筑混凝土，逐步形成一道连续的地下钢筋混凝土连续墙，用以作为基坑开挖时防渗、挡土和对邻近建筑物基础的支护以及直接成为承受上部结构荷载的基础的一部分。

地下连续墙的优点是土方量小、施工期短、成本低，可在沉井作业、板桩支护等方法难以实施的环境中进行无噪声、无振动施工，并穿过各种土层进入基岩，无须采取降低地下水的措施。因此可在密集建筑群中施工，尤其是用于二层以上地下室的建筑物，可配合“逆筑法”施工（从地面逐层而下修筑建筑物地下部分的一种施工技术），而更显出其独特的作用。目前，地下连续墙已发展有后张预应力、预制装配和现浇预制等多种形式，其使用日益广泛，目前在泵房、桥台、地下室、箱基、地下车库、地铁车站、码头、高架道路基础、水处理设施，甚至深埋的下水道等，都有成功应用的实例。

地下连续墙的成墙深度由使用要求决定，大都在50m以内，墙宽与墙体的深度以及受力情况有关，目前常用600mm和800mm两种，特殊情况也有400mm和1200mm的薄型以及厚型地下连续墙。地下连续墙的施工工序如下：

(1) 修筑导墙。沿设计轴线两侧开挖导沟，修筑钢筋混凝土（钢、木）导墙，以供成槽机械钻进导向、维护表土和保持泥浆稳定液面。导墙内壁之间的净空应比地下连续墙设计厚度加宽40～60mm，埋深一般为1～2m，墙厚0.1～0.2m。

(2) 制备泥浆。泥浆以膨润土或细粒土在现场加水搅拌制成，用以平衡侧向地下水压力和土压力，保护槽壁不致坍塌，并起到携渣、防渗的作用。泥浆液面应保持高出地下水位0.5～1.0m，比重（1.05～1.10g/cm^3）应大于地下水的比重。其浓度、黏度、pH值、含水量、泥皮厚度以及胶体率等多项指标应严格控制并随时测定、调整，以保证其稳定性。

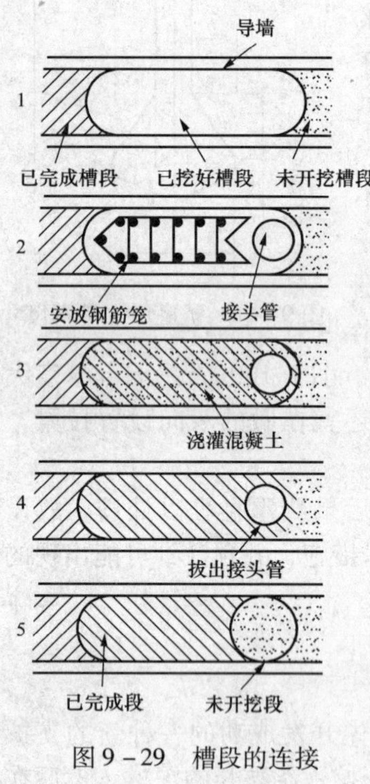

图9－29 槽段的连接

(3) 成槽。成槽是地下连续墙施工中最主要的工序，对于不同土质条件和槽壁深度应采用不同的成槽机具开挖槽段。例如大卵石或孤石等复杂地层可用冲击钻；切削一般土层，特别是软弱土，常用导板抓斗、铲斗或回转钻头抓铲。采用多头钻机开槽，每段槽孔长度可取6～8m；采用抓斗或冲击钻机成槽，每段长度可更大。墙体深度可达几十米。

(4) 槽段的连接。地下连续墙各单元槽之间靠接头连接。接头通常要满足受力和防渗要求，且需施工简单。国内目前使用最多的接头形式是用接头管连接的非刚性接头。在单元槽段内土体被挖除后，在槽段的一端先吊放接头管，再吊入钢筋笼，浇筑混凝土，然后逐渐将接头管拔出，形成半圆形接头，如图9－29所示。

地下连续墙既是地下工程施工时的围护结构，又是永久性建筑的地下部分。因此，设计时应针对墙体施工和使用阶段的不同受力和支承条件下的内力进行简化计算；或采用能考虑土的非线性力学性状以及墙与土的相互作用的计算模型以有限单元法进行分析。

本章小结

1. 桩基础的类型与构造

桩基础由基桩与承台共同组成，按照承台底面位置高低分为高桩承台与低桩承台桩基；按受力性状不同分为摩擦桩与端承桩；按施工方法的不同，有钻（挖）孔灌注桩、沉桩。不同类型的桩基有不同的构造要求。

2. 单桩轴向受压承载力容许值的确定

静载试验确定：

$$[R_a]=\frac{1}{K}P_j \quad (P_j\text{ 为极限荷载，}K\text{ 为安全系数，一般取 2。})$$

规范经验公式确定：

钻（挖）孔灌注摩擦桩：$[R_a]=\frac{1}{2}u\sum_{i=1}^{n}q_{ik}l_i+A_Pq_r$

$$q_r=m_0\lambda\{[f_{a_0}]+k_2\gamma_2(h-3)\}$$

沉桩：$[R_a]=\frac{1}{2}\left(u\sum_{i=1}^{n}\alpha_il_iq_{ik}+\alpha_rA_Pq_{rk}\right)$

柱桩：$[R_a]=c_1A_Pf_{rk}+u\sum_{i=1}^{m}c_{2i}h_if_{rki}+\frac{1}{2}\zeta_su\sum_{i=1}^{n}l_iq_{ik}$

3. 桩的内力和位移计算

土的横向抗力、地基系数、桩的计算宽度的概念；弹性构件与刚性构件的判断，基桩内力与位移计算公式。

4. 桩基础的施工

钻孔灌注桩的施工工序：① 选择钻孔方法和钻孔机具；② 桩位放样，埋设护筒，调制泥浆；③ 钻孔；④ 清孔；⑤ 吊放钢筋笼；⑥ 灌注水下混凝土。

复习思考题

1. 桩基础有何特点？什么情况下选用桩基础？
2. 何谓摩擦桩？何谓端承桩？它们的作用有何不同？
3. 单桩轴向受压承载力容许值如何确定？
4. 什么是负摩擦阻力？它产生的原因是什么？如何降低和克服桩的负摩擦阻力？
5. 桩基础的设计包括哪些内容？
6. 预制桩基础施工的施工工序怎样？
7. 钻孔灌注桩的施工中埋设护筒有何作用？泥浆有什么作用？如何水下灌注混凝土？
8. 什么情况下采用沉井基础？沉井基础的类型有哪些？其构造怎样？

习　题

某简支梁单排双柱式桥墩基础如图 9－30 所示，其中墩柱直径为 1.5m，基桩直径为 1.65m，墩柱和桩均用 C20 混凝土，混凝土容重为 24.5kN/m^3；地基土为中密粗砂夹卵石，桩身与土之间的极限摩擦阻力 $q_k=90$kPa，桩底土的容许承载力$[f_{a_0}]=400$kPa，$\varphi=40°$，浮容重 $\gamma'=11.6$kN/m^3。恒载作用位置如图所示，设根墩柱和桩承受的竖向荷载大小为：两跨恒载 $P_1=1350$kN，盖梁 $P_2=252$kN，系梁 $P_3=75$kN，墩柱重 $P_4=274$kN，基桩每米长的重量（考虑水的浮力）为$(3.14\times1.65^2/4)\times(24.5-10)=31$kN，两跨活载 $P_5=546$kN，基桩选定为钻孔灌注桩，用冲抓锥钻孔，基岩很深，按摩擦桩考虑。确定桩的入土深度，并进行验算。

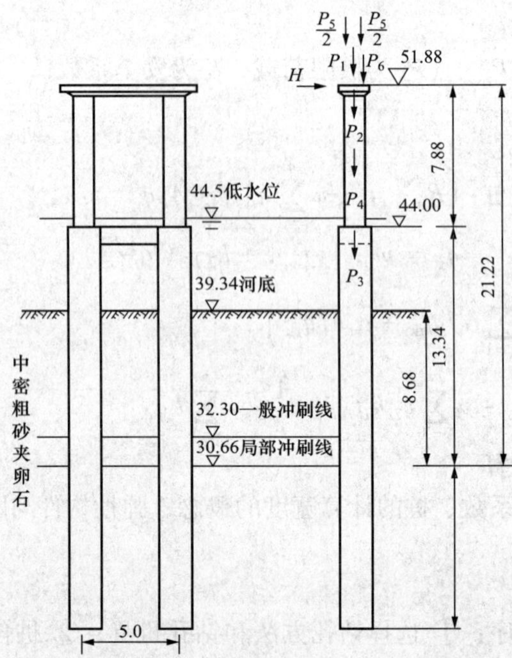

图 9-30　简支梁单排双柱式桥墩基础（尺寸单位：m）

第10章 地 基 处 理

本章的知识要点

1. 地基处理和复合地基的基本概念。
2. 常见地基处理方法的加固原理、施工、质量检验。

10.1 软弱地基处理概述

10.1.1 建筑物地基处理的目的与意义

各类建筑物的地基需要解决的技术问题，可以概括为以下四个方面。

（1）地的强度与稳定性问题。若地基的抗剪强度不足以支承上部荷载时，地基就会产生局部剪切或整体滑动破坏。它将影响建筑物的正常使用，甚至成为灾难。如加拿大特朗斯康谷仓地基滑动，引起上部结构倾倒，即为此类典型实例。

（2）地基的变形问题。当地基在上部荷载作用下，产生严重沉降或不均匀沉降时，就会影响建筑物的正常使用，甚至发生整体倾斜、墙体开裂、基础断裂等事故。如比萨斜塔倾斜即为此类典型实例。湿性黄上遇水湿陷，膨胀士的胀缩，也属这类问题。

（3）地基的渗漏与溶蚀。如水库地基渗漏严重，会发生水量损失。地基溶蚀会使地面坍陷，如徐州市区坍陷即为典型实例。

（4）地基振动液化。在强烈地震的作用下，会使地下水位下的松散粉细砂和粉土产生液化，使地基丧失承载力。

凡建筑物的天然地基，存在上列四类问题之一时，必须进行地基处理，以确保工程安全。地基处理的优劣，关系到整个工程的质量、造价与工期。地基处理的意义已被越来越多的人所认识。我国于2002年颁布《建筑地基处理技术规范》（JGJ 79—2002），要求地基处理做到技术先进、经济合理、安全适用、确保质量。

10.1.2 地基处理的对象

地基处理的对象包括：软弱地基与不良地基两方面。

1. 软弱地基

软弱地基是指在地表下相当深度范围内存在软弱土。

（1）软弱土的特性。软弱土包括淤泥、淤泥质土、冲填土、杂填土及饱和松散粉细砂与粉土。这类土的工程特性为压缩性高、强度低，通常很难满足地基承载力和变形的要求。因此，不能作为永久性大中型建筑物的天然地基。

淤泥和淤泥质土具有下列特性：

① 天然含水率高，含水量会大于液限，呈流塑状态。

② 孔隙比大，一般情况下大于1。

③ 压缩性高，一般压缩系数在0.7～1.5MPa。

④ 渗透性差，通常渗透系数K小于10^{-6}cm/s，这类地基的沉降往往持续几十年才能稳定。

⑤ 具有结构性，施工时扰动结构，则强度降低。

冲填土是疏浚江河时，用挖泥船的泥浆泵将河底的泥砂用水力冲填至岸上形成的土。含黏土颗粒多的冲填土往往是强度低、压缩性高的欠固结土。以粉土或粉细砂为主的冲填土容易产生液化。

杂填土是城市地表覆盖的、由人类活动堆填的建筑垃圾、生活垃圾和工业废料，结构松散，分布无规律，极不均匀。

(2) 软弱土的分布。

① 淤泥和淤泥质土：广泛分布在上海、天津、宁波、温州、连云港、福州、厦门、广州等东南沿海地风及昆明、武汉等内陆地区。此外，各省市都存在小范围的淤泥和淤泥质土。

② 冲填土：主要分布在沿海江河两岸地区，例如天津市有大面积海河冲填土。

③ 杂填土：杂填土是指含有建筑垃圾、工业废料、生活垃圾等杂物的填土。在历史悠久的城市杂填土厚度较大，而且市区多为建筑垃圾。

2. 不良地基

不良地基包括下列几类。

(1) 湿陷性黄土地基。由于黄土的特殊环境与成因，黄土中含有大孔隙和易溶盐类，使陇西、陇东、陕北、关中等地区的黄土具有湿陷性，导致房屋开裂。

(2) 膨胀土地基。膨胀土中有大量蒙脱石矿物，是一种吸水膨胀、失水收缩，具有较大往复胀缩变形的高塑性黏土。在膨胀土场地上造建筑物处理不当，会使房屋发生开裂等事故。

(3) 泥炭土地基。凡有机质含量超过25%的土称为泥炭质土。泥炭土是在沼泽和湿地中生长的苔藓、树木等植物分解而形成的有机质土，呈黑色或暗褐色，具有纤维状疏松结构，为高压缩性土。

(4) 多年冻土地基。在高寒地区，含有固态水，且冻结状态持续两年或两年以上的土，称为多年冻土。多年冻土的强度和变形有其特殊性。例如，冻土中既有固态冰又有液态水，在长期荷载作用下具有流变性；又如建房取暖，将改变多年冻土地基的温度与性质，故对此需专门研究。

(5) 岩溶与土洞地基。岩溶又称“喀斯特”。它是可溶性岩石，如石灰岩、岩盐等长期被水溶蚀而形成的溶洞、溶沟、裂隙，以及由于溶洞的顶板塌落，使地表发生坍陷等现象和作用的总称。土洞是岩溶地区上覆土层被地下水冲蚀或潜蚀所形成的洞穴。岩溶和土洞对建筑物的影响很大。

(6) 山区地基。山区地基的地质条件复杂，主要为地基的不均匀性和场地的稳定性。例如，山区的基岩面起伏大，且可能有大块孤石，使建筑地基软硬悬殊导致事故发生。尤其在山区常有滑坡、泥石流等不良地质现象，威胁建筑物的安全。

(7) 饱和粉细砂与粉土地基。饱和粉细砂与粉土地基，在强烈地震作用下，可能产生液化，使地基丧失承载力，发生倾倒、墙体开裂等事故。

此外，如旧房改造和增层，工厂设备更新、加重，在邻近低层房屋开挖深坑建高层建筑等情况，都存在地基土体的稳定性与变形问题，需要进行研究与处理。

工程建设中，不可避免地会遇到地质条件不好的地基或软弱地基，当这样的地基不能满足设计建筑物对地基强度与稳定性和变形的要求时，常需要采用各种地基加固、补强等技术措施，改善地基土的工程性状，以满足工程要求，这些工程措施统称为地基处理，处理后的地基称为人工地基。下面简单介绍几种常用的地基处理方法。

10.2 换土垫层法

换土垫层法又称换填法，这种方法是先挖除基底下处理范围内的软弱土，再分层换填强度大、压缩性小、性能稳定的材料，并压实至要求的密实度，作为地基的持力层。

1. 换土垫层的材料

(1) 理想材料。主要为卵石、碎石、砾石、粗中砂。要求级配良好，不含杂质。使用粉细砂时，应掺入25%～30%的碎石或卵石，最大粒径不宜大于50mm。这类材料应用最广。

(2) 素土。土料中有机质含量不得超过5%，亦不得含有冻土或膨胀土。当含有碎石时，粒径不宜大于50mm。

(3) 灰土。灰与土的体积配合比宜为2:8或3:7。土料宜用黏性土及塑性指数大于4的粉土，不得含有松软杂质，并应过15mm的筛。灰料宜用新鲜的消石灰，颗粒不得大于5mm。

(4) 工业废料。如矿渣，应质地坚硬、性能稳定和无侵蚀性。其最大粒径及级配宜通过试验确定。

2. 换土垫层法的加固原理

(1) 提高地基承载力。浅基础的地基承载力与基底土的强度有关。若上部荷载超过软弱地基土的强度，则从基础底面开始发生剪切破坏，并向软弱地基的纵深发展。换土垫层法以强度大的砂石代替软弱土，就可避免地基剪切破坏，从而提高地基承载力。

(2) 减小地基沉降量。软弱地基土的压缩性高、沉降量大，换填压缩性低的砂石，则地基沉降量减小。湿陷性黄土换成灰土垫层，可消除湿陷性，也可减小地基沉降量。

(3) 加速软土的排水固结。砂、石垫层透水性大，软弱下卧层在荷载作用下，以砂、石垫层作为良好的排水体，可使孔隙水压力迅速消散，从而加速软土的固结过程，提高地基承载力。

(4) 防止冻胀。砂、石本身为不冻胀土，垫层切断了下卧软弱土中地下水的毛细管上升，因此可以防止冬季结冰造成的冻胀。

(5) 消除膨胀土的胀缩作用。在膨胀土地基中采用换土垫层法，应将基础底面与两侧的膨胀土挖除一定的范围，换填非膨胀性材料，则可消除胀缩作用。

3. 换填垫层法的适用范围

换填垫层法适用于淤泥、淤泥质土、湿陷性黄土、素填土、杂填土地基及暗沟、古井、古墓等浅层处理。常用于多层或低层建筑的条形基础、独立基础、地坪、料场段道路工程。因换填的宽深范围有限，所以既安全又经济。

4. 换填垫层法的设计

(1) 垫层厚度。垫层厚度根据软弱下卧层的地基承载力验算确定。按应力扩散角进行计算的方法，即认为砂垫层以“θ”角向下扩散基底附加应力，要求砂垫层底面（下卧层顶面）处的附加压应力与垫层土的自重应力之和应小于等于下卧层地基的承载力容许值。

垫层的厚度通常不大于3m，否则工程量大、不经济、施工难。若垫层太薄小于0.5m，则作用不显著、效果差，所以换土垫层厚度宜控制在0.5~3.0m。

(2) 垫层宽度。垫层宽度的确定应满足基底应力扩散的要求，根据垫层侧面土的承载力防止垫层向两边挤出。垫层的顶面每边宜超出基础底边不小于300mm，或从垫层底面两侧向上，按当地开挖基坑经验的要求放宽；垫层的底宽按下式计算或根据当地经验确定。

$$B = b + 2h_s \tan\theta \tag{10-1}$$

式中 B——垫层底面宽度，单位为m；

h_s——垫层厚度，单位为m；

b——基础底面宽度，单位为m；

θ——垫层的压力扩展角。

5. 换填垫层法的施工要点

垫层施工时应注意下列事项，以保证工程质量。

(1) 基坑保持无积水，若地下水位高于基坑底面时，应采取排水或降水措施。

(2) 铺筑垫层材料之前，应先验槽。清除浮土，边坡应稳定。基坑两侧附近如存在低于地基的洞穴，应先填实。

(3) 施工中必须避免扰动软弱下卧层的结构，防止降低土的强度、增加沉降。基坑挖好立即回填，不可长期暴露、浸水或任意践踏坑底。

(4) 如采用碎石或卵石垫层，宜先铺一层15~20cm的砂垫层作底面，用木夯夯实，以免坑底软弱土发生局部破坏。

(5) 垫层底面应等高。如深度不同，基土面应挖成踏步或斜坡搭接。分段施工接头处应做成斜坡，每层错开0.5~1.5m。搭接处应注意捣实，施工顺序先深后浅。

(6) 人工级配砂石垫层，应先拌合均匀，再铺填捣实。

(7) 垫层每层虚铺200~300mm，均匀、平整，严格掌握。禁止为抢工期一次铺土太厚，否则层底压不实，且坚决返工重做。

(8) 垫层材料应采用最优含水率，尤其对素土和灰土垫层，严格控制 $w \leqslant w_{op} \pm 2\% w_{op}$。

(9) 施工机械应根据不同垫层材料进行选择，如素填土宜用平碾或羊足碾；其余参见规范。机械应采取慢速碾压，如平板振捣器宜在各点留振1~2min。

(10) 进行质量检验，合格后，再铺一层材料再压实，直至设计厚度为止，并及时进行基础施工与基坑回填。

6. 换填垫层法施工的质量检验标准

垫层的质量控制标准，根据承载力的要求，通常采用下列两种方法。

(1) 干密度 ρ_d。

1) 环刀法，素土、灰土和密砂用容积 $V \geqslant 200\text{cm}^3$ 的环刀，在垫层中取代表性试样，测定其干密度 ρ_d。一般中砂 $\rho_d \geqslant 1.60\text{g/cm}^3$ 为合格；灰土 $\rho_d \geqslant 1.55\text{g/cm}^3$ 为合格。

2）灌水法，如为卵石或碎石垫层无法用环刀取样时，可采用灌水法。选代表性部位挖试坑：直径为250mm，深度为300mm。挖出的卵石全部装入小桶，可得卵石的质量。用塑料薄袋平铺试坑内，注水入袋至试坑口齐平，注入水量为试坑体积。级配良好的卵石，要求$\rho_d \geqslant 1.90g/cm^3$。

（2）压实系数λ_c。

压实系数λ_c，按下式计算：

$$\lambda_c = \frac{\rho_d}{\rho_{dmax}} \tag{10-2}$$

式中 λ_c——压实系数，一般要求$\lambda_c = 0.93 \sim 0.97$；

ρ_d——垫层材料施工要求达到的干密度，单位为g/cm^3；

ρ_{dmax}——垫层材料能够压密的最大干密度，由击实试验测定，单位为g/cm^3。

10.3 挤密压实法

挤密法是用振动、冲击或打入套管等方法在地基中成孔（孔径一般为30～60cm），然后向孔中填入砂、土、石灰等材料，分层捣实成桩，再将钢管拔出，形成土中桩体从而加固地基的方法。这里简单介绍砂石桩法、重锤夯实法和强夯法挤密法。

10.3.1 砂石桩

砂石桩法的最早应用是在1835年，法国人由此方法来加固兵工厂车间海积软土地基。砂桩在19世纪30年代起源于欧洲；20世纪50年代日本开发振动式和冲击式砂桩施工方法，提高了质量和效率。

1. 砂石桩法的适用范围

（1）挤密松散砂土、素填土和杂填土等地基。

（2）置换饱和黏性土地基，主要不以变形控制的工程。

2. 砂石桩法的加固机理

（1）砂类土加固机理。挤密疏松砂土为单粒结构，孔隙大，颗粒位置不稳定。在静力和振动作用下，土粒易位移至稳定位置，使孔隙减小而压密。在挤密砂石桩成桩过程中，桩套管挤入砂层，该处的砂被挤向桩管四周而变密。挤密砂桩的加固效果包括：① 使松砂地基挤密至小于临界孔隙比，以防止砂土振动液化；② 形成强度高的挤密砂石桩，提高了地基的强度与承载力；③ 加固后大幅度减小地基沉降量；④ 挤密加固后，地基呈均匀状态。

（2）黏性土加固机理——置换。砂石桩在黏性土地基中，主要利用砂石桩本身的强度及其排水效果。其作用包括：① 砂石桩置换，在黏性土中形成大直径密实砂石桩桩体，砂石桩与黏性土形成复合地基，共同承担上部荷载，提高了地基承载力和整体稳定性；② 上部荷载产生对砂石桩的应力集中，减少了黏性土的应力，从而减少了地基的固结沉降量，经砂石桩处理淤泥质黏性土地基，可减少沉降量20%～30%；③ 排水固结，砂石桩在黏性土地基中形成排水通道，因而加速固结速率。

3. 砂石桩的设计

（1）砂石桩直径与平面布置。砂石桩直径可采用300～600mm。根据地基土质和成桩设备等因素确定平面排列宜采用等边三角形或正方形布置。

(2) 砂石桩的间距。砂石桩的间距应通过现场试验确定，但不宜大于砂石桩直径的4倍。

(3) 砂石桩长度。当松软土层厚度不大时，砂石桩长度宜穿过松软土层；当松软土层厚度较大时，桩长应根据建筑地基的允许变形值确定；对可液化砂层，桩长应穿透可液化层。

(4) 砂石桩挤密地基的宽度。挤密地基宽度应超出基础的宽度，每边放宽不应小于1~3排；砂石桩用于防止砂层液化时，每边放宽不宜小于处理深度的1/2，并不应小于5m；当可液化土层上覆盖有厚度大于3m的非液化土层时，每边放宽不宜小于液化土层厚度的1/2，并不应小于3m。

(5) 砂石桩孔内砂石的填量。

填砂石量可按下式计算：

$$S=\frac{A_P l d_s}{1+e_1}(1+0.01w) \tag{10-3}$$

式中 S——填砂石量（以重量计），单位为kN；

A_P——砂石桩的截面积，单位为m^2；

l——砂石桩的桩长，单位为m；

d_s——砂石桩的比重；

w——砂石料的含水率（%）。

(6) 砂石桩填料。砂石桩填料应采用粗粒洁净材料，如砾砂、粗砂、中砂、圆砾、角砾、卵石、碎石等；填料中含泥量不得大于52.6%，并不宜含有大于50mm的颗粒。

(7) 砂石桩复合地基承载力。承载力应按现场复合地基载荷试验确定其标准值。

4. 砂石桩的施工

(1) 施工方法与要求。砂石桩施工可采用振动成桩或锤击成桩法。成桩时首先将钢套管在地面准确定位，通过振动或锤击将套管打入土中设计深度后将砂石料从套管上部的送料斗投入套管中，然后向上拉拔套管，压缩空气将砂石从套管底端压出并挤密周围土体，直至地面成砂石桩。施工顺序应从外围或两侧向中间进行成桩。以挤密为主的砂石桩施工顺序应间隔进行。成桩中要求控制每次填入的砂石量、套管提升的高度和速度、挤压次数和时间以及电机的工作电流等，以保证挤密均匀和砂石桩身的连续性。

(2) 成桩挤密试验。在砂石桩正式施工前进行现场挤密试验，试桩数宜为7~9根。如发现质量不能满足设计要求时，应调整桩的间距，填入的砂石量等有关参数，重新试验或改变设计。

5. 砂石桩的质量检验

(1) 砂石柱的偏差：满堂布桩桩位偏差应不大于0.40D，条基布桩桩位偏差应不大于0.25D（D为桩径）。桩身垂直度偏差不应大于1%。

(2) 实际填入的砂石量不应少于设计值的95%。

(3) 桩及桩间土挤密质量，可采用标准贯入、静力触探或动力触探等方法检测。对于重要工程宜进行载荷试验。

砂石桩挤密承载力检测数量应不小于桩孔总数的0.5%，但不应小于3根。其他主控项目，应抽查总数的20%以上。检查结果如有占检测总数10%的桩未达到设计要求时，应采取加桩或其他措施。

进行质量检验间隔时间：对一般土层可在施工后7d进行，对饱和黏性土时间还要加长，可在施工后两周。

10.3.2 重锤夯实法

重锤夯实法是将夯锤用机械提升后放开，利用夯锤自由下落时的冲击能来夯实土层。

1. 重锤夯实法的加固机理

（1）动力密实。当地基土为非饱和土时，其夯实的过程为土颗粒被强大的冲击力引起较大的相对位移，迫使土中的气相被挤出，土体发生强制压缩和振密的过程。工程实践表明，一般夯击1遍后，其夯坑深可达0.3～0.5m，这主要是由于加固深度范围内气相体积大大减少所致。当地基土为饱和无黏结土时，随着孔隙水压力的增大，使土体产生不同程度的液化继而密实压缩，其压实机理同振动压密相似。

（2）动力固结。用重锤夯实法处理饱和细粒土时，则可借助动力固结理论，即巨大的冲击能量在土中产生很大的应力波，破坏了土体原有的结构，使土体局部发生液化并产生许多裂隙，增加了排水通道，使孔隙水顺利逸出，土体逐渐固结，由于软土的触变性，强度得到提高。

2. 重锤夯实法的适用范围

重锤夯实法适用于处理地下水位以上的稍湿的黏性土、砂土、湿陷性黄土、杂填土和分层填土地基（若土层含水量过大，会形成橡皮土）。当夯击对邻近建筑有影响，或地下水高于有效夯实深度时，不宜使用，夯击基土表面一般为8～12遍。

3. 重锤夯实法的机具设备及其要求

重锤夯实法采用的起重设备包括摩擦式卷扬机、履带式起重机、打桩机、龙门式起重机等。夯锤为圆锥体截头形状，水泥混凝土制成。夯锤底部设置钢板，重为15～30kN，直径为1.0～1.5m，落距为2.5～4.0m，顶面单位静压为15～20kPa。

4. 重锤夯实法的施工要点

（1）试夯，选定夯锤重量、直径和落距，确定最后下层量、夯击遍数和总下沉量。

（2）重锤分层夯实地基时，每层得铺设厚度应相当于锤底直径。

（3）基坑（槽）的夯实范围应大于基础底面，每边应比设计宽度加宽0.3m以上。

（4）夯实前坑（槽）底面应高出设计标高，预留土层的厚度应根据试夯时的总下沉量再加50～100mm确定。

（5）夯实时地基土的含水量应控制在最优含水量范围以内。

5. 质量检查

试夯后应挖深井取样检查夯实效果，测定坑底以下2.5m深度范围内的密实度，每隔0.25m逐层取土进行试验，并与试坑以外相对深度的天然土密度作比较。

施工后检查夯实效果，除应满足试夯最后下沉量的规定要求外，尚应符合夯实的基坑表面总下沉量不少于试夯总下沉量的90%。用以上两个指标控制质量，即认为合格。其夯击检查点的数量如下：对每一单独基础至少应有一点；对基槽每30m^{2}应有一点；对整片地基每100m^{2}不得少于两点。

10.3.3 强夯法

强夯法是通过强大的夯击力在地基中产生动应力与振动波，从地面夯击点发出纵波和横波传到土层深处，使地基浅层和深处产生不同程度的加固。

1. 强夯法加固机理

（1）动力密实机理。强夯法加固多孔隙、粗颗粒、非饱和土为动力密实机理，即强大的冲击能强制超压密地基，使土中气相体积大幅度减小。

（2）动力固结机理。强夯加固细粒饱和土为动力固结机理，即强大的冲击能与冲击波破坏土的结构，使土体局部液化并产生许多裂隙，作为孔隙水的排水通道，加速土体固结土体发生触变，强度逐步恢复。

（3）动力置换机理。强夯加固淤泥为动力置换机理，即强夯将碎石整体挤入淤泥成整式置换或间隔夯入淤泥成桩式碎石墩。

2. 强夯法的适用范围

强夯法适用于碎石土、砂土、黏性土、湿陷性黄土及杂填土地基的深层加固。其方法设备简单、工艺方便、原理直观；需要人员少，施工速度快；不消耗水泥、钢材，费用低，通常可比桩基节省投资30%～70%。但施工中由于振动大，有噪声，在市区密集建筑区难以采用。

3. 强夯法的施工工序和要点

为了保证强夯加固地基的预期效果，需要严格、科学的施工技术与管理制度。

（1）夯前地基的详细勘察。查明建筑场地的土层分布、厚度与工程性质指标。

（2）现场试夯与测试。在建筑场地内，选代表性小块面积进行试夯或试验性强夯施工。间隔一段时间后，测试加固效果，为强夯正式施工提供参数的依据。

（3）清理并平整场地。平整的范围应大于建筑物外围轮廓线每边外伸设计处理深度的1/2～2/3，并不小于3m。

（4）标明第一遍夯点位置。对每一夯击点，用石灰标出夯锤底面外围轮廓线，并测量场地高程。

（5）起重机就位，夯锤对准夯点位置，位于石灰线内。测量夯前锤顶高程。

（6）将夯锤起吊到预定高度，自动脱钩，使夯锤自由下落夯击地基，放下吊钩，测量锤顶高程。若因坑底倾斜造成夯锤歪斜时，应及时整平坑底。

（7）重复步骤（6），按设计规定的夯击次数及控制标准，完成一个夯点的夯击。

（8）重复步骤（5）～步骤（7），按设计强夯点的次序图，完成第一遍全部夯点的夯击。

（9）用推土机将夯坑填平，并测量场地高程。标出第二遍夯点位置。

（10）接规定的间隔时间，待前一遍强夯产生的土中孔隙水压力消散后，再按上述步骤，逐次完成全部夯击遍数，通常为3～5遍。最后采用低能量满夯，将场地表层松土夯实，并测量场地夯后高程。

4. 质量检查

全部夯击结束后，按砂土1～2周、低饱和度粉土与黏性土2～4周的时间间隔进行强夯效果质量检测。采用两种以上方法，检测点不少于3处。对重要工程与复杂场地，应增加检测方法与检测点。检测的深度应不小于设计地基处理的深度。

10.4　排水固结法

排水固结法是指在软土地基内设置（有时不设置）竖向排水体，铺设水平排水垫层，并对地基施加固结压力进行软土地基加固的一种方法。排水固结法由加压系统和排水系统两个主要部分组成。加压系统是为地基提供必要的固结压力而设置的，它使地基土层因产生附加应力而发生排水固结；设置排水系统则是为了改善地基原有的天然排水系统的边界条件，增加孔隙排除路径，缩短排水距离，从而加速地基土的排水固结进程。

1. 排水固结法的作用与适用范围

排水固结处理的主要作用表现在以下两个方面。

（1）降低压缩性。通过排水固结处理，可使地基沉降在加载期间大部分或基本完成，从而大大减小了工后沉降和差异沉降。

（2）提高地基强度。排水固结加速了地基抗剪强度的增长，提高了地基承载力和稳定性。

排水固结处理适用于淤泥质土、淤泥和冲填土等饱和黏性土地基。目前在地基处理工程中广泛运用、行之有效的方法是堆载预压，特别是砂井堆载预压法。

2. 砂井堆载预压法

砂井堆载预压法是指将砂井和堆载预压结合起来，在地基土中设置竖向的砂井，为土体孔隙水的排除提供通道，在堆载预压的作用下增大孔隙水所受的压力，从而加快地基的固结速度，提高地基承载力的一种方法。

（1）砂井堆载预压法的加固机理。在含水量大、孔隙比大、压缩性高、厚度大的软土地基中设置砂井和砂垫层作为滤水层兼排水通道以缩短排水的距离。在上部堆载的作用下产生的附加应力，使土颗粒间的孔隙水通过设在软土层中的砂井排出地层外面，这降低了地基土的孔隙比和含水量，从而增加了土体的密实度，减少了压缩性，使土体在较短时间内达到了较高的固结度，地基的承载力和抗剪能力得以提高。

（2）砂井堆载预压法的设计要点

1）预压荷载。预压荷载的大小，应根据设计要求确定，通常可与基底压力大小相同。对沉降有严格限制的建筑，应采用超载预压法处理地基。超载数量应根据预定时间内要求消除的变形量通过计算确定，而且不能超过地基土的极限荷载，以免地基土发生强度破坏。加载的范围应不小于建筑物基础外缘所包围的范围，以保证地基得到均匀加固。

堆载的时候应分级加载，控制加载速率与地基土的强度增长相适应。加载速率应待地基在前一级荷载作用下达到一定的固结度后，再施加下一级荷载。尤其在预压后期更应严格控制加载速率，各阶段均应进行地基稳定计算并应每天进行现场观测，一般每天沉降速率控制在10~15mm，边桩水平位移每天控制在4~7mm，孔隙水压力增量控制在预压荷载增量的60%以下。

2）砂井的设计。普通砂井的直径一般取300~500mm；袋装砂井直径一般取70~100mm。从理论上讲砂井的直径越小，越经济，但是要防止砂井产生颈缩，影响其平排水效果。砂井的砂料宜用含泥量不超过3%中粗砂。

砂井的平面布置一般为等边三角形或正方形，等边三角形布置时，要求砂井的有效排水圆柱体的直径为1.05倍的砂井间距；正方形布置时，要求砂井的有效排水圆柱体的直径为1.13倍的砂井间距。砂井的间距根据地基土的固结特性和预定时间内所要求达到的固结度确定。通常按井径比$n=d_e/d_w$确定，其中d_e为砂井的有效排水圆柱体的直径，d_w为砂井的直径。

① 普通砂井的间距，可按$n=6\sim8$选用。

② 袋装砂井或塑料排水带的间距，可按$n=15\sim20$选用。

砂井的深度应根据建筑物对地基的稳定性和变形的要求确定。如果是以地基抗滑稳定性控制的工程，砂井深度至少应超过最危险滑动面2m；以沉降控制的建筑物，如压缩土层厚度不大，砂井宜贯穿压缩土层；对深厚的压缩土层，砂井深度应根据在限定的预压时间内应消除的变形量确定。

预压法处理地基必须在地表铺设排水砂垫层，厚度宜大于400mm，并应设置相连的排水盲沟，把地基中排出的水引出预压区。砂垫层砂料宜用中粗砂，含泥量应小于5%，砂垫层的干密度ρ_d大于$1.5t/m^3$。

3）砂井堆载预压法的施工要点。以袋装砂井堆载预压法为例，下面简单介绍该方法处理地基的施工技术。袋装砂井的平面布置形式一般采用等边三角形或正方形，砂井直径为70~120mm，井间距可取为砂井直径的15~22倍。砂井深度应根据土层分布和设计要求而定，一般宜穿过受压软土层。袋装砂井成孔的方法有锤击打入法、水冲法、静力压入法、钻孔法、振动贯入法。

袋装砂井的编织袋要有良好的透水性，袋内砂不易漏失，同时装砂后砂袋的渗透系数应不小于砂的渗透系数。袋子材料要有足够的抗拉强度，能承受袋内砂自重及弯曲所产生的拉力，有一定的抗老化性能和耐环境水腐蚀的性能，同时又要便于加工制作、价格低廉。袋子材料一般可选聚丙烯或聚乙烯编织布。砂料宜采用渗水率较高的风干砂。

袋装砂井堆载预压施工如果采用振动式打桩机械施工，其具体施工工序如下：

① 测量放样，定出砂井桩位：开工前首先对导线点、水准点进行复测，其精度必须符合技术规范要求，对主要控制点同时设保护桩，并布设施工控制网，测量设备可配备全站仪、水准仪。全线导线点、水准点在施工中应进行保护，并经常复测检查。

② 清理及平整场地：先对施工场地进行全面清理，包括表土、杂物、树根等，用挖掘机清除运走。施工前做好施工期间的临时排水设施，对常年地表水、水塘地段，按设计要求先做好抽水、清淤、回填工作。场地清理、平整后先铺20cm砂砾垫层，且用推土机推平，然后再进行袋装砂井作业。

③ 打设机定位、对中：根据设计布置的间距采用小木桩正确定位，机具定位时要保证锤中心与地面定位在同一线上，并用经纬仪观测控制导向架的垂直度。

④ 将钢套管打入土中深入到设计要求深度。

⑤ 将预先准备好的比砂井长2m左右的聚丙烯编织袋底部装入大约一锹重的砂，并将底子扎紧，然后放入孔内。

⑥ 将袋的上端固定在装砂漏斗上，将干砂从漏斗口振动流入砂袋，装实装满为止。

⑦ 将套管拔出到砂垫层以上，砂袋则留在土层孔中，埋砂袋头。移动套管至下一桩位，依照上述程序重复施工。

4）袋装砂井施工质量的控制措施。

① 选用的砂料含泥量要小于3%；袋中砂要用风干砂，不能用湿砂，以免袋内砂干燥后体积减少，造成袋装砂井缩短与排水垫层不搭接等质量事故。

② 砂袋灌入砂后，露天堆放应有遮盖。聚丙烯编织袋在施工时要避免太阳光长时间直接照射，以免砂袋老化。

③ 打设机定位要准确，保证打设垂直度。为控制砂井的入土深度，在钢套管上划出标尺，以确保井底标高符合设计要求。

④ 砂袋入井，用桩架吊起垂直下井，防止砂袋发生扭结、缩颈、断裂和砂袋磨损。

⑤ 拔钢套管时应注意垂直起吊，防止带出或损坏砂袋。若发现上述现象，应在原孔边缘重打；连续两次将砂袋带出时，应停止施工，待查明原因并整改后再施工。

⑥ 施工中要经常检查桩尖与导管口的密封情况，避免导管内进泥过多，影响加固深度。

⑦ 确定袋装砂井的长度时，需考虑袋内砂体积减小、袋装砂井在孔内的弯曲、超伸以及伸入水平排水垫层内的长度等因素，避免砂井全部伸入孔内，造成与砂垫层不连接。砂袋留出的孔口长度应保证伸入砂垫层至少30cm，并不得卧倒。

3. 质量检验

在预压过程中应进行竖向变形、侧向位移、孔隙水压力等项目的监测。施工完成后，应进行地基强度检验和地基变形检验，检验点数应根据不同的地质及设计要求确定。对于所有预压后的地基，都应进行十字板抗剪强度试验及室内土工试验，以检验处理效果。对于重要工程，在预压加载不同阶段应对代表性地点不同深度进行原位与室内强度试验，以验算地基抗滑的稳定性。

在预压期间应及时检验并整理下列工作：① 变形与时间关系曲线；② 孔隙水压力与时间关系曲线；③ 推算地基最终固结沉降量；④ 推算不同时间的固结度和相应的沉降量。以分析处理效果，并为确定卸载时间提供依据。

堆载预压方法的施工工艺简单、成本低廉、处理软土地基技术可靠、经济合理，相对于其他加固处理方法，具有施工工期短、造价低等优点。在施工中若严格按照施工工艺与质量控制要求合理施工，选用适宜的打桩设备，砂井施工工效就好，经济效益也就能提高，易保证施工质量，值得在软土加固工程中推广应用。

4. 其他预压法简介

其他预压法还有真空预压法、降水法、电渗法等。

（1）真空预压法。真空预压法，是由瑞典皇家地质学院 W. Kjellman 教授于1952年提出的。20世纪80年代真空预压法在我国得到大力推广和应用。真空预压法是使加固区域内的土体造成负压，使边界的孔隙水压力降低，土体中的原来孔隙水压力便与这些边界的孔隙水压力形成一定的压力差并且发生不稳定渗流，随着时间的增长，土体中的孔隙水压力逐渐降低，降低的孔隙水压力转变为土体的有效应力，真空度越高，沿深度衰减越小，则增加的有效应力越大，加固效果越好。

真空预压法的施工要点如下：先设置竖向排水系统，水平分布的滤管埋设宜采用条形或鱼刺形，砂垫层上的密封膜采用2~3层的聚氯乙烯薄膜，按先后顺序同时铺设；面积大时宜分区预压；做好真空度、地面沉降量、深层沉降、水平位移等观测；预压结束后，应清除砂槽和腐殖质层；应注意对周边环境的影响。

真空预压法和堆载预压法均使地基产生沉降，一般在加固区的中心点产生的沉降值最大，使加固区表面呈锅底状，但它们的原因却有质的区别。真空预压使地面产生锅底状的原因除了有效应力因位置的差异之外，还有加固区土体向里移动的结果。正是这种收缩的特性使土体更利于挤密，在产生相同垂直变形的情况下，真空预压法的加固效果要好于堆载预压法。

（2）井点降水预压法。井点降水预压法是指在现场设置井点抽水，从而降低该地区的地下水位。这种方法可以减少地基的孔隙水压力，增加上覆土自重应力，使有效应力增加，使地基土在较短时间内达到较高的固结度，软土地基的承载力和抗剪能力得以提高。井点降水法还可以配合堆载预压加速地基的固结。

（3）电渗法。电渗法是指在地基中插入金属电极并通以直流电，在直流电场的作用下，土中水将从阳极流向阴极形成电渗。在这一过程中阳极的水不断地流向阴极，在阴极的井点用真空抽水，这样就使地下水位降低，土中含水量减少，从而使地基得到固结压密，强度得以提高。电渗法还可以配合堆载预压用于加速饱和黏性土地基的固结。

10.5 高压喷射注浆法

高压喷射注浆法于20世纪60年代后期始创于日本。它是利用钻机把带有喷嘴的注浆管钻进至土层的预定位置后，以高压设备使浆液成为20~40MPa的高压射流从喷嘴中喷射出来，冲击破坏土体，同时钻杆以一定速度渐渐向上提升，将浆液与土粒强制搅拌混合，浆液凝固后，在土中形成一个固结体。

20世纪70年代初期，高压水射流技术开始应用到灌浆工程中，逐步发展为新型的地基加固和防渗止水的施工方法——高压喷射注浆法（Jet Grouting）。若在高压喷射过程中，钻杆只进行提升运动，而不旋转，称为定喷；在高压喷射过程中，钻杆边提升，边左右旋摆某一角度，称为摆喷；若在喷射固化浆液的同时，喷嘴以一定的速度旋转、提升喷射的浆液和土体混合形成圆柱形桩体，则称为高压旋喷法。旋喷常用于地基加固，定喷和摆喷常用于形成止水帷幕。

1. 高压喷射注浆法加固原理

高压喷射注浆法加固地基的原理是将带有特殊喷嘴的注浆管置于土层预定深度，利用高压设备形成高压射流切割地基土体，一部分细颗粒随浆液或水冒出地面，其余土粒在射流的冲击力、离心力和重力等力的作用下，与浆液搅拌混合，固化浆液与土体产生一系列物理化学作用，浆液凝固后，便在土层中形成一个固结体，从而达到加固地基的目的。

2. 常用灌浆浆液材料

灌浆加固法加固地基的浆液种类很多，按主剂性质分无机系和有机系。常用材料如下：

（1）水泥浆液。水泥浆液为无机系浆液，取材充足，配方简单，价格低廉又不污染环境，这是世界各国最常用的浆液材料。主要原因是它具有胶凝性好，粘结石块强度高，施工比较方便，成本也比较低。对水泥颗粒要求粒径要小于裂隙宽度的1/3~1/5，这样不仅容易灌入细微裂缝，扩大灌浆范围，而且浆液稳定，不容易产生沉淀分离，水化反应充分，强度高，胶结牢固。水泥品种选择的原则应符合灌浆目的的要求。一般灌浆用硅酸盐类水泥；回填灌浆、帷幕灌浆、固结灌浆、接缝灌浆所用的水泥强度等级不低于325、425、525号，有特殊要求的，可选用特种水泥。矿渣水泥、火山灰水泥不宜用于灌浆，原因是这类水泥早期强度低，稳定性较差。

（2）以水玻璃为主剂的浆液。水玻璃（$Na_2O \cdot SiO_2$）在酸性固化剂作用下可以产生凝胶。常用水玻璃—氧化钙浆液与水玻璃—铝酸钠浆液。以水玻璃为主的浆液也是无机系浆液，具有无毒、价廉、可灌性好的特点，它也是目前常用的浆液之一。

（3）丙烯酰胺为主剂的浆液。这是以水溶液状态注入地基，使它与土体发生聚合反应，形成具有弹性而不溶于水的聚合体。其材料性能优良，浆液黏度小，凝胶时间可准确控制在几秒至几十分钟内，抗渗性能好，抗压强度低。但浆材中的丙凝对神经系统有毒，且污染空气和地下水。

（4）以纸浆废液为主的浆液。这种浆液属于“三废利用”，源广、价廉。但其中的铬木素浆液，含有六价铬离子，毒性大，可污染地下水。

3. 高压喷射注浆法的设计要点

（1）当旋喷桩处理范围以下存在软弱下卧层时，应按现行国家标准《建筑地基基础设计规范》（GB 50007—2002）的有关规定进行下卧层承载力验算。

（2）竖向承载旋喷桩复合地基宜在基础和桩顶之间设置褥垫层。褥垫层厚度可取200～300mm，其材料可选用中砂、粗砂、级配砂石等，最大粒径不宜大于30mm。

（3）竖向承载旋喷桩的平面布置可根据上部结构和基础特点确定。独立基础下的桩数一般不少于4根。

（4）桩长范围内复合土层以及下卧层地基变形值应按现行国家标准《建筑地基基础设计规范》（GB 50007—2002）的有关规定计算，其中复合土层的压缩模量可根据地区经验确定。

（5）高压喷射注浆法用于深基坑、地铁等工程形成连续体时，相邻桩搭接不宜小于300mm并应符合设计要求和国家现行的有关规范规定。

4. 高压喷射注浆法的施工要点

高压喷射注浆法的施工程序是：先把钻杆插入或打进预定土层中，自下而上进行喷射注浆作业，如图10－1所示。

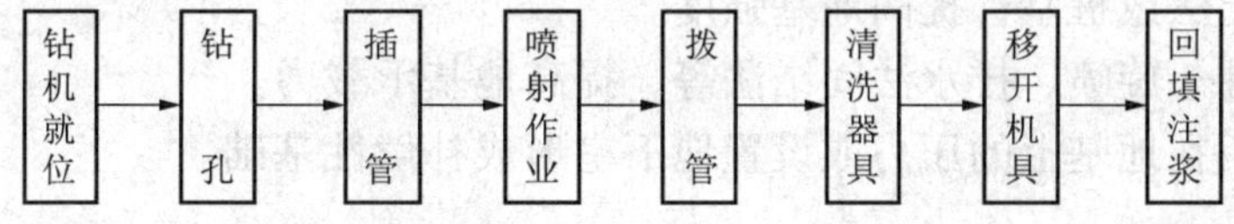

图10－1 高压喷射注浆法施工程序

5. 高压喷射注浆法的检验方法

目前，国内主要采用开挖检查、室内试验、钻孔检查、载荷试验和其他非破坏性试验方法。

（1）开挖检查。开挖检查能比较全面地检查喷射固结体质量，能很好地检查固结体的垂直度及形状。一般旋喷完毕，凝固后即可开挖。开挖检查法虽简单易行，但通常在浅层进行，难以对整个固结体的质量作全面检查。

（2）室内试验。取现场地基土，在室内制作标准试件，进行各种物理力学试验，以求得设计所需的理论配合比。

(3) 钻孔检查。钻取固结体芯样。取固结体芯样判断其整体性，并制作试件进行室内试验，鉴定是否符合设计要求。钻孔取芯法是检验单孔固结体质量的常用方法，选用时必须以不破坏固结体为前提。

(4) 载荷试验。可以做平板静载荷试验和孔内载荷试验。平板静载荷试验包括垂直方向载荷试验和水平推力载荷试验；孔内载荷试验包括气压或液压膨胀法和载荷板法两种。载荷试验是检验地基处理质量的良好方法，有条件的地方应尽量采用。

(5) 其他非破坏性试验方法。包括电阻率法、同位素法、弹性波法等。这些方法目前不甚成熟，尚不能正确地测定出旋喷固结体直径、强度以及整体性。所得的结果一般尚需与钻取芯样等另外的一种方法对照验证，才能最后确定质量。

以上检验方法，各有长处和短处，因此在选定质量检验方法时，应根据机具设备条件，因地制宜。

10.6 特殊土地基及其处理

特殊土是指具有特殊工程性质的土类。特殊土种类较多，主要有软黏土、湿陷性黄土、膨胀土、红黏土及冻土。这些土由于形成的自然地理环境、气候条件、地质成因等因素不同，具有很强的区域性，故亦称作区域性特殊土。下面仅作简要介绍。

10.6.1 软黏土

1. 软黏土的分布及特征

软黏土主要指天然含水率很高、承载力很低、压缩性很大，由软塑到流塑饱和状态的软弱黏性土。软黏土广泛分布在我国沿海地区、内陆平原及山区。沿海主要分布在河流的人海口，山区则在山间谷地、冲沟、河滩、洼地，平原在湖区较多。该土颜色多为灰色或黑色，具有腐烂植物气味，含水率高，孔隙比大于1，天然含水率大于液限，压缩系数大于0.5MPa^{-1}，内摩擦角约为零，粘聚力一般小于30kPa，承载力低。

2. 一般的处理措施

(1) 采用换土法或桩基，提高地基强度。

(2) 采用砂井、旋喷、排水法固结法等，提高地基承载力。

(3) 减少作用在地基上的压力或设置地下室形成补偿性基础。

10.6.2 湿陷性黄土

1. 湿陷性黄土的分布及特征

黄土广泛分布于我国西北、华北和东北地区，属第四纪地质时期形成的黄色粉末状土，面积达60多万km^2，其中湿陷性黄土约占75%。主要分布地区为：① 西部边缘地区；② 冀鲁地区；③ 河南地区；④ 关中地区；⑤ 山西地区；⑥ 陇东地区；⑦ 陕北地区；⑧ 陇西地区。

湿陷性黄土中主要矿物成分为石英、长石、碳酸盐、硫酸盐、黏土矿物，具有肉眼可见的大孔隙，孔隙比$e>1.0$，孔隙率$n>45\%$，天然含水量小于或接近塑限。以粗粉粒构成骨架，石英与碳酸钙等细粉粒作为填充土料。由于胶结物的凝聚和结晶作用被牢固粘结，天然状态下坚硬、密度高、强度高。但一旦受水浸湿，可溶性盐溶于水，土的结构被破坏，其强度便迅速降低，产生显著沉陷。这种性质称湿陷性。

2. 处理措施

对于湿陷性较小且地下水不会上浸的黄土地基，主要采取地面防渗与表面排水措施。对于深度不大但有可能浸水的黄土层，可将基础下的湿陷性土层全部或部分挖出，再以黏性土料（或用灰土料）分层回填夯实；也可采用重锤夯实的方法，以消除或减小其湿陷性。对于较厚的湿陷性黄土层和较重要的建筑物，可在施工以前预先向建筑场地注水并保持一定水深，让水充分浸入土中，使土层产生自重湿陷，该方法称为预浸法。若土层很厚，可先在土层中钻孔，填以砂砾等作为透水料，然后向孔中供水，直到湿陷变形稳定为止。预浸完毕后，应妥善封闭钻孔，并将场内软泥全部清除。

除上述处理措施外，必要时还需从上部结构采取适当的措施，以改善建筑物对地基不均匀沉降的适应能力。例如，筑坝土料的填筑含水量宜略高于最优含水率。

10.6.3　膨胀土

1. 膨胀土的分布及特征

膨胀土是由亲水性强的黏土矿物成分组成的，具有吸水膨胀、失水收缩的性能，主要分布在我国中南、西南地区。

膨胀土的矿物成分主要为蒙脱土、伊利石、高岭石等。液限大于40%，塑限均为17%～33%；塑性指数大于17，液性指数小于0。呈硬塑或坚硬状态，颜色多呈黄、红、灰、白色及斑状。裂隙较为发育，有光滑面及擦痕。

2. 处理措施

在膨胀土地基上修建筑物，应从设计和地基处理两方面采取措施。水利工程上采用预湿法。工民建中采用设置沉降缝、换土垫层与排水、加大基础埋深、设钢筋混凝土圈梁等措施来消除或减少危害。

水利工程中一般避免用膨胀土作筑坝土料，若非使用不可，应将填筑标准（干容重）定低些，含水量较最优含水量大一些。

10.6.4　红黏土

1. 红黏土的分布及特征

红黏土一般为褐红、棕红、黄褐等颜色，多分布在我国云南、贵州、广西等地，以山区或丘陵较多，为石灰岩、白云岩等碳酸盐类岩石的风化产物，也可由玄武岩、页岩风化而成。红黏土矿物成分以石英、伊利石（或高岭土）为主，颗粒细而均匀。黏粒含量很高，一般为50%～70%。天然含水量很大，一般为20%～75%，液限为50%～110%；天然孔隙比很大，一般为1.1～1.7；塑性指数为30～50，为高塑性黏土；粘聚力为40～90kPa，内摩擦角为8°～20°；压缩系数小于0.3MPa^{-1}；地基承载力一般为180～380kPa。从强度来看，它是良好的天然地基，但存在以下问题：

（1）底层，尤其是基岩面低洼处，常因地下水的聚集形成软塑或流塑状强度低，施工时应进行处理。

（2）红黏土浸水时膨胀，失水时干缩，并具有网状裂隙等特征，对建筑物有不利的影响。红黏土由于黏粒含量较高，故渗透性较低，可做为较好的防渗材料。

2. 地基处理

施工时对局部软弱土应进行清除，对孔洞予以充填，并做好相应的防渗排水措施。

10.6.5 冻土

1. 冻土的分布及特征

温度摄氏零度以下且含有冰的土叫冻土。冻土可分为多年冻土和季节性冻土（冬季冻结，夏季融化）。我国冻土分布极为广泛，若包括冻结深度大于0.5m的季节冻土在内，其面积约占国土面积的68.6%。多年冻土主要分布在东北大、小兴安岭，青藏高原以及西部高山区（天山、阿尔泰山、祁连山等），占国土面积的22.3%，冻深在2m以上，有的可达几十米。季节冻土主要分布于东北、华北和西北地区，其冻结深度随气候条件而不同，一般为0.5~2.0m。

2. 防止冻害的措施

冻土地基会因冻胀及融化引起基础变形，导致上部建筑开裂、倾斜，道路翻浆、桥桩拔出、桥面隆起等。鉴于以上现象，应将建筑物基础设在最大冻融深度以下，在桩基工程中采用渣油等涂料，减少桩与周围土的联结力，从而减少桩周土冻胀时对桩产生的冻拔力。在渠系建筑物中采用抗冻性较强的材料，并采用相应的水工建筑物形式，尽量缩小冻胀范围，在挡土墙渠道的渠底及坡脚以上1~2m范围内搞好排水和切断水源。

本章小结

本章描述了公路工程中常见的几种软弱地基处理方法并对特殊土地基处理措施作了简单介绍。这些地基处理的方法按照加固原理可概括为四大类：置换、排水固结、贯入固化物、振密和挤密，总结见表10-1。

表10-1　地基处理方法及适用范围

类别	方法	加固原理	适用范围
置换	换土垫层法	将软弱土或不良土开挖至一定深度，回填抗剪强度较高、压缩性较小的岩土材料，如砂、砾、石渣等，并分层夯实，形成双层地基。垫层能有效扩散基底压力。可提高地基承载力，减少沉降量	各种软弱土地基，但是要求软弱土层不能太厚，否则不经济
	挤淤置换法	通过抛石或夯击回填碎石置换淤泥达到加固地基的目的	淤泥或淤泥质黏土地基
	褥垫法	当建筑物的地基一部分压缩较小，而另一部分压缩性较大时，为了避免不均匀沉降，在压缩性较小的区域，通过换填法铺设一定厚度可压缩性的土料形成褥垫，以减少沉降量	建筑物部分坐落在基岩上，部分坐落在土上，以及类似情况
	砂石桩置换法	利用振冲法、沉管法或其他方法在饱和黏性土地基中成孔，在空内填入砂石料，形成砂石桩	黏性土地基，因承载力提高幅度小，工后沉降大，已很少使用

续表

类别	方法	加 固 原 理	适 用 范 围
置换	强夯置换法	采用边填碎石边强夯的方法在地基中形成碎石墩体，由碎石墩、墩间土以及碎石垫层形成复合地基，以提高承载力，减少沉降量	粉砂土地基和软弱黏土地基
	石灰桩法	通过机械或人工成孔，在软弱地基中填入生石灰或生石灰及其他掺和料，通过石灰的吸水膨胀、放热以及离子交换作用改善桩间土的物理力学性质，并形成石灰桩复合地基	杂填土和软黏土地基
	气泡混合轻质材料填土法	气泡混合轻质材料的重度为$5\sim12kN/m^3$，具有较好的强度和压缩性能，用作路堤料可有效减少作用在地基上的荷载，也可减少作用在挡土墙上的侧压力	软弱地基上的填方工程
	EPS超轻质料填土法	发泡聚苯乙烯（EPS）重度只有土的1/100～1/50，并具有较好的强度和压缩性能，用作填料，可有效减少作用在地基上的荷载	软弱地基上的填方工程
排水固结	堆载预压法	在地基中设置排水通道——砂垫层和竖向排水通道，如砂井等，从而减小土体固结排水距离，地基在预压荷载作用下排水固结，地基产生变形，地基土强度提高，卸去荷载后再修建建筑物，地基承载力提高，工后沉降小	软黏土、杂填土、泥炭地基等
	超载预压法	原理与上面的堆载预压基本相同，不同是预压荷载大于设计使用荷载。超载预压不仅可减少工后固结沉降，还可消除部分工后次固结沉降	软黏土、杂填土、泥炭地基等
	真空预压法	在软黏土地基中设置排水通道，然后在上面形成一不透气层，通过对排水体系进行长时间不断抽气抽水，在地基中形成负压区，而使软黏土地基产生排水固结，达到提高地基承载力，减小沉降量的目的	软黏土地基
	真空预压法与堆载预压法联合使用	当真空预压法达不到设计要求时，可与堆载预压法结合使用，效果更好	软黏土地基
	电渗法	在地基中形成直流电场，在电场作用下，地基土体产生排水固结，从而达到加固地基的目的	软黏土地基
	降水法	通过降低地下水位，改变地基土受力状态，其效果如堆载预压	砂性土或透气性较好的软黏土层
灌入固化物法	深层搅拌法	利用深层搅拌机将水泥浆或水泥粉和地基土原位搅拌形成圆柱状、格栅状或连续墙水泥增强体，形成复合地基，改善地基性能。也常用作防渗帷幕	淤泥、淤泥质土、黏性土和粉土等软土地基，如果有机质含量较高时应通过试验确定其适用性
	高压喷射注浆法	利用高压喷射专用机械，在地基中通过高压喷射流冲切土体，用浆液置换部分土体，形成水泥土增强体	淤泥、淤泥质土、黏性土、粉土、黄土、砂土、人工填土和碎石土等地基，当含有较多的大石块
	渗入性灌浆法	在灌浆压力作用下，将浆液灌入地基中以填充原有的孔隙，改善土体的物理力学性质	中砂、粗砂、砾石地基

续表

类别	方法	加固原理	适用范围
灌入固化物法	劈裂灌浆法	在灌浆压力作用下，浆液克服地基土中初始应力和土的抗拉强度，使地基中原有的孔隙或裂隙扩张，用浆液填充新形成孔隙和裂隙，从而改善地基土的性质	岩基或砂、砂砾石、黏性土地基
	挤密灌浆法	在灌浆压力作用下，向土层中压入浓浆液，在地基中形成浆泡，挤压周围土体。通过压密和置换改善地基性能，在灌浆过程中因浆液的挤压作用可产生辐射状上抬力，引起底面隆起	常用于可压缩性地基，排水条件较好的黏性土地基
振密挤密	表层原位压实法	采用人工或机械夯实、碾压或振动，使土体密实，由于密实范围较浅，常用于分层填筑	杂填土、疏松无黏性土、非饱和黏性土、湿陷性黄土等地基的浅层处理
	强夯法	采用重量为10~40t的夯锤从高出自由落下，地基土在强夯的冲击力和振动力作用下密实	碎石土、砂土、低饱和度的粉土与黏性土、湿陷性黄土等地基的浅层处理
	振冲密实法	一方面依靠振冲器的振动使饱和砂层发生液化，砂粒重新排列孔隙减小，另一方面依靠振冲器的水平振动力，加回填料使砂层挤密，也叫振冲挤密碎石桩法	黏粒含量小于10%的疏松地基
	挤密砂石桩法	采用振动沉管法等在地基中设置碎石桩，在制桩过程中对桩周土体产生挤密作用。被挤密的桩间土和密实的砂石桩形成复合地基	砂土地基、非饱和黏性土地基
	爆破挤密法	利用在地基中爆破产生的挤压力和振动力使地基土密实	饱和净砂、非饱和但经灌水饱和的砂、粉土
	土桩、灰土桩挤密法	采用沉管法、爆扩法、冲击法在地基中设置土桩或灰土桩，在成孔过程中挤密桩间土，由挤密的桩间土和密实的土桩或灰土桩形成复合地基	地下水位以上的湿陷性黄土、杂填土、素填土等地基
	夯实水泥土法	在地基中人工挖孔，然后填入水泥和土的混合物，分层夯实，形成水泥土桩复合地基	地下水位以上的湿陷性黄土、杂填土
	柱锤冲扩桩法	在地基中采用直径300~500mm，长2~5m，质量1~8t的柱状锤，将地基土层冲击成孔，然后将拌和好的填料分层填入桩孔夯实，形成柱锤冲扩桩复合地基	地下水位以上的湿陷性黄土、杂填土、素填土等地基
	孔内夯扩法	根据工程地质条件，采用人工挖孔、螺旋钻成孔或振动沉管法等方法在地基中成孔，回填灰土、水泥土、矿渣土、碎石等填料，在孔内夯实填料并挤密桩间土，由挤密的桩间土和夯实的填料桩形成复合地基	地下水位以上的湿陷性黄土、杂填土、素填土等地基

地基处理的每一种方法都有自身的特点和适用条件，在选择地基处理的方法时，应坚持技术先进，科学，而又经济适用的原则，做到因地制宜，具体工程具体分析，要充分发挥地方优势，利用地方资源。

复习思考题

1. 什么是软弱地基？软弱土的种类有哪些？
2. 常用地基处理有哪些？各适于什么情况？
3. 如何设计垫层？垫层施工质量的关键是什么？
4. 膨胀土有何特征？膨胀土地基应采取哪些工程措施？
5. 何谓湿陷性黄土？对于湿陷性黄土地基有何工程措施？
6. 红黏土地基有何工程地质特征？
7. 简述冻土的分类和防止冻害的措施？

第11章　土工室内试验

本章的知识要点

1. 依据《公路土工试验规程》（JTG E40—2007），掌握土的三项实测指标的测定、击实试验、液塑限测定、固结试验和直接剪切试验，了解土的各项物理力学性质。

2. 明确各项试验的原理、适用土质，实验步骤与结果处理，完成各项试验技能训练，达到能够为各项工程的施工提供符合实际情况的土性参数指标的目的。

11.1　土的三项基本物理性质指标测定

11.1.1　土的密度试验（环刀法）

1. 目的和适用范围

本试验方法适用于细粒土。

2. 仪器设备

（1）环刀：内径6~8cm，高2~5.4cm，壁厚1.5~2.2mm。

（2）天平：感量0.1g。

（3）其他：修土刀、钢丝锯、凡士林等。

3. 试验步骤

（1）按工程需要取原状土或制备所需状态的扰动土样，整平两端，环刀内壁涂一薄层凡士林，刀口向下放在土样上。

（2）用修土刀或钢丝锯将土样上部削成略大于环刀直径的土柱。然后将环刀垂直下压，边压边削，直至土样伸出环刀上部为止。削去两端余土，使土样与环刀口面齐平，并用剩余土样测定含水率。

（3）擦净环刀外壁，称环刀与土合质量m_1，准确至0.1g。

4. 结果整理

（1）按下列公式计算湿密度及干密度。

$$\rho = \frac{m_1 - m_2}{V} \tag{11-1}$$

$$\rho_d = \frac{\rho}{1 + 0.01w} \tag{11-2}$$

式中　ρ——湿密度，单位为g/cm^3，计算至0.01；

m_1——环刀与土合质量，单位为g；

m_2——环刀质量，单位为g；

V——环刀体积，单位为cm^3；

ρ_d——干密度，单位为 g/cm^3，计算至 0.01；

w——含水率（%）。

（2）精密度和允许差。本试验必须进行二次平行测定，取其算术平均值，其平行差值不得大于 $0.03g/cm^3$。

5. 试验记录格式（见表 11－1）

表 11－1　　密度试验记录（环刀法）

工程编号________　　　　试验者________

土样说明________　　　　计算者________

试验日期________　　　　校核者________

土样编号			1		2		3	
环刀号								
环刀容积/cm^3	(1)							
环刀质量/g	(2)							
土＋环刀质量/g	(3)							
土样质量/g	(4)	(3) － (2)						
湿密度/（g/cm^3）	(5)	(4) / (1)						
含水率（%）	(6)							
干密度/（g/cm^3）	(7)	(5)/[1＋0.01(6)]						
平均干密度/（g/cm^3）	(8)							

11.1.2 土的含水率试验（烘干法）

1. 定义和适用范围

（1）土的含水率是在 105～110℃下烘至恒量时所失去的水分质量和达恒量后干土质量的比值，以百分率表示，本法是测定含水量的标准方法。

（2）本试验方法适用于粘质土、粉质土、砂类土、有机质土和冻土土类的含水率。

2. 仪器设备

（1）烘箱：可采用电热烘箱或温度能保持 105～110℃的其他能源烘箱。

（2）天平：称量 200g，感量 0.01g；称量 1000g，感量 0.1g。

（3）其他：干燥器、称量盒［为简化计算手续，可将盒质量定期（3～6 个月）调整为恒质量值］等。

3. 试验步骤

（1）具有代表性试样，细粒土 15～30g，砂类土、有机土为 50g，砂砾石 12kg，放入称量盒内，立即盖好盒盖，称质量。称量时，可在天平一端放上与该称量盒等质量的砝码，移动天平游码，平衡后称量结果减去称量盒质量即为湿土质量。

（2）揭开盒盖，将试样和盒放入烘箱内，在温度 105～110℃恒温下烘干。烘干时间对细粒土不得少于 8h，对砂类土不得少于 6h。对含有机质超过 5% 的土或含石膏的土，应将温度控制在 65～70℃的恒温下，干燥 12～15h 为好。

（3）将烘干后的试样和盒取出，放入干燥器内冷却（一般只需 0.5～1h 即可）。冷却后盖好盒盖，称质量，准确至0.01g。

4. 结果整理

（1）按下式计算含水量。

$$w=\frac{m-m_s}{m_s}\times 100\% \tag{11-3}$$

式中 w——含水率（%），计算至0.1；

m——湿土质量，单位为g；

m_s——干土质量，单位为g。

（2）精密度和允许差。本试验必须进行二次平行测定，取其算术平均值。允许平行差值应符合表11-2的规定。

表11-2　含水量测定的允许平行差值

含水率（%）	允许平行差值（%）	含水率（%）	允许平行差值（%）
5以下	0.3	40以上	≤2
40以下	≤1	对层状和网状构造的冻土	<3

5. 试验记录格式（见表11-3）

表11-3　含水率试验记录

工程编号______ 试验者______

土样说明______ 计算者______

试验日期______ 校核者______

盒号		1	2	3	4
盒质量/g	(1)				
盒+湿土质量/g	(2)				
盒+干土质量/g	(3)				
水分质量/g	(4)=(2)-(3)				
干土质量/g	(5)=(3)-(1)				
含水率（%）	(6)=(4)/(5)				
平均含水率（%）	(7)				

11.1.3 土的比重试验（比重瓶法）

1. 目的和适用范围

土的比重是土在105~110℃烘至恒量时的质量与同体积4℃蒸馏水质量的比值。本试验的目的是测定土的颗粒比重，它是土的物理性基本指标之一。

本试验法适用于粒径小于5mm的土。

2. 仪器设备

（1）比重瓶：容量为100ml（或50ml）。

（2）天平：称量200g，感量0.001g。

（3）恒温水槽：灵敏度±1℃。

（4）砂浴。

（5）真空抽气设备。

（6）温度计：刻度为0~50℃，分度值为0.5℃。

（7）其他：烘箱、蒸馏水、中性液体（如煤油）、孔径为2mm及5mm筛、漏斗、滴管等。

（8）比重瓶校正。

1）将比重瓶洗净、烘干，称比重瓶质量，准确至0.001g。

2）将煮沸经冷却的纯水注入比重瓶。对长颈比重瓶注水至刻度处，对短颈比重瓶应注满纯水，塞紧瓶塞，多余水分自瓶塞毛细管中溢出。调节恒温水槽至5℃或10℃，然后将比重瓶放入恒温水槽内，直至瓶内水温稳定。取出比重瓶，擦干外壁，称瓶、水总质量，准确至0.001g。

3）以5℃级差，调节恒温水槽的水温，逐级测定不同温度下的比重瓶、水总质量，至达到本地区最高自然气温为止。每个温度时刻均应进行两次平行测定，两次测定的差值不得大于0.002g，取两次测值的平均值，绘制温度与瓶、水总质量的关系曲线。

3. 试验步骤

（1）将比重瓶烘干，将15g烘干土装入100ml比重瓶内（若用50ml比重瓶，装烘干约12g），称量。

（2）为排除土中空气，将已装有干土的比重瓶，注蒸馏水至瓶的一半处，摇动比重瓶，土样浸泡20h以上。再将瓶在砂浴中煮沸，煮沸时间自悬液沸腾时算起，砂及低液限黏土应不少于30min，高液限黏土应不少于1h，使土粒分散。注意沸腾后调节砂浴温度，不使土液溢出瓶外。

（3）如系长颈比重瓶，用滴管调整液面恰至刻度处（以弯月面上缘为准），擦干瓶外及瓶内壁刻度以上部分的水，称瓶、水、土总质量。如系短颈比重瓶，应将纯水注满，使多余水分自瓶塞毛细管中溢出，将瓶外水分擦干后，称瓶、水土总质量，称量后立即测出瓶内水的温度，准确至0.5℃。

（4）根据测得的温度，从已绘制的温度与瓶、水总质量关系曲线中查得瓶水总质量，如比重体积事先未经温度校正，则立即倾去悬液，洗净比重瓶，注入事先煮沸过且与试验时同温度的蒸馏水至同一体积刻度处，短颈比重瓶则注水至满，按本试验3步骤调整液面后，将瓶外水分擦干，称瓶、水总质量。

（5）如系砂土，煮沸时砂易跳出，允许用真空抽气法代替煮沸法排除土中空气，其余步骤与（3）、（4）相同。

（6）对含有某一定量的可溶盐、不亲性胶体或有机质的土，必须用中性液体（如煤油）测定，并用真空抽气法排除土中气体。真空压力表读数宜为100kPa，抽气时间1~2h（直至悬液内无气泡为止），其余步骤同（3）、（4）。

（7）本试验称量应准确至0.001g。

4. 结果整理

（1）用蒸馏水测定时，按下式计算比重。

$$G_s = \frac{m_s}{m_1 + m_s - m_2} G_{wt} \tag{11-4}$$

式中 G_s——土的比重，计算至0.001；

m_s——干土质量，单位为g；

m_1——瓶、水总质量，单位为g；

m_2——瓶、水、土总质量，单位为g；

G_{wt}——t℃时蒸馏水的比重（水的比重可查物理手册），准确至0.001。

（2）用中性液体测定时，按下式计算比重。

$$G_s = \frac{m_s}{m_1' + m_s - m_2'} G_{kt} \tag{11-5}$$

式中 G_s——土的比重，计算至0.001；

m_1'——瓶、中性液体总质量，单位为g；

m_2'——瓶、土、中性液体总质量，单位为g；

G_{kt}——t℃时中性液体比重（应实测），准确至0.001。

（3）精密度和允许差。本试验必须进行二次平行测定，取其算术平均值，以两位小数表示，其平行差值不得大于0.02。

5. 试验记录格式（见表11-4）

表11-4　比重试验记录（比重瓶法）

工程名称________　试验方法________　试验日期________

试验者________　计算者________　校核者________

试验编号	比重瓶号	温度/℃	液体比重/（g/cm³）	比重瓶质量/g	瓶、干土总质量/g	干土质量/g	瓶、液总质量/g	瓶、液、土总质量/g	与干土相同体积的液体质量/g	比重	平均值
		(1)	(2)	(3)	(4)	(5)	(6)	(7)	(8)	(9)	
						(4)-(3)			(5)+(6)-(7)	$\frac{(5)}{(8)}\times(2)$	

11.2 界限含水量试验（液限塑限联合测定法）

11.2.1 目的和适用范围

（1）本试验的目的是联合测定土的液限和塑限，用于划分土类，计算天然稠度、塑性指数，供公路工程设计和施工使用。

（2）本试验适用于粒径不大于0.5mm、有机质含量不大于试样总质量5%的土。

11.2.2 仪器设备

（1）圆锥仪：锥质量为100g或76g，锥角为30°，读数显示形式宜采用光电式、数码式、游标式、百分表式。

（2）盛土杯：直径为50mm，深度为40 ~50mm。

（3）天平：称量200g，感量0.01g。

（4）其他：筛（孔径0.5mm）、调土刀、调土皿、称量盒、研钵（附带橡皮头研杵或橡皮板、木棒）干燥器、吸管、凡士林等。

11.2.3　试验步骤

（1）取有代表性的天然含水率或风干土样进行试验，如土中含大于0.5mm的土粒或杂物时，应将风干土样用带橡皮头的研杵研碎或用木棒在橡皮板上压碎，过0.5mm的筛。

取0.5mm筛下的代表性土样200g，分开放入三个盛土皿中，加不同数量的蒸馏水，土样的含水率分别控制在液限（a点）、略大于塑限（c点）和二者的中间状态（b点）。用调土刀调匀，盖上湿布，放置18h以上。测定a点的锥入深度，对于100g锥应为（20±0.2）mm，对于76g锥应为17mm。测定c点的锥入深度，对于100g锥应控制在5mm以下，对于76g锥应控制在2mm以下。对于砂类土，用100g锥测定c点的锥入深度可大于5mm，用76g锥测定c点的锥入深度可大于2mm。

（2）将制备的土样充分搅拌均匀，分层装入盛土杯，用力压密，使空气逸出。对于较干的土样，应先充分搓揉，用调土刀反复压实，试杯装满后，刮成与杯边齐平。

（3）当用游标式或百分表式液限塑限联合测定仪试验时，调平仪器，提起锥杆（此时游标或百分表读数为零以），锥头上涂少许凡士林。

（4）将装好土样的试放在联合测定仪的升降座上，转动升降旋钮，待锥尖与土样表面刚好接触时停止升降，扭动锥下降旋钮，同时开动秒表，经5s时，松开旋钮，锥体停止下落，此时游标读数即为锥入深度h_1。

（5）改变锥尖与土接触位置（锥尖两次锥入位置距离不小于1cm），重复3和4步骤，得锥入深度h_2。允许误差为0.5mm，否则，应重做。取h_1、h_2平均值作为该点的锥入深度h。

（6）去掉锥尖入土处的凡士林，取10g以上的土样两个，分别装入称量盒内，称质量（准确至0.01g），测定其含水量w_1、w_2（计算至0.1%）。计算含水量平均值w。

（7）重复本试验步骤（2）~步骤（6），对其他两个含水率土样进行试验，测其锥入深度和含水率。

（8）用光电式或数码式液限塑限联合测定仪测定时，接通电源，调平机身，打开开关，提上锥体（此时刻度或数码显示应为零）。将装好土样的试杯放在升降座上，转动升降旋钮，试杯徐徐上升，土样表面和锥尖刚好接触，指示灯亮，停止转动旋钮，锥体立刻自行下沉，经5s时，自动停止下落，读数窗上或数码管显示锥入深度。试验完毕，按动复位按钮，锥体复位，读数显示为零。

11.2.4　结果整理

1. 计算方法

在双对数坐标纸上，以含水量w为横坐标，锥入深度h为纵坐标，点绘a，b，c三点含水量的$h-w$图（图11-1），连此三点，应呈一条直线。如三点不在同一直线上，要通过a点与b，c两点连成两条直线，根据液限（a点含水率）在h_p-w_l图上查得h_p，以此h_p再

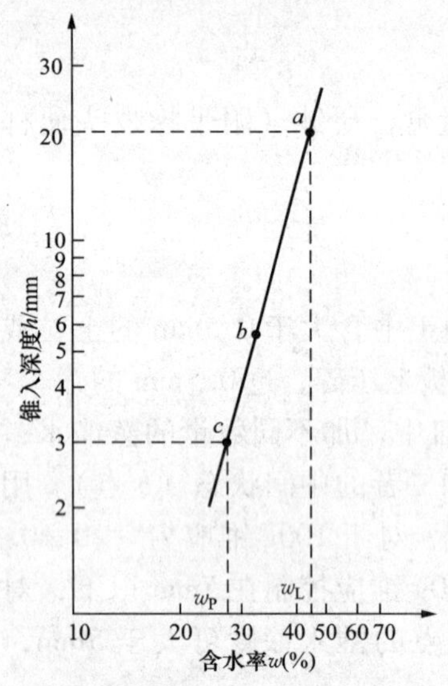

图 11-1　锥入深度与含水率（$h-w$）关系

在 $h-w$ 图上的 ab 及 ac 两直线上求出相应的两个含水率，当两个含水量的差值小于 2% 时，以该两点含水量的平均值与 a 点连成一直线。当两个含水量的差值大于 2% 时，应重做试验。

2. 液限的确定方法

（1）若采用 76g 锥作液限试验，则在 $h-w$ 图上，查得纵坐标入土深度 $h=17$mm 所对应的横坐标的含水量 w，即为该土样的液限 w_1。

（2）若采用 100g 锥作液限试验，则在 $h-w$ 图上，查得纵坐标入土深度 $h=20$mm 所对应的横坐标的含水量 w，即为该土样的液限 w_1。

3. 塑限的确定方法

（1）根据本试验液限的确定方法（1）求出的液限，通过 76g 锥入深度 h 与含水率 w 的关系（图 11-1）查得锥入深度为 2mm 所对应的含水率即为土样的塑限 w_p。

（2）根据本试验液限的确定方法（2）求出的液限，通过液限 w_L 与塑限时入土深度 h_p 的关系曲线（如图 11-2 所示），查得 h_p，再由图 11-1 求出入土深度为 h_p 时所对应的含水率，即为该土样的塑限 w_p。查 h_p-w_L 关系图时，必须先通过简易鉴别法及筛分法把砂类土与细粒土区别开来，再按这两种土分别采用相应的 h_p-w_L 关系曲线。对于细粒土，用双曲线确定 h_p 值；对于砂类土，则用多项式曲线确定 h_p 值。

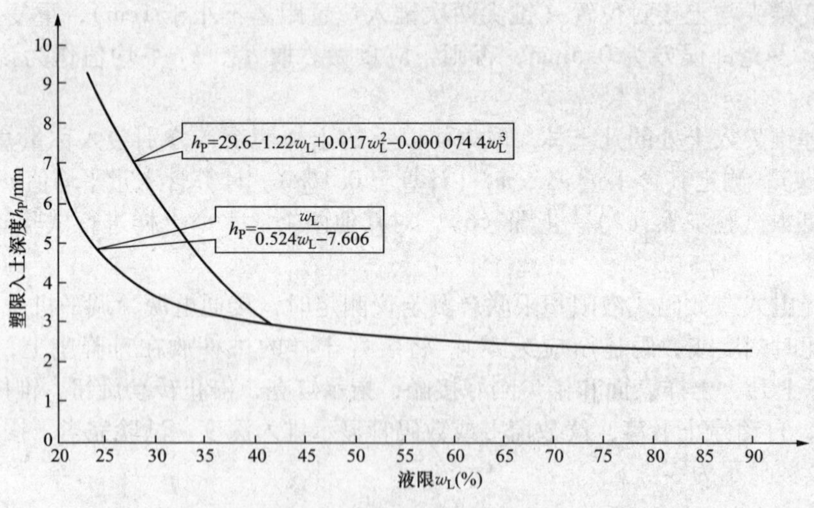

图 11-2　h_p-w_L 关系曲线

4. 精密度和允许差

本试验须进行两次平行测定，取其算术平均值，以整数（%）表示。其允许差值为：高液限土小于或等于 2%，低液限土小于或等于 1%。

11.2.5　试验记录格式（表 11－5）

表 11－5　　土的界限含水量试验记录表（液塑限联合测定）

<table>
<tr><td colspan="2">工程名称</td><td colspan="6"></td><td>试验者</td><td></td></tr>
<tr><td colspan="2">土样编号</td><td colspan="6"></td><td>计算者</td><td></td></tr>
<tr><td colspan="2">取土深度</td><td colspan="6"></td><td>校核者</td><td></td></tr>
<tr><td colspan="2">土样制备</td><td colspan="6"></td><td>试验日期</td><td></td></tr>
<tr><td colspan="2">试验次数
试验项目</td><td colspan="2">1</td><td colspan="2">2</td><td colspan="2">3</td><td colspan="2" rowspan="9">100
h
30
20
10
6
5
4
3
2
1
10　20　30　40　50　60　100
ω</td></tr>
<tr><td rowspan="3">锥入深度</td><td>h_1</td><td colspan="2"></td><td colspan="2"></td><td colspan="2"></td></tr>
<tr><td>h_2</td><td colspan="2"></td><td colspan="2"></td><td colspan="2"></td></tr>
<tr><td>$h=(h_1+h_2)/2$</td><td colspan="2"></td><td colspan="2"></td><td colspan="2"></td></tr>
<tr><td rowspan="8">含水量试验</td><td>盒号</td><td></td><td></td><td></td><td></td><td></td><td></td></tr>
<tr><td>盒＋湿土</td><td></td><td></td><td></td><td></td><td></td><td></td></tr>
<tr><td>盒＋干土</td><td></td><td></td><td></td><td></td><td></td><td></td></tr>
<tr><td>盒质量</td><td></td><td></td><td></td><td></td><td></td><td></td></tr>
<tr><td>水分质量</td><td></td><td></td><td></td><td></td><td></td><td></td></tr>
<tr><td>干土质量</td><td></td><td></td><td></td><td></td><td></td><td></td><td colspan="2">液限：</td></tr>
<tr><td>含水量</td><td></td><td></td><td></td><td></td><td></td><td></td><td colspan="2">塑限：</td></tr>
<tr><td>平均含水量</td><td colspan="2"></td><td colspan="2"></td><td colspan="2"></td><td colspan="2">塑性指数：</td></tr>
<tr><td colspan="10">结论：</td></tr>
</table>

11.3　击实试验

11.3.1　目的和适用范围

（1）本试验方法适用于细粒土。

（2）本试验分轻型击实和重型击实。轻型击实试验适用于粒径不大于 20mm 的土，重型击实试验适用于粒径不大于 40mm 的土。

（3）当土中最大颗粒粒径大于或等于 40mm，并且大于或等于 40mm 颗粒粒径的质量含量大于 5% 时，则应使用大尺寸试筒做击实试验，进行最大干密度校正。大尺寸试筒要求其最小尺寸大于土样中最大颗粒粒径的5倍以上，并且击实试验的分层厚度应大于土样中最大颗粒粒径的3倍以上。单位体积击实功能控制在2677.2 ~2687.0kJ/m³ 范围内。

（4）当细粒土中的粗粒土总含量大于40%或粒径大于0.005mm颗粒的含量大于土总质量的70%（即d_{30}≤0.005mm）时，还应作粗粒土最大干密度试验，其结果与重型击实试验结果比较，最大干密度取两种试验结果的最大值。

11.3.2 仪器设备

（1）标准击实仪（如图11-3和图11-4所示）。

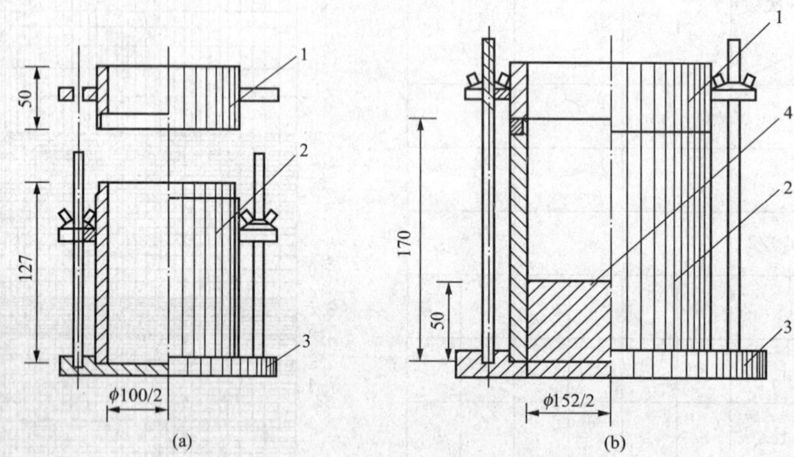

图11-3 击实筒（单位：mm）

（a）小击实筒；（b）大击实筒

1—套筒；2—击实筒；3—底板；4—垫板

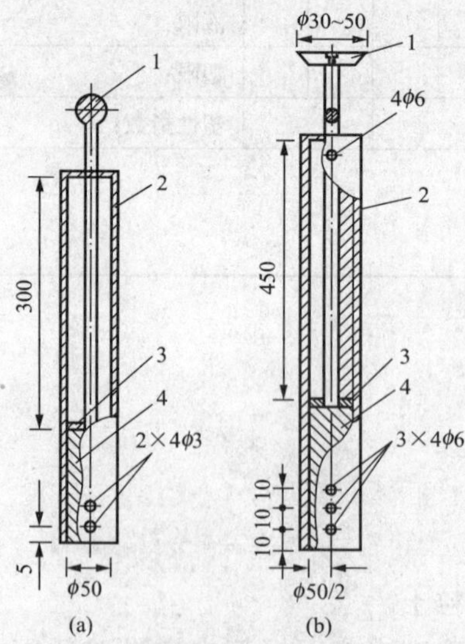

图11-4 击锤和导杆（单位：mm）

（a）2.5kg击锤（落高30cm）；（b）4.5kg击锤（落高45cm）

1—提手；2—导筒；3—硬橡皮垫；4—击锤

轻、重型试验方法和设备的主要参数应符合表11－6的规定。

表11－6　击实试验方法种类

试验方法	类别	锤底直径 /cm	锤质量 /kg	落高 /cm	试筒尺寸		试样尺寸		层数	每层击数	击实功 /（kJ/cm³）	最大粒径 /mm
					内径 /cm	高 /cm	高度 /cm	体积 /cm³				
轻型	Ⅰ－1	5	2.5	30	10	12.7	12.7	997	3	27	598.2	20
	Ⅰ－2	5	2.5	30	15.2	17	12	2177	3	59	598.2	40
重型	Ⅱ－1	5	4.5	45	10	12.7	12.7	997	5	27	2687.0	20
	Ⅱ－2	5	4.5	45	15.2	17	12	2177	3	98	2677.2	40

（2）烘箱及干燥器。

（3）天平：感量0.01g。

（4）台秤：称量10kg，感量5g。

（5）圆孔筛：孔径40mm、20mm和5mm各1个。

（6）拌合工具：400mm×600mm、深70mm的金属盘、土铲。

（7）其他：喷水设备、碾土器、盛土盘、量筒、推土器、铝盒、修土刀、平直尺等。

11.3.3　试样

（1）本试验可分别采用不同的方法准备试样，各方法可按表11－7准备试料。

表11－7　试 料 用 量

使用方法	类别	试筒内径/cm	最大粒径/mm	试料用量/kg
干土法，试样不重复使用	b	10	20	至少5个试样，每个3
		15.2	40	至少5个试样，每个6
湿土法，试样不重复使用	c	10	20	至少5个试样，每个3
		15.2	40	至少5个试样，每个6

（2）干土法（土不重复使用）。按四分法至少准备5个试样，分别加入不同水分（按2%～3%含水率递增），拌匀后闷料一夜备用。

（3）湿土法（土不重复使用），对于高含水率土，可省略过筛步骤，用手捡除大于40mm的粗石子即可。保持天然含水率的第一个土样，可立即用于击实试验，其余几个试样，将土分成小土块，分别风干，使含水量按2%～3%递减。

11.3.4　试验步骤

（1）根据工程要求，按表11－6规定选择轻型或重型试验方法。根据土的性质（含易击碎风化石数量多少，含水率高低），按表11－7规定选用干土法（土不重复使用）或湿土法。

（2）将击实筒放在坚硬的地面上，在筒壁上抹一薄层凡士林，并在筒底（小试筒）或垫块（大试筒）上放置蜡纸或塑料薄膜。取制备好的土样分3 ~5 次倒入筒内。小筒按三层法时，每次约800 ~900g（其量应使击实后的试样等于或略高于筒高的1/3）；按五层法时，每次约400 ~500g（其量应使击实后的土样等于或略高于筒高的1/5）。对于大试筒，先将垫块放入筒内底板上，按三层法时，每层需试样约1700g左右。整平表面，并稍加压紧，然后按规定的击数进行第一层土的击实，击实时击锤应自由垂直落下，锤迹必须均匀分布于土样面，第一层击实完后，将试样层面“拉毛”，然后再装入套筒，重复上述方法进行其余各层土的击实。小试筒击实后，试样不应高出筒顶面5mm，大试筒击实后，试样不应高出筒顶面6mm。

（3）用修土刀沿套筒内壁削刮，使试样与套筒脱离后，扭动并取下套筒，齐筒顶细心削平试样，拆除底板，擦净筒外壁，称量，准确至1g。

（4）用推土器推出筒内试样，从试样中心处取样测其含水率，计算至0.1%。测定含水率用试样的数量按表11 -8 规定取样（取出有代表性的土样）。两个试样含水率的精度应符合表11 -9 的规定。

表11 -8　　测定含水量用试样的数量

最大粒径/mm	试样质量/g	个　数
<5	15 ~20	2
约5	约50	1
约20	约250	1
约40	约500	1

（5）对于干土法（土不重复使用）和湿土法（土不重复使用），将试样搓散，然后按本规程三的方法进行洒水、拌合，每次约增加2% ~3%的含水率。其中有两个大于和两个小于最佳含水量，所需加水量按下式计算：

$$m_w = \frac{m_i}{1 + 0.01w_i} \times 0.01(w - w_i) \tag{11-6}$$

式中　m_w——所需的加水量，单位为g；

m_i——含水量ω_i时土样的质量，单位为g；

w_i——土样原有含水量（%）。

w——要求达到的含水量（%）。

按上述步骤进行其他含水率试样的击实试验。

11.3.5　结果整理

（1）按下式计算击实后各点的干密度。

$$\rho_d = \frac{\rho}{1 + 0.01w} \tag{11-7}$$

式中　ρ_d——干密度，单位为g/cm³，计算至0.01；

ρ——湿密度，单位为 g/cm^3；

w——含水率（%）。

（2）以干密度为纵坐标，含水量为横坐标，绘制干密度与含水量的关系曲线，曲线上峰值点的纵、横坐标分别为最大干密度和最佳含水率，如曲线不能绘出明显的峰值点应进行补点或重做。

（3）按下式计算饱和曲线的含水率 w_{max}，并绘制饱和含水率与干密度的关系曲线图。

$$w_{max} = \left[\frac{G_s\rho_w(1+w)-\rho}{G_s\rho}\right]\times 100\% \tag{11-8}$$

或

$$w_{max} = \left(\frac{\rho_w}{\rho_d}-\frac{1}{G_s}\right)\times 100\% \tag{11-9}$$

式中　w_{max}——饱和含水率（%），计算至 0.01；

ρ——试样的湿密度，单位为 g/cm^3；

ρ_w——水在 4℃时的密度，单位为 g/cm^3；

G_s——试样的干密度，单位为 g/cm^3；

w——试样的含水率（%）。

（4）当试样中有大于 40mm 的颗粒时，应先取出大于 40mm 的颗粒，并求得其百分率 p。把小于 40mm 部分作击实试验，按下面公式分别对试验所得的最大干密度和最佳含水率进行校正（适用于大于 40mm 颗粒的含量小于 30%时）。

最大干密度按下式校正：

$$\rho'_{dm} = \frac{1}{\frac{1-0.01p}{\rho_{dm}}+\frac{0.01p}{\rho_w G'_s}} \tag{11-10}$$

式中　ρ'_{dm}——校正后最大干密度，单位为 g/cm^3，计算至 0.01；

ρ_{dm}——用粒径小于 40mm 的土样试验所得的最大干密度，单位为 g/cm^3；

p——试料中粒径大于颗粒的百分率（%）；

G'_s——粒径大于 40mm 颗粒的毛体积比重，计算至 0.01。

最佳含水量按下式校正：

$$w'_0 = w_0(1-0.01p)+0.01pw_2 \tag{11-11}$$

式中　w'_0——校正后的含水率（%），计算至 0.01；

w_0——用粒径小于 40mm 的土样试验所得的最佳含水率（%）；

p——试料中粒径大于颗粒的百分率（%）；

w_2——粒径大于 40mm 颗粒的吸水量（%）。

（5）精密度和允许差。本试验含水率必须进行两次平行测定，取其算术平均值。允许平行差值应符合表 11－9 的规定。

表 11－9　含水率测定的允许平行差值

含水率（%）	允许平行差值（%）	含水率（%）	允许平行差值（%）	含水率（%）	允许平行差值（%）
5 以下	0.3	40 以下	≤1	40 以上	≤2

11.3.6 试验记录格式（见表 11－10）

表 11－10 实试验记录表

校核者＿＿＿＿＿＿ 计算者＿＿＿＿＿＿ 试验者＿＿＿＿＿＿

土样编号		筒号		落距	45cm
土样来源		筒体积	997cm^3	每层击数	27
试验日期		击锤质量	4.5kg	大于5mm颗粒含量	

	项目										
干密度	试验次数	1		2		3		4		5	
	筒＋土质量/g										
	筒质量/g										
	湿土质量/g										
	湿密度/（g/cm^3）										
	干密度/（g/cm^3）										
含水率	盒号										
	盒＋湿土质量/g										
	盒＋干土质量/g										
	盒质量/g										
	水质量/g										
	干土质量/g										
	含水率（%）										
	平均含水率（%）										
最佳含水率＝						最大干密度＝					

11.4 土的固结试验（快速单轴固结仪法）

11.4.1 目的和适用范围

本试验的目的是测定土的单位沉降量，压缩系数、压缩模量、压缩指数、回弹指数、固结系数以及原状土的先期固结压力等。试验采用快速方法，是一种近似试验方法。

本试验方法适用于饱和的黏质土，当只进行压缩时，允许用非饱和土。

11.4.2 仪器设备

（1）固结仪：如图 11－5 所示，试样面积为 30cm^2 和 50cm^2，高为 2cm。

（2）环刀：直径为 61.8mm 和 79.8mm，高度为 20mm。环刀应具有一定的刚度，内壁应保持较高的光洁度，宜涂一薄层硅脂或聚四氟乙烯。

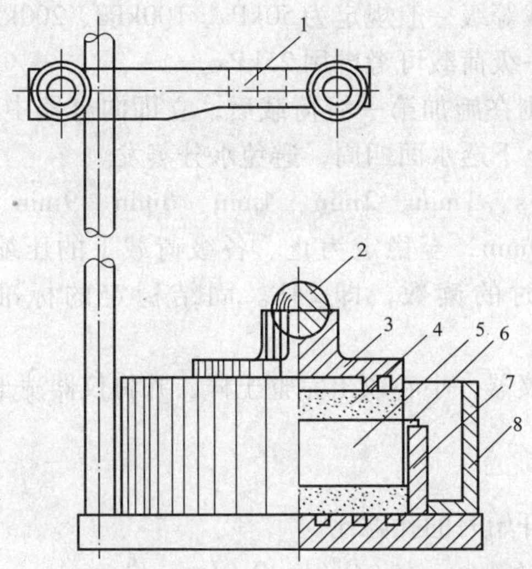

图 11-5　固结仪

1—量表架；2—钢珠；3—加压上盖；4—透水石；5—试样；6—环刀；7—护环；8—水槽

（3）透水石：由氧化铝或不受土腐蚀的金属材料组成，其透水系数应大于试样的渗透系数。用固定式容器时，顶部透水石直径小环刀内径为 0.2～0.5mm，当用浮环式容器时，上下部透水石直径相等。

（4）变形量测设备：量程 10mm，最小分度为 0.01mm 的百分表或零级位移传感器。

（5）其他：天平、秒表、烘箱、钢丝锯、刮土刀、铝盒等。

11.4.3　试样

（1）根据工程需要切取原状土样或制备所需温度密度的扰动土样。切取原状土样时，应使试样在试验时的受压情况与天然土层受荷方向一致。

（2）用钢丝锯将土样修成略大于环刀直径的土柱。然后用手轻轻将环刀垂直下压，边压边修，直至环刀装满土样为止。再用刮刀修平两端，同时注意刮平试样时，不得用刮刀往复涂沫土面。在切削过程中，应细心观察试样并记录其层次、颜色和有无杂质等。

（3）擦净环刀外壁，称环刀与土总质量，准确至 0.1，并取环刀两面修下的土样测定含水量，试样需要饱和时，应进行抽气饱和。

11.4.4　试验步骤

（1）在切好土样的环刀外壁涂一薄层凡士林，然后将刀口向下放入护环内。

（2）将底板放入容器内，底板上放透水石、滤纸，借助提环螺丝将土样环刀及护环放入容器中，土样上面覆滤纸、透水石。然后放下加压慰环和传压活塞，使各部密切接触，保持平稳。

（3）将压缩容器置于加压框架正中，密合传压活塞及横梁，预加 1.0kPa 压力，使固结仪各部分紧密接触，装好百分表，并调整读数至零。

（4）去掉预压荷载，立即加第一级荷载。加砝码时应避免冲击和摇晃，在加上砝码的同时，立即开动秒表。荷载等级一般规定为50kPa、100kPa、200kPa和400kPa。有时可以根据土的软硬程度来定，第一级荷载可考虑用25kPa。

（5）如系饱和试样，则在施加第一级荷载后，立即向容器中注水至满；如系非饱和试样，则必须以湿棉纱围住上下透水面四周，避免水分蒸发。

（6）一般按0s、15s、1min、2min、4min、6min、9min、12min、16min、20min、25min、35min、45min、60min，至稳定为止。各级荷载下的压缩时间规定为1h，最后一级荷载加读到稳定沉降时的读数，即24h。固结稳定的标准是最后1h变形量不超过0.01mm。

（7）试验结束后拆除仪器，小心取出完整土样，并将仪器洗干净。

11.4.5 结果整理

（1）按下式计算试验开始时的孔隙比。

$$e_0 = \frac{G_s(1+0.01w)}{\rho} - 1 \quad (11-12)$$

式中 G_s——土粒密度（数值上等于土粒比重），单位为（g/cm^3）；

w——试验土样的初始含水率（%）；

ρ——试验开始时土样的密度，单位为（g/cm^3）。

（2）按下式计算单位沉降量。

$$S_i = \frac{\sum \Delta h_i}{h_0} \times 100\% \quad (11-13)$$

式中 S_i——某一级荷载下的单位沉降量，单位为（mm/m），计算至0.1；

$\sum \Delta h_i$——某一级荷载下的总变形量，等于该荷载下百分表读数（即试样和仪器的变形量减去该荷载下的仪器变形量）；

h_0——试样起始时的高度，单位为mm。

（3）以单位沉降量 S_i 或孔隙比 e 为纵坐标，以压力 p 为横坐标，作孔隙比与压力的关系曲线。

（4）按下式计算各级荷载下试样校正后的总变形量。

$$\sum \Delta h_i = (h_i)_t \frac{(h_n)_T}{(h_n)_t} = K(h_i)_t \quad (11-14)$$

式中 $\sum \Delta h_i$——某一级荷载下校正后的总变形量，单位为mm；

$(h_i)_t$——同一级荷载下压缩1h的总变形量减去该荷载下的仪器变形量，单位为mm；

$(h_n)_t$——最后一级荷载下压缩1h的总变形量减去该荷载下的仪器变形量，单位为mm；

$(h_n)_T$——最后一级荷载下达到稳定标准的总变形量减去该荷载下的仪器变形量，单位为mm；

K——大于1的校正系数，$K = \frac{(h_n)_T}{(h_n)_t}$。

11.4.6　试验记录格式（见表 11－11）

表 11－11　　快速固结试验记录

工程编号________　　　　试验者________

土样说明________　　　　计算者________

试验日期________　　　　校核者________

读数 \ 压力		50kPa	100kPa	200kPa	400kPa
读数时间					
总变形量/mm					
仪器变形量/mm					
试样总变形量/mm					
校正后试样总变形量/mm					
土样比重		土样初始密度			
初始含水率		试样面积			
试样原始高度		初始孔隙比			
压力 P /kPa	校正后试样总变形量 $\sum \Delta h_i$ /mm	孔隙比 e_i $e_i = e_0 - \frac{\sum \Delta h_i}{h_0}(1+e_0)$	压缩系数 α $\alpha = \frac{\Delta e}{\Delta p}$		
50					
100					
200					
400					

11.5　直接剪切试验（黏质土的快剪试验）

11.5.1　目的和适用范围

本试验方法适用于测定渗透系数小于 10^{-6}cm/s 黏质土的抗剪强度指标。

11.5.2　仪器设备

（1）应变控制式直剪仪：由剪切盒、垂直加荷设备、剪切传动装置、测力计和位移量测系统组成，如图 11－6 所示。

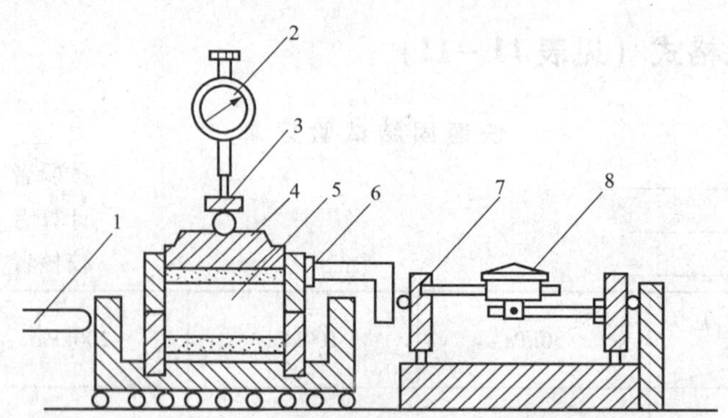

图 11-6 应变控制式直剪仪示意图
1—推动座；2—垂直位移百分表；3—垂直加荷框架；4—活塞；5—试样；
6—剪切盒；7—测力针；8—测力百分表

（2）环刀：内径为 61.8mm，高为 20mm。

（3）位移量测设备：百分表或传感器，百分表量程为 10mm，分度值为 0.01mm，传感器的精度应为零级。

11.5.3 试样

1. 原状土试样制备

（1）每组试样不得小于 4 个。

（2）按土样上下层次小心开启原状土包装皮，将土样取出方正，整平两端。在环刀内壁涂一层凡士林，刀口向下，放在土样上。无特殊要求时，切土方向与天然土层层面垂直。

（3）将试验的环刀内壁涂一层凡士林，刀口向下，放在土样上，用切土刀将试件削成略大于环刀直径的土柱。然后将环刀垂直下压，边压边削，直至土样伸出环刀上部为止。削平环刀两端，擦净环刀外壁，称环土合质量，准确至 0.1g，并测定环刀两端所削下土样的含水率。试件与环刀要密合，否则应重做。

切削过程中，应细心观察并记录试件的层次、气味、颜色、有无杂质，土质是否均匀，有无裂缝等。

如连续切削数个试件，应使含水率不发生变化。

视试件本身及工程要求，决定试件是否进行饱和。如不立即进行试验或饱和时，则将试件暂存于保湿器内。

切取试件后，剩下的原状土样用蜡纸包好置于保湿器内，以备补做试验之用。切削的余土作物理试验。平行试验同一组试件密度差值不大于 $\pm 0.1\mathrm{g/cm^3}$，含水率差值不大于 2%。

2. 细粒土扰动土试样的制备程序

（1）将扰动土样进行土样描述，如颜色、土类、气味及夹杂物等。如有需要，将扰动土样充分拌匀，取代表性土样进行含水率测定。

（2）将块状扰动土放在橡皮板上用木碾或粉碎机碾散，但切勿压碎颗粒。含水率较大不能碾散时，应风干至可碾散为止。

（3）根据试验所需土样数量，将碾散后的土样过筛。按规定过筛后，取出足够数量的代表性试样，然后分别装入容器内，标以标签。标签上应注明工程名称、土样编号、过筛孔径、用途、制备日期和人员等，以备各项试验之用。若系含有多量粗砂及少量细粒土（泥沙或黏土）的松散土样，应加水润湿松散后，用四分法取出代表性试样。若系净砂，则可用匀土器取代表性试样。

（4）为制备一定含水率的试样，取过 2mm 筛的足够试验用的风干土 1 ~ 5kg。将所取土样平铺于不吸水的盘内，用喷雾设备喷洒预计的加水量，并充分拌合。然后装入容器内盖紧，润湿一昼夜备用（砂土类浸润时间可酌量缩短）。

（5）测定湿润土样不同位置的含水率（至少 2 个以上），要求差值满足含水率测定的允许平行差值。

（6）对不同土层的土样制备混合试样时，应根据各土层厚度，按比例计算相应质量配合，然后按上述步骤进行扰动土的制备。

3. 试样饱和

土的孔隙逐渐被水填充的过程称为饱和。孔隙被水充满时的土，称为饱和土。

根据土的性质，决定饱和的方法：

（1）砂类土：可直接在仪器内浸水饱和。

（2）较易透水的黏性土：即渗透系数大于 10^{-4}cm/s 时，采用毛细管饱和法较为方便，或采用浸水饱和法。

（3）不易透水的黏性土：即渗透系数小于 10^{-4}cm/s 时，采用真空饱和法。如土的结构性较弱，抽气可能发生扰动，不宜采用。

11.5.4　试验步骤

（1）对准剪切容器上下盒，插入固定销，在下盒内放透水石和滤纸，将带有试样的环刀刃向上，对准剪盒口，在试样上放滤纸和透水石，将试样小心地推入剪切盒口。

（2）移动传动装置，使上盒前端钢珠刚好与测力计接触，依次加上传压板，加压框架，安装垂直位移量测装置，测记初始读数。

（3）根据工程实际和土的软硬程度施加各级垂直压力，然后向盒内注水。当试样为非饱和试样时，应在加压板周围包以湿棉花。

（4）施加垂直压力，拔去固定销立即开动秒表，以 0.8mm/min 的剪切速度进行。

（5）当测力计百分表读数不变或后退时，继续剪切至剪切位移为 4mm 时停止，记下破坏值。当剪切过程中测力计百分表无峰值时，剪切至剪切位移达 6mm 时停止。

（6）剪切结束，吸去盒内吸水，退掉剪切力和垂直压力，移动压力框架，取出试样，测定其含水量。

11.5.5　结果整理

（1）剪切位移按下式计算。

$$\Delta l = 20n - R \qquad (11-15)$$

式中　Δl——剪切位移（0.01mm），计算至 0.1；

n——手轮转数；

R——百分表读数。

（2）剪应力按下式计算。

$$\tau = CR \tag{11-16}$$

式中　τ——剪应力，单位为kPa，计算至0.1；

C——测力计校正系数，单位为（kPa/0.01mm）。

（3）以剪应力 τ 为纵坐标，剪切位移 Δl 为纵坐标，绘制 τ—Δl 的关系曲线，如图11－7所示。

（4）以垂直压力 P 为横坐标，抗剪强度 τ_f 为纵坐标，将每一试样的最大抗剪强度点绘在坐标纸上，并连成一直线。此直线倾角为摩擦角 φ，纵坐标上的截距为凝聚力 C，如图11－8所示。

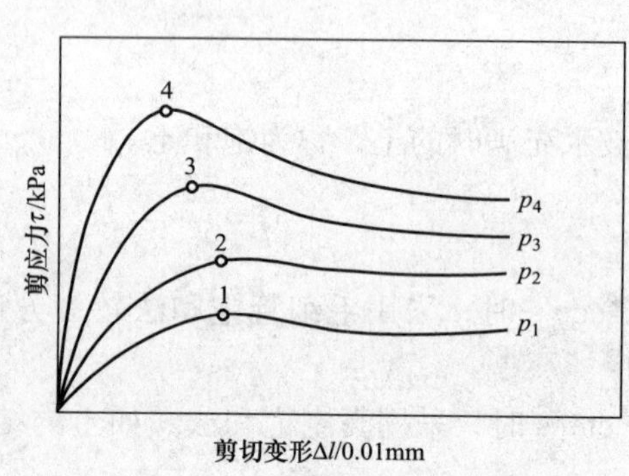

图11－7　剪应力 τ 与剪切位移 Δl 的关系曲线

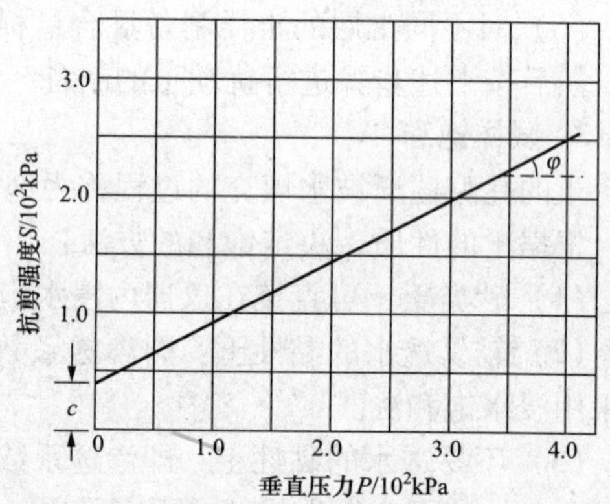

图11－8　抗剪强度与垂直压力的关系曲线

11.5.6　试验记录格式（见表11－12）

表11－12　　　　　　　　　　　直接剪切试验记录

工程名称＿＿＿＿＿＿＿　　　　　　　　　　　　试验者＿＿＿＿＿＿＿

土样编号＿＿＿＿＿＿＿　　　　　　　　　　　　校核者＿＿＿＿＿＿＿

试验方法＿＿＿＿＿＿＿　　　　　　　　　　　　试验日期＿＿＿＿＿＿

试样编号　　仪器编号 手轮转速　　垂直压力　kPa 测力计校正系数 C＝　kPa/0.01mm					剪切历时 抗剪强度				
手轮转速(1)	测力计百分表读数(2)	剪切位移/0.01mm (3)＝(1)×20－(2)	剪应力/kPa (4)＝(2)×C	垂直位移/0.01mm	手轮转速(1)	测力计百分表读数(2)	剪切位移/0.01mm (3)＝(1)×20－(2)	剪应力/kPa (4)＝(2)×C	垂直位移/0.01mm

续表

试样编号　　仪器编号 手轮转速　　垂直压力　　kPa 测力计校正系数 $C=$ 　　kPa/0.01mm					剪切历时 抗剪强度				
手轮转速(1)	测力计百分表读数(2)	剪切位移/0.01mm (3)=(1)×20−(2)	剪应力/kPa (4)=(2)×C	垂直位移/0.01mm	手轮转速(1)	测力计百分表读数(2)	剪切位移/0.01mm (3)=(1)×20−(2)	剪应力/kPa (4)=(2)×C	垂直位移/0.01mm

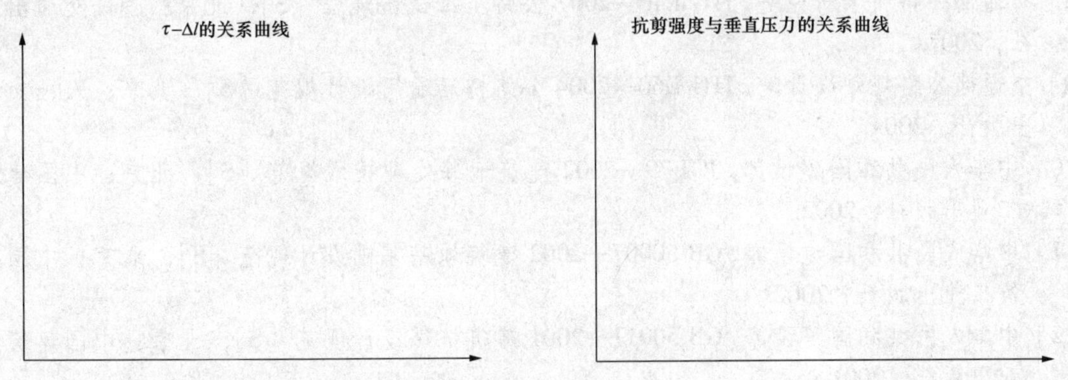

本章小结

本章依据《公路土工试验规程》（JTG E40—2007），编写了《土力学地基基础》课程大纲中要求掌握的七个土工试验，包括土的三项实测指标的测定，击实试验、液塑限测定、固结试验和直接剪切试验。试验方法的采用考虑到：一是标准测定方法，如烘干法测含水率；二是适于课堂教学，如快剪、快速固结；三是目前工程中常用的方法，如液塑限联合测定、比重瓶法测相对密度。

复习思考题

1. 当土中有机质含量高时，为什么测得的含水率比实际的含水率要大？如何减少误差？
2. 比重测定中，若土中空气不排除，所得的比重会偏大还是偏小？为什么？
3. 如何求得土的压缩系数？工程上如何根据压缩系数的大小来判别土的压缩性的？
4. 直接剪切试验中如何控制剪切速率和剪切标准的？
5. 重型击实与轻型击实在哪些地方不同？试样中若有超尺寸颗粒，试验结果如何校正？

参 考 文 献

[1] 高大钊，袁聚云．土质学与土力学［M］．3 版．北京：人民交通出版社，2001.

[2] 凌治平，易经武．基础工程［M］．北京：人民交通出版社，2004.

[3] 陈希哲．土力学地基基础［M］．北京：清华大学出版社，2004.

[4] 赵明华．桥梁地基与基础［M］．北京：人民交通出版社，2004.

[5] 务新超，魏明．土力学与基础工程［M］．北京：机械工业出版社，2007.

[6] 龚晓南．地基处理［M］．北京：中国建筑工业出版社，2000.

[7] 交通部公路规划设计院．JTG D63—2007 公路桥涵地基基础设计规范［S］．北京：人民交通出版社，2007.

[8] 交通部公路科学研究所．JTG E40—2007 公路土工试验规程［S］．北京：人民交通出版社，2007.

[9] 交通部公路规划设计院．JTG D60—2004 公路桥涵通用设计规范［S］．北京：人民交通出版社，2004.

[10] 中华人民共和国建设部．JGJ 79—2002 建筑地基处理技术规范［S］．北京：中国建筑工业出版社，2002.

[11] 中华人民共和国建设部．GB 50007—2002 建筑地基基础设计规范［S］．北京：中国建筑工业出版社，2002.

[12] 中华人民共和国建设部．GB 50011—2001 建筑抗震设计规范［S］．北京：中国建筑工业出版社，2001.